Professional Cooking Terminology

사진으로 한눈에 보는 조리용어

전문 조리용어 해설

염진철·나영선·김충호·안형기
허   정·이준열·손선익·양신철

백산출판사

preface

용어는 사회에서 전문성을 구별하는 수단으로 학문 각 분야에서 사용되는 전문용어는 일반용어와는 달리 각 분야의 발전에 절대적인 중요성을 띠고 있다. 음식문화가 다양화, 세분화되고 상호 연관되면서 조리전문용어의 중요성과 그 양이 점차 증대되고 있는 실정으로 조리를 처음 배우는 학생들에게는 생소하고 어렵게만 느껴지는 것이 전문조리용어이다. 다년간 호텔현장과 학교에서 학생들을 가르친 경험을 바탕으로 체계적이고 알기 쉬운 용어해설서가 필요하다고 생각되어 정리해 보았다.

본서는 다음과 같이 총 4부로 구성되어 있다.

제1부는 서양 조리용어를 기초조리용어와 식재료 용어로 나누어 기술하였다. 기초조리용어 부분에서는 조리공간, 조리기기, 전채, 수프, 소스, 주요리, 디저트 등을 기술하였고, 식재료 용어 부분에서는 향신료, 치즈, 육류, 어패류, 가금류, 채소, 과일 등을 자세한 설명과 함께 사진을 곁들여 이해도를 높이기 위해 노력하였다.

제2부는 한식 조리용어를, 제3부는 일식 조리용어를, 제4부는 중식 조리용어를 자세한 설명과 함께 사진을 넣어 기술하였다.

조리를 처음 접하는 조리과 학생들은 물론 일반인들도 쉽고 재미있게 배울 수 있도록 사진을 넣어 조리용어를 이해하는 데 도움이 될 수 있도록 하였고, 전문 조리사들에게는 레시피나 메뉴를 작성하는 데 많은 도움이 되리라 생각한다.

저자들 나름대로 열심히 하여 만들었으나 아직 미흡하고 부족한 부분이 있으리라 사료된다. 앞으로 수정 보완을 거치며 더욱 완성도 있는 모습을 갖추도록 노력하겠다.

자료 수집과 정리를 도와준 여러분들과 언제나 좋은 책을 만들기 위해 아낌없는 지원을 해주신 백산출판사 진욱상 사장님과 관계자 모든 분들께 감사의 마음을 표하며, 이 책의 시작에서 끝까지 출간을 주관하신 하나님께 감사와 영광을 돌린다.

저자 일동

Contents

제1부 **서양** 조리용어

서양

조리용어

기초조리용어
The Basic Cuisine Terminology

Chapter I

조리공간 용어
Kitchen Terminology

01 주방의 분류(Classification of Kitchen)

　주방은 그 업종의 기능에 따라 다양하게 개발되어 왔으며, 기본적인 기능 즉 식재료의 입하에서부터 저장, 조리, 준비, 조리 서비스에 이르는 일련의 과정을 인식하고 설계되어야 한다. 또한 식재료 반입에서부터 조리 상품을 효율적으로 생산하기 위해서는 작업방법이 고도로 전문화되어 각 주방마다 업무가 기능적으로 구분되어야 한다. 주방을 분류하는 경우 어떤 시각에서 접근하느냐에 따라 조금씩은 차이가 있다. 기능적 주방은 말 그대로 주방의 기능을 최대화하기 위해서 분리 독립시킨 것이다. 주방은 크게 지원 주방(Support Kitchen)과 영업 주방(Business Kitchen)으로 분류된다.

⌣ Support Kitchen(지원 주방)

　지원 주방은 요리의 기본과정을 거쳐 준비하여 손님에게 직접 음식을 판매하는 영업 주방(Business Kitchen)을 지원하는 주방이다.

⌣ Hot Kitchen & Main Production(더운 요리 주방)

　각 주방에서 필요로 하는 기본적인 더운 요리를 생산하여 공급하게 되는데, 흔히 프로덕션(Production)이라고도 한다. 많은 양의 스톡이나 수프, 소스 등을 한꺼번에 생산하여 각 주방으로 분배하는 이유는 각 주방에서 개별적으로 생산하는 것보다 시간과 공간, 재료의 낭비를 줄일 수 있고 일정한 맛을 유지할 수 있으므로 일정한 규모를 갖춘 레스토랑이면 대부분 이러한 시스템을 이용하고 있다.

Cold Kitchen & Gardemanger(찬 요리 주방)

찬 요리와 더운 요리 주방을 구분하는 가장 근본적인 원인은 요리의 품질을 유지하기 위함이다. 기본적으로 더운 요리는 뜨겁게, 찬 요리는 차갑게 제공해야 하는데, 더운 요리 주방의 경우 많은 열기구의 사용으로 같은 공간을 사용할 경우 서로 간에 적정온도를 유지하는 데 어려움이 따르고 찬 요리는 쉽게 부패할 수 있는 문제가 있다.

찬 요리 주방에서는 샐러드(Salad)나 샌드위치(Sandwiches), 쇼피스(Showpiece), 카나페(Canape), 테린(Terrine), 갤런틴(Galantine), 파테(Pate) 등을 생산한다.

Bakery & Pastry Kitchen(제과 제빵 주방)

레스토랑에서 사용되는 모든 종류의 빵과 쿠키, 디저트를 생산하는 곳으로 초콜릿(Chocolate), 과일절임(Compote)도 이곳에서 담당하고 있다. 특히 제빵 주방은 매일 신선한 빵을 고객에게 공급하기 위하여 24시간 운영하는 것이 특징이며, 다음날 판매할 빵 제조는 야간근무자가 담당하는 것이 일반적이다.

Butcher Kitchen(육가공 주방)

육가공 주방 역시 다른 업장을 지원해 주는 역할을 담당한다. 각 업장에서 필요로 하는 육류 및 가금류, 생선 등을 크기별로 준비하여 준다. 여러 단위업장에서 필요로 하는 육류 및 생선을 생산하다 보면 사용하기 적당치 않은 부위가 나오는데 이것은 따로 모아 소시지(Sausage)나 특별한 모양을 요구하지 않는 제품을 만든다. 이런 육류의 부산물들이 근래에 와서는 새롭게 각광받는 요리로 탄생하기도 하였다.

육가공 주방은 전문적으로 분리되기 이전에는 가드망저와 같이 차가운 요리를 담당하고 육류를 보관하는 창고 역할을 하였으나 시대가 변화하면서 기능분화와 함께 새로운 하나의 주방으로 발전되어 왔다.

⌣ Steward(기물세척 주방)

현대에 와서 기물관리의 중요성이 새롭게 부각되고 있는 것은 요리에 필요한 기물이 그만큼 다양해졌다는 것을 단적으로 말해 주는 것이라 할 수 있다. 일반적으로 대규모 주방을 제외하고 대부분 조리 분야와 구분 없이 기물이 관리되고 있으나 시설이 현대화되고 조직이 비대해지면 기능을 분리하여 운영하는 것이 보다 더 효율적이고 경제적이다.

기물세척 주방은 각 단위주방은 물론이고 모든 주방의 기구 및 기물의 세척과 공급, 품질유지를 담당하고 있다.

⌣ Business Kitchen(영업 주방)

영업장을 갖추고 고객이 요구하는 메뉴를 적정 시간 내에 생산하는 주방을 말하며, 영업 주방은 지원 주방의 도움을 받아 각 주방별로 요리를 완성하여 고객에게 제공한다. 대부분의 영업 주방은 불특정 다수가 이용하고 있으므로 오랜 시간이 요구되는 요리보다는 단시간 내에 조리 가능한 메뉴를 주로 구성하고 있다.

영업 주방으로는 프랑스 식당, 이탈리아 식당, 커피숍, 룸서비스, 연회주방, 뷔페주방, 한식당, 일식당, 중식당, 바 등이 있다.

02 호텔 주방의 직급별 직무

Executive Chef(총주방장)

주방의 총괄적 책임자로서 경영 전반에 걸쳐 정책결정에 적극 참여하여 기획, 집행, 결재를 담당한다. 요리생산을 위한 재료의 구매에 관한 견적서 작성, 인사관리에 따른 노동비 산출, 종사원의 안전, 메뉴의 객관화, 새로운 메뉴창출 등의 책임과 의무가 있다. 회사 이익 극대화의 의무를 가지며 새로운 요리기술개발과 시장성 창출에 필요한 경영입안을 제시한다.

Executive Sous Chef(부 총주방장)

총주방장을 보좌하며 부재시에 그 직무를 대행하는 실질적인 집행의 수반이다. 각 주방의 메뉴계획을 수립하고 조리인원 적재적소 배치와 실무적인 교육, 훈련을 지휘·감독한다. 경쟁사 및 시장조사 실시로 총주방장이 제시한 기획, 입안을 실질적으로 실행하는 데 기본적인 책임과 의무가 있다.

Sous Chef(단위주방장)

총주방장과 부 총주방장을 보좌하는 단위주방부서의 장으로서 조리와 인사에 관련된 제반책임을 지고 있으며 경영진과 현장 직원 간의 중간역할을 한다.

조리부문 단위부서의 교육과 훈련을 실질적으로 집행하며, 조리와 관련된 재료구매서 작성, 월별 또는 연별 계획서를 제출하여 집행하며, 현황을 분기 또는 단기별로 보고하여야 한다.

고객의 기호나 시장변화에 적극적으로 대처하고 여기에 알맞은 메뉴를 개발해야 한다.

Chef De Partie(수석 조리장)

단위주방장으로부터 지시를 받아 당일의 행사, 메뉴를 점검하여 고객에게 제공하는 등 생산에서 서브까지 세분화된 계획을 세운다. 일간 또는 주간 필요한 재료 불출서를 작성하여 수령을 지시하고 전표와 직원들의 업무계획서를 일정 기간별로 작성하여 능률과 생산성을 최대화한다.

‿ Demi Chef(부조리장)

부조리장은 영어로 해석할 때 절반(Demi)의 조리장(Chef)을 의미한다. 따라서 조리사(Cook)로서의 기술은 충분히 갖추고 있으며 장(Chef)으로의 수련 중임을 나타내기 때문에 조리사와 조리장의 중간단계를 밟고 있는 것이다. 따라서 직접적으로 생산 업무를 담당하면서 틈틈이 리더(Leader)로서의 역할을 배워야 한다.

‿ 1st Cook(1급 조리사)

기술적인 측면에서 최고기술을 낼 수 있는 단계이며 조리가공시 실제적으로 가장 많은 활동을 한다. 기구의 사용, 화력조절 등 조리의 중추적인 생산라인을 담당하는 숙련된 기술자라고 할 수 있다. 조리의 첫 단계에서 마지막 단계까지 상세한 노하우(Know-How)를 갖고 있어야 한다.

‿ 2nd Cook(2급 조리사)

1급 조리사와 함께 생산 업무에 가담하여 전반적인 생산라인에서 최고의 음식맛을 낼 수 있는 기술을 발휘한다. 직급 면에서 1급 조리사와 같은 업무를 담당하지만 실무적으로 1급 조리사로부터 지시를 받아 상황대처 능력을 키워 나간다. 뿐만 아니라 1급 조리사 부재시 그 업무를 대행하고 때에 따라서는 3급 조리사 역할도 수행해야 하는 막중한 업무를 맡고 있다.

‿ 3rd Cook(3급 조리사)

조리를 담당할 수 있는 초년생으로 역할범위가 제한되어 있어 매우 단순한 조리작업을 수행할 수 있지만 실질적인 조리기술을 습득하기 위한 훈련을 반복해야 한다. 요리생산을 위한 식재료의 2차적 가공이나 기술보조를 함으로써 미래에 자신이 해야 할 업무를 간접적으로 체험하는 시기이다.

⌣ Cook Helper & Apprentice(보조 조리사)

조리에 대한 기술보다는 시작단계에서 단순작업을 수행하고 식재료의 운반, 조리기구사용법 습득, 단순한 1차적 손질 등을 한다. 상급자로부터 기본적인 조리기술을 계속적으로 지도받으며 광범위한 요리체계를 일반적인 선에서 학습하는 단계이다.

⌣ Trainee(조리 실습생)

현장에서 조리를 처음 접하는 사람으로 조리를 전공한 학생들이나 조리에 관심이 있는 사람이 호텔 조리부에 입사하여 기초적인 조리를 배우는 단계이다.

Chapter 2

주방의 조리기기 용어
Terminology of Kitchen Utensil & Equipments

01 칼(Knife & Cutlery)

1. French/Chef's Knife(프렌치 나이프)
   일반적으로 가장 많이 쓰이는 칼

2. Utility Knife(유틸리티 나이프)
   여러 가지 용도로 다양하게 쓰이는 칼

3. Fish Knife(피시 나이프)
   생선을 손질하거나 자를 때 사용

4. Bread Knife(브레드 나이프)
   껍질이 딱딱한 빵을 자를 때 사용

5. Fruit Knife(프루츠 나이프)
   과일을 자르거나 껍질을 벗길 때 사용

6. Carving Knife or Slicer(카빙 나이프)
   로스트비프나 가금류를 썰 때 사용

7. Paring Knife(패링 나이프)
   야채의 껍질을 까거나 다듬을 때 사용

8. Decorating Knife(데코레이팅 나이프)
   과일이나 야채를 모양내서 자를 때 사용

9. Petit Knife(프티 나이프)
   과일이나 야채를 둥글게 깎을 때 사용

10. Cleaver Knife(클리버 나이프)
    소, 생선, 가금류의 뼈를 자를 때 사용

11. Boning Knife(보닝 나이프)
    뼈에서 살을 발라낼 때 사용

12. Butcher Knife(부처 나이프)
    고기를 자를 때 사용

13. Mincing Knife(민싱 나이프)
    파슬리나 각종 야채를 다질 때 사용

14. Cheese Knife(치즈 나이프)
    치즈를 자를 때 사용

02 조리용 소도구(Cook's Tool & Utensil)

1. Ball Cutter/Parisian Scoop(볼커터)
   과일이나 야채를 원형으로 깎을 때

2. Kitchen Fork(키친 포크)
   뜨겁고 커다란 고깃덩어리를 집을 때 사용

3. Straight Spatula(스트레이트 스패츌러)
   크림을 바르거나 작은 음식을 옮길 때 사용

4. Oyster Knife(오이스터 나이프)
   굴이나 조개껍질을 열 때 사용

5. Garlic Press(갈릭 프레스)
   마늘을 으깰 때 사용

6. Meat Saw(미트 소)
   언 고기나 뼈를 자를 때 사용

7. Grill Spatula(그릴 스패츌러)
   뜨거운 음식을 뒤집거나 옮길 때 사용

8. Sharpening Steel(샤프닝 스틸)
   무뎌진 칼날을 세울 때 사용

9. Kitchen Shears(키친 시어즈)
   음식 재료를 자를 때 사용

10. Roll Cutter(롤 커터)
  피자나 얇은 반죽을 자를 때 사용

11. Zester(제스터)
  오렌지나 레몬의 껍질을 벗길 때 사용

12. Channel Knife(샤넬 나이프)
  오이나 호박 등 채소에 홈을 낼 때 사용

13. Cheese Scraper(치즈 스크레이퍼)
  단단한 치즈를 얇게 긁을 때 사용

14. Butter Scraper(버터 스크레이퍼)
  버터를 모양 내서 긁을 때 사용

15. Wave Ball Cutter(웨이브 볼 커터)
  과일이나 야채를 모양 내 깎을 때 사용

16. Apple Corer(애플 코러)
  통 사과의 씨방을 제거할 때 사용

17. Wave Roll Cutter(웨이브 롤 커터)
  라비올리나 패스트리 반죽을 자를 때 사용

18. Whisk/Egg Batter(위스크/에그배터)
  재료를 휘젓거나 거품을 낼 때 사용

19. Grapefruits Knife(그레이프프루츠 나이프)
  자몽의 살을 발라낼 때 사용

20. Fish Bone Plcker(피시 본 피커)
  생선살에 박혀 있는 뼈를 제거할 때 사용

21. Meat Tenderizer(미트 텐더라이저)
  고기를 두드려서 연하게 할 때 사용

22. Can Opener(캔 오프너)
  캔을 오픈할 때 사용

23. Trussing Needle(트러싱 니들)
  가금류나 고기류를 꿰맬 때 사용

24. Larding Needle(라딩 니들)
  고기에 인위적으로 지방을 넣을 때 사용

25. Fish Scaler(피시 스케일러)
  생선의 비늘을 제거할 때 사용

26. Potato Ricer(포테이토 라이서)
  삶은 감자를 으깰 때 사용

27. Olive Stoner(올리브 스토너)
  올리브씨를 제거할 때 사용

28. Egg Slicer(에그 슬라이서)
달걀을 일정한 두께로 자를 때 사용

29. Chiniois(시노와)
스톡이나 고운 소스를 거를 때 사용

30. China Cap(차이나 캡)
토마토소스, 삶은 감자 등을 거를 때 사용

31. Colander(콜랜더)
음식물의 물기를 제거할 때 사용

32. Food Mill(푸드 밀)
감자나 고구마 등을 으깨서 내릴 때 사용

33. Skimmer(스키머)
스톡 등을 끓일 때 거품 제거에 사용

34. Potato Masher(포테이토 매셔)
삶은 감자를 으깰 때 사용

35. Soled Spoon(솔드 스푼)
주방에서 요리할 때 쓰는 커다란 스푼

36. Slotted Spoon(슬로티드 스푼)
주방에서 액체와 고형물을 분리할 때 사용

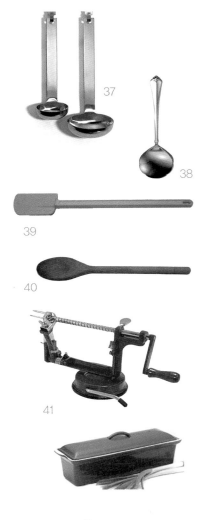

37. Ladle(래들)
육수나 소스, 수프 등을 뜰 때 사용

38. Sauce Ladle(소스 래들)
주로 소스를 음식에 끼얹을 때 사용

39. Rubber Spatula(러버 스패출러)
고무 재질로 음식을 섞거나 모을 때 사용

40. Wooden Paddle(우든 패들)
나무주걱으로 음식물을 저을 때 사용

41. Apple Peeler(애플 필러)
사과의 껍질을 벗길 때 사용

42. Terrine Mould(테린 몰드)
테린을 만들 때 사용

43. Pate Mould(파테 몰드)
파테를 만들 때 사용

44. Seafood Tool Set(시푸드 툴 세트)
갑각류의 껍질을 부수거나 속살을 파낼 때 사용

45. Pepper Mill(페퍼 밀)
후추를 잘게 으깰 때 사용

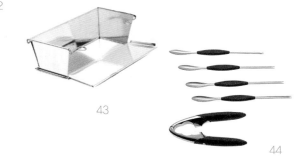

46

47

48

49

50

46. Avocado Slicer(아보카도 슬라이서)
아보카도를 일정한 두께로 한번에 자를 때

47. Mushroom Cutter(머시룸 커터)
양송이를 일정한 두께로 자를 때 사용

48. Grapefruit Wedger(그레이프프루츠 웨저)
자몽을 웨저형으로 자를 때 사용

49. Rolling Herb Mincer(롤링 허브 민서)
허브를 다질 때 사용

50. Mincing Set(민싱 세트)
둥근 칼과 둥글게 파인 도마로 다지는 데 사용

51. Corn Holder(콘 홀더)
뜨거운 옥수수에 찔러 넣어 손잡이로 사용

52. Meat Tender Injector(미트 텐더 인젝터)
고기를 연하게 하기 위해 연육제를 첨가할 때 사용

53. Asparagus Peeler/Tong(아스파라거스 필러)
아스파라거스 껍질을 벗기거나 집을 때 사용

51

52

53

54. Salad Toss & Chop(샐러드 토스 앤 찹)
  채소의 잎을 들어서 자를 때 사용

55. Nuts Cracker(너츠 크래커)
  호두, 아몬드 등의 껍질을 부술 때 사용

56. Mesh Skimmer(메시 스키머)
  음식물을 거를 때나 물기 제거에 사용

57. Grill Tong(그릴 텅)
  뜨거운 음식물을 집을 때 사용

58. Spiral Cutter(스파이럴 커터)
  야채를 스프링 모양으로 자를 때 사용

59. Butter Slice(버터 슬라이스)
  버터나 크림치즈 등을 자를 때 사용

60. Sheet Pan(시트 팬)
  음식물을 담아 놓거나 요리할 때 사용

61. Mandoline(만돌린)
  다용도 채칼로 와플형으로 만들 때 사용

62. Kitchen Board(키친 보드)
  재료를 썰 때 받침으로 사용

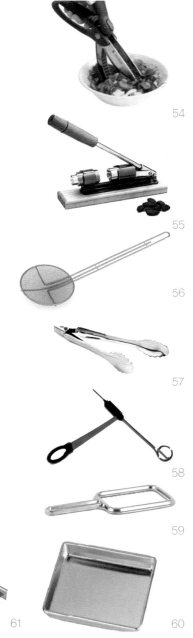

54

55

56

57

58

59

62

61

60

63. Wire Brush(와이어 브러시)
그릴의 기름 때 제거할 때 사용

64. Drum Grater(드럼 그레이터)
하드 치즈류를 갈 때 사용

65. Sharpening Stone(샤프닝 스톤)
무뎌진 칼의 날을 세울 때 사용

66. Grater(그레이터)
치즈나 야채 등을 갈 때 사용

67. Sharpening Machine(샤프닝 머신)
무뎌진 칼의 날을 세울 때 사용하는 기계

68. Apple Slicer(애플 슬라이서)
사과를 웨지형으로 썰 때 사용

69. Roast Cutting Tongs(로스트 커팅 텅스)
로스트한 고기를 일정한 두께로 썰 때 사용

70. Hand Blender(핸드 블렌더)
수프나 소스를 곱게 만들 때 사용

71. Egg Poachers(에그 포처)
달걀을 포치할 때 사용

72. Pastry Bag & Nozzle Set(패스트리 백과 노즐 세트)
　　생크림 등을 넣고 모양내 짤 때 사용

72

73. Petit Pastry Cutter(프티 패스트리 커터)
　　반죽을 모양내 자를 때 사용

74. Souffle Dish(수플레 디시)
　　수플레를 만들 때 사용

73

75. Pastry Blender(패스트리 블렌더)
　　재료를 섞을 때 사용

76. Dough Divider(도우 디바이더)
　　반죽을 일정한 간격으로 자를 때 사용

74

77. Muffin Pan(머핀 팬)
　　머핀을 구울 때 사용

78. Bread/Baguette Pan(브레드/바게트 팬)
　　왼쪽은 식빵, 오른쪽은 바게트를 구울 때 사용

75

76

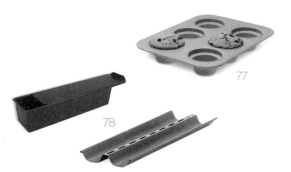

77

78

79. Large Hotel Pan(라지 호텔 팬)
　　밧드라고도 함. 음식물을 담을 때 사용

80. Perforated Hotel Pan(퍼포레이티드 호텔 팬)
　　샐러드나 음식물의 물기를 제거할 때

81. Small Hotel Pan(스몰 호텔 팬)
　　가니쉬나 작은 음식물을 보관할 때 사용

82. Medium Hotel Pan(미디엄 호텔 팬)
　　다양한 음식물을 담아 보관할 때 사용

83. Pancake Batter Dispenser(팬 케이크 배터 디스펜서)
　　팬 케이크 반죽을 1개씩 동량으로 놓을 수 있는 기구

79

80

81

82

83

$\mathit{03}$ 계량 기구(Measuring Tools)

Electron Scale
일렉트론 스케일

음식물의 무게를 측정할 때 사용

Measuring Spoon
메저링 스푼

적은 양의 음식물 부피를 계량할 때 사용

saccharometer
당도계

과일의 당도나 꿀, 설탕액 등의 당 함량을 측정하는 기기로 농도를 측정하는 계기로 선광도(旋光度)를 측정하는 것과 굴절률을 측정하는 것이 있다. 과일, 설탕액, 꿀 등의 당도를 측정할 때 사용한다.

Measuring cup
메저링 컵

음식물의 부피를 계량할 때 사용

Meat Thermometer
미트 서모미터

고기나 음식물의 온도 측정에 사용

salimeter
염도계

용액 중 염분이 함유된 정도를 측정하는 기기로 대표적으로 간장을 담글 시 적정한 농도의 소금물이 필요할 때와 음식점에서 일정한 맛으로 간을 하기 위해 마리네이드, 김치, 간장 등 용액의 염도를 측정할 때 사용한다.

04 운반 기구(Cart & Trolley)

Dish Trolley
디시 트롤리

많은 양의 접시를 안전하게 운반할 때 사용

Sheet Pan Trolley
시트 팬 트롤리

효율적인 공간 활용을 위해 시트 팬을 넣어서 사용

Plate Rack Trolley
플레이트 랙 트롤리

플레이트 랙 트롤리는 찬 음식이나 디저트 등을 미리 만들어 보관할 때 사용하고 이것을 사용하면 이동이 편리하고 공간 효율성이 좋다. 주로 찬 음식의 접시를 보관할 때 사용한다.

L-Type Cart
엘 타입 카트

주방에서 각종 식재료를 운반할 때 사용

Roast Beef Trolley
로스트 비프 트롤리

뷔페식당이나 연회음식 서비스제공 시 손님 앞에서 바로 로스트 비프를 썰어 제공할 때 사용하는 트롤리이다. 고객 앞에서 로스트한 등심이나 안심을 자를 때 사용한다.

Steak Flambe Trolley
스테이크 플람베 트롤리

고객 앞에서 스테이크 플람베를 할 때 사용하고 때로는 디저트 플람베 할 때 사용하기도 하는 트롤리이다. 고객 앞에서 플람베 할 때 사용한다.

05 조리용 기구(Cook Ware)

Cooper Frying Pan
쿠퍼 프라이팬

동으로 만든 프라이팬으로 야채, 생선, 고기 등을 볶거나 튀길 때 사용

Iron Frying Pan
아이언 프라이팬

강철로 만든 프라이팬으로 음식물을 볶거나 튀길 때 사용

Cooper Saute Pan
쿠퍼 소테 팬

동으로 된 소테 팬으로 야채나 고기를 볶아 육수를 부어 소스 만들 때 사용

Iron Grill Pan
아이언 그릴 팬

주철로 된 그릴 팬으로 생선, 야채, 고기 등을 그릴할 때 사용

Pasta Cooker
파스타 쿠커

각종 파스타를 소량씩 동시에 여러 가지를 삶을 때 사용

Fish Kettle
피시 케틀

적은 양의 생선이나 갑각류를 스팀으로 익힐 때 사용

Low Sauce Pan
로 소스 팬

팬의 높이가 낮은 것으로 소량의 소스를
끓이거나 데울 때 사용

Sauce Pan
소스 팬

소스를 데우거나 끓일 때 사용

Sauce Pot
소스 포트

많은 양의 소스를 만들 때 사용

Braising Pan
브레이징 팬

질긴 고기와 야채, 소스와 함께 뚜껑을
덮고 오랫동안 요리할 때 사용

Stock Pot
스톡 포트

육수를 끓일 때 사용

Roasting Pan
로스팅 팬

육류나 가금류 등을 오븐에서 로스팅할
때 사용

Sauce Pan Stirer
소스 팬 스터러

걸쭉한 농도의 수프나 소스가 타지 않도
록 자동으로 돌아가면서 젓는 기계

Pot Rack
포트 랙

소스 팬이나 소테 팬 등을 고리에 걸어
놓을 수 있게 만든 랙

Asparagus Steamer
아스파라거스 스티머

아스파라거스의 줄기 부분은 강한 열에,
끝부분은 약한 열에 노출되어 조리됨

06 주방 기기(Kitchen Equipments)

Vegetable Cutter
베지터블 커터

당근, 감자, 무 등을 칼날의 형태에 따라 다양하게 절단

Food Blender
푸드 블렌더

유동성 있는 음식물을 곱게 가는 데 사용

Slicer
슬라이서

채소, 육류, 생선 등 다양한 식재료를 얇게 절삭하는 데 사용

Meat Mincer
미트 민서

고기나 기타 식재료를 곱게 으깰 때 사용

Food Chopper
푸드 차퍼

고기나 야채 등을 다질 때 사용

Double Boiler
더블 보일러

수프, 소스, 기타 식재료를 식지 않게 중탕으로 보관할 때 사용

Meat Saw
미트 소우

큰 덩어리의 언 고기나 뼈를 자를 때 사용

Flour Mixer
플라워 믹서

기본적으로 밀가루를 섞을 때 사용하나 때로는 다른 식재료를 섞을 때도 사용

Pastry Roller
패스트리 롤러

반죽을 얇게 밀 때 사용

Microwave Oven
마이크로웨이브 오븐

전자식 오븐으로 음식물을 익히거나 덥히는 데 사용

Waffle Machine
와플 머신

요철 모양의 와플을 만드는 데 사용

Coffee Machine
커피 머신

여러 종류의 커피를 만드는 기계

Grill
그릴

무쇠로 만들어진 석쇠로 육류, 생선, 가금류, 채소 등을 구울 때 사용

Toaster
토스터

로터리식으로 대량으로 빵을 토스트할 때 사용

Sandwich Maker
샌드위치 메이커

핫 샌드위치나 빵을 토스트할 때 쓰이며 그릴 마크가 만들어지기도 한다.

Griddle
그리들

두꺼운 철판으로 만들어졌으며 육류, 가금류, 야채, 생선을 볶을 때 사용

Rotary Oven
로터리 오븐

오븐 안에서 음식물이 돌아가면서 익는 전기오븐

Broiler
브로일러

그릴과 달리 열원이 위쪽에 있고, 육류, 생선, 가금류 등을 구울 때 사용

Row Gas Range
로우 가스레인지

낮은 형태의 레인지로 많은 양의 스톡이나 수프, 소스 등을 끓일 때 사용

Salamander
샐러맨더

열원이 위에 있는 조리기구로 음식물을 익히거나 색을 낼 때 사용

Induction Range
인덕션 레인지

전기를 열원으로 하는 레인지

Deep Fryer
딥 프라이어

각종 음식물을 튀길 때 사용

Smoker & Grill
스모커 앤 그릴

육류, 가금류, 생선 등을 훈연으로 익힐 때 사용

Tortilla Maker
토르티야 메이커

전기를 열원으로 사용하고 멕시코 음식인 토르티야를 만들 때 사용

Rice Cooker
라이스 쿠커

가스를 사용하여 자동으로 불이 조절되어 밥을 짓는 기계

Steam Kettle
스팀 케틀

많은 양의 음식물을 끓이거나 삶아낼 때 사용

Food Warmer
푸드 워머

음식물을 따뜻하게 보관할 때 사용

Tilting Skillet
틸팅 스킬릿

다용도로 사용되는 조리기구로 기울어지며 튀김, 볶음, 삶기 등을 할 때 사용

Convection Oven
컨벡션 오븐

대류열을 이용한 오븐으로 열이 골고루 전달되며 음식물을 익힐 때 사용

Gas Range
가스레인지

일반적으로 요리할 때 가장 많이 사용하는 것으로 레인지 위에서 음식물을 요리

Bakery Oven
베이커리 오븐

베이커리 주방에서 빵이나 쿠키 등을 굽는 데 주로 사용

Proofer Box
프루퍼 박스

빵을 발효시킬 때 사용

Dish Washer
디시 워셔

작은 조리도구나 접시 등을 세척할 때 사용

Refrigerator & Freezer
리프리저에이터 & 프리저

냉장고와 냉동고가 함께 있는 것으로 음식물을 냉장, 냉동 보관할 때 사용

Drawer Refrigerator
드로어 리프리저에이터

테이블 형태의 서랍식 냉장고로 샌드위치나 샐러드 만들 때 사용

Topping Cold Table
토핑 콜드 테이블

테이블 앞쪽에 식재료를 담을 수 있게 만들어 피자나 샐러드 만들 때 사용

Meat Aging Machine
미트 에이징 머신

육류나 가금류를 숙성시킬 때 사용

Ice Machine
아이스 머신

얼음을 만드는 기계

Cutting Board Sterilizer
커팅 보드 스테럴라이저

주방에서 사용하는 도마를 소독할 때 사용

전채 조리용어
Cooking Terminology of Appetizer

Chapter 3

Antipasto
안티파스토

문자적인 의미로는 '파스타 전에'라는 것으로 이탈리아 용어로는 더운 것이나 찬 오드블을 일컫는 용어이다.

Appetizer
애피타이저

코스요리에서 가장 먼저 제공되는 식사로 일반적으로 신맛과 짠맛을 주어 입안의 침샘을 자극하여 식욕을 촉진하는 역할을 한다.

Canape
카나페

작고 장식적인 빵 조각(토스트된 것과 토스트되지 않은 것) 위에 멸치젓(앤초비), 치즈 등을 이용하여 여러 가지 모양으로 장식하는 것. 크래커나 패스트리도 base로 쓰인다. 카나페는 단순하고 정교하게, 차거나 뜨겁게 준비한다. 이것들은 칵테일과 함께 식욕촉진제로 제공된다. 카나페란 프랑스어로 '긴 의자'를 의미한다.

Caviar
캐비아

철갑상어의 알로 매우 비싸며, 고급 요리의 전채에 사용한다. 철갑상어의 종류로 Beluga, Osetra, Sevruga가 있다.

Finnan Haddie
피난아디

프랑스어로 훈제한 대구(Smoked Cod)

Foie Gras
푸아그라

프랑스어로 거위의 간(Goose Liver)

Friandise
프리앙디즈

프랑스어로 맛있는 음식을 즐김. 식도락

Froid
프로와

프랑스어로 차가운 것(Cold)

Fromage
프로마지

프랑스어로 치즈(Cheese)

Garde Manger
가드망저

육류나 생선류 등을 조리하기 위해 준비하는 곳으로 찬 음식을 만드는 주방이다.

Garniture
가르니뛰르

프랑스식으로 데코레이션(곁들임 재료)하는 것

Gerkins
거킨

절인 오이(Cucumber Pickle)

Hors–D'oeuvre
오르되브르

식사순서에서 제일 먼저 제공되는, 식욕을 돋우어 주는 요리

Huitres
위뜨르

프랑스어로 굴(Oyster)

Langouste
랑구스트

프랑스어로 바닷가재(Lobster)

Olives
올리브

올리브나무의 열매

Saganaki
사가나키

그리스에서 유명한 애피타이저로 1.2cm 정도 두께의 Kasscri 치즈조각을 버터나 올리브기름에 튀긴 것이다. 일반적으로 제공하기 전에 플람베한다.

Saumon Fume
소몽 휴메

프랑스어로 훈제한 연어(Smoked Salmon)

Savoury
세이보리

원래는 디저트를 먹고 난 후 입천장을 씻어내어 상쾌한 느낌을 주기 위한 요리를 뜻하는 영국말. 오늘날에는 애피타이저로 대접되는 작은 크기의 요리나 홍차. 저녁식사나 점심식사에 함께 먹을 수 있는 요리를 말한다.

Spring Roll
스프링 롤

전통적으로 중국 신년(이른봄)의 첫날에 내놓아 그렇게 이름 붙여진 춘권을 말하며, egg roll의 좀 더 섬세한 버전이다.

Truffes
트뤼프

프랑스어로 송로버섯(Truffle)이다.

Chapter 4

수프 조리용어
Cooking Terminology of Soup

01 수프용어(Terminology of Soup)

Bisque
비스큐

새우, 게, 가재 등 갑각류를 주재료로 사용하고 크림을 넣어 끓여 만든 수프이다.

Borsch
보르스치

소고기와 야채로 만든 수프로 러시아의 대표적인 수프이다. Borscht라고도 하며 뜨겁게 혹은 차갑게 제공될 수 있고 일반적으로 신 크림(sour cream)으로 마무리 장식을 한다.

Bouillon
부용

물에 생선 혹은 고기, 가금류, 야채를 넣어 끓여서 만든 육수로 수프와 소스의 기본을 이룬다.

Broth
브로스

야채, 고기, 생선을 물과 함께 넣고 끓여서 만든 육수로 때로 bouillon과 동의어처럼 사용되기도 한다.

Chicken Broth
치킨 브로스
닭과 야채, 쌀, 보리를 육수에 넣어 끓인 수프이다.

Chicken Gumbo
치킨검보
닭과 Okra를 사용하여 만든 수프이다.

Chowder
차우더
농도가 진한 해산물 수프로 이 중 clam chowder는 가장 유명하다. 프랑스의 chaudiere, a caldron에서 어부가 바다에서 잡은 신선한 해산물로 스튜를 만든 것에서 그 이름이 유래되었다. 뉴잉글랜드형의 차우더는 우유나 크림으로 만들고 맨해튼형은 토마토로 만든다. 차우더는 각종 해산물과 채소 등을 사용하고 크래커로 농도를 내기도 한다. 지금은 미국의 대표적인 수프이기도 하다.

Consomme
콩소메
고기나 생선의 국물을 맑게 한 것. 콩소메는 뜨겁거나 차갑게 제공되며 수프나 소스의 베이스로써 다양하게 사용된다. Double 콩소메는 레귤러 콩소메(싱글)의 부피가 반이 될 때까지 졸이므로 향기가 두 배가 된다.

Consomme A la Royale
콩소메 알라 로열
달걀을 중탕으로 익혀 다이아몬드형으로 썰어 수프에 띄운 것

Consomme Brunoise
콩소메 브뤼누아즈
야채를 주사위 모양으로 잘라 끓는 물에 데친 후 콩소메에 띄운 것

Consomme Celestine
콩소메 셀레스틴

Crepe를 구워 작게 잘라 콩소메에 띄운 것

Consomme Julienne
콩소메 쥘리엔느

야채를 가늘게 채 썰어 끓는 물에 데쳐서 콩소메에 띄운 것

Consomme Paysanne
콩소메 페이잔느

야채를 가로 세로 1.2×1.2cm, 두께 0.2cm 정도의 크기로 썰어 끓는 물에 데친 후 콩소메 수프에 넣거나 은행잎 모양으로 잘라 띄운 것

Consomme Printanier
콩소메 프랭타니에

여섯 가지 이상의 야채를 작은 주사위 모양으로 잘라 띄운 것

Court-bouillon
쿠르 부용

전통적으로 생선이나 해산물 등을 포칭하기 위해 만드는 액체이다. 여러 가지 채소와 허브(정향 약간, 셀러리, 당근, 그리고 부케가르니) 등을 물에 넣고 30분간 끓여서 만든다. 포도주, 레몬주스 또는 식초, 소금을 첨가하여 만들기도 한다.

Gazpacho
가즈파초

스페인 남부의 안달루시아(Andalucia) 지방에서 유래된 신선하고 찬 여름 수프이다. 이 수프는 보통 싱싱한 토마토퓌레, 달콤한 벨고추, 양파, 셀러리, 오이, 빵가루, 마늘, 올리브오일, 식초 혹은 레몬주스를 넣어 만든다.

Madrilene
마드릴렌

토마토를 넣어 만든 맑은 수프로 뜨겁게 먹기도 하고 차게 식혀 젤리같이 굳혀 먹기도 한다. 프랑스어로 '마드리드식 요리'란 뜻으로 토마토나 토마토주스를 사용한 여러 가지 요리를 말한다.

Minestra
미네스트라

이탈리아어로 '수프'를 의미하는 말로 주로 중간 정도의 진하기에 고기나 야채를 넣은 수프를 의미한다. Minestrina("little soup"를 의미하는 말)는 맑은 육수로 만든 수프를 의미하며, minestrone("big soup"를 의미하는 말)은 야채로 만든 진한 수프를 뜻한다.

Minestrone
미네스트로네

이탈리아의 대표적인 야채 수프로 각종 야채와 Bacon과 Pasta를 넣고 끓이는 수프이다.

Moch Turtle
모치 터틀

자라를 주재료로 사용하여 만든 자라수프이다.

Mulligatawny Soup
멀리거토니 수프

인도 남부의 타밀 지방 사람들이 지은 이름으로 그들 말로 "매운 물"이란 뜻을 가진 수프 요리. 이 수프는 고기나 야채 육수에 많은 커리 양념과 다른 양념을 넣어 만든다. 보통 닭고기가 들어 있고 다른 고기를 넣을 때도 있으며 그 밖에 쌀, 달걀, 크림 등을 넣는다.

Onion Gratin Soup
어니언 그라탱 수프

양파를 갈색이 날 때까지 와인이나 육수로 데글레이징하면서 볶은 후 콩소메나 브라운스톡을 붓고 얇게 썬 바게트 빵 위에 치즈를 얹고 오븐이나 샐러맨더에서 그라탱하여 제공하는 수프이다.

Potage Clear
포타주 클리어

맑은 수프로 Consomme, Minestrone, 기타 Bouillon과 야채를 사용한 수프

Potage Creme
포타주 크렘

밀가루와 버터를 볶다가 Milk나 Cream을 넣어 만든 수프

Potage Lie
포타주 리에 = thick soup

Roux나 Veloute를 사용하여 걸쭉하게 농도를 맞춘 수프 Cream Chicken Soup, Mushroom Soup, Veloute를 사용한 수프 Clam, Chowder, Bisque Soup 등이 있다.

Potage Purée
포타주 퓌레

당근, 감자, 강낭콩, 시금치와 같은 야채를 익혀 믹서기에 갈거나 으깨서 만든 수프이다. 일반적으로 농후제를 사용하지 않고 식재료 자체로 농도가 난 수프를 말한다. Carrot Soup, Spinach Soup, Green Peas Soup, Potato Soup, Chestnut Soup, Broccoli Soup, Cauliflower Soup 등이 있다.

Sopa / Zuppa
소파 / 추파

소파는 스페인 말로 수프 / 추파는 이탈리아어로 수프이다.

Vichyssoise
비시스와즈

차가운 감자수프이다. 감자와 릭(Leek)을 볶은 후 스톡을 넣고 끓인 다음 진한 크림을 넣고 맛을 낸 후 식혀서 제공한다.

02 수프 곁들임 용어(Terminology of Soup Garnish)

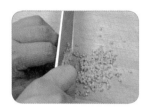

Brunoise
브뤼누아즈

양파, 당근, 셀러리를 2~3mm 네모로 썰어, 버터를 녹인 두꺼운 냄비
에 넣고 볶아서, 부용을 붓고 5~6분간 약한 불에서 끓인다.

Crepes
크레페

볼에 달걀 1개, 소금 약간을 잘 섞고 밀가루 100g을 체에 쳐서 넣고 가볍
게 혼합하여 우유로 농도를 맞추어 프라이팬에 기름을 조금 두르고, 이것
을 떠놓아 양면을 구워 가늘게 썰거나, 네모, 둥근 모양 등으로 예쁘게 썰
어 띄운다.

Croutes
크루트

식빵을 3mm 두께의 3각형, 4각형, 혹은 둥근 모양으로 잘라 팬이나 오븐
에서 노르스름하게 구운 것이다.

Crouton
크루통

식빵을 두께, 크기 모두 1cm의 네모로 잘라 170~180도의 기름에 튀겨 종
이를 깐 그릇에 놓아 기름을 뺀 후 사용하거나 오븐에서 정제버터를 뿌려
가며 골든 브라운색을 내어 사용한다.

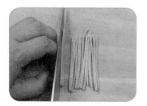

Julienne
쥘리엔느

양파, 당근, 셀러리, 캐비지와 같은 채소류를 채 썰어서 볶거나 끓는 물에
데쳐서 수프에 띄운다. 이외에 닭고기, 햄, 버섯 등을 채 썰어 쓰기도 한
다.

Riz
리쯔

쌀을 부용에 넣어서 삶은 것이다.

Royale
로열

볼에 달걀(전란 1개), 난황 1개, 부용 1c, 우유 2Tbsp, 소금 약간을 넣고 거품이 일지 않도록 섞어 천에 받친다. 이것을 버터 칠한 형틀(mould)에 붓고 중탕하여 익힌다. 익으면 꺼내어 식혀 다이아몬드 모양으로 잘라서 쓴다.

Tomato Concasser
토마토 콩카세

토마토 꼭지를 따고 끓는 물에 잠깐 담갔다가 건져, 껍질을 벗기고 칼집을 넣어 씨와 물기를 짜내고, 0.5~1cm 정도의 네모로 썰어 버터를 녹인 팬에 볶아 쓰기도 하고 수프에 그냥 넣기도 한다.

Vermicelli
버미첼리

가늘게 뽑은 국수를 3~4cm 길이로 잘라, 삶아서 부용에 담가 두었다가 사용한다.

Chapter 5

소스 조리용어
Cooking Terminology of Sauce

Albert sauce
알버트 소스

보통 고기나 어패류와 함께 제공되는 소스로 버터, 밀가루, 크림을 주재료로 하고 양고추냉이가 많이 들어간 소스이다.

Apple sauce
애플 소스

부드러운 것부터 덩어리에 이르는 것까지 쓰이고, 설탕이나 향신료를 넣고 익힌 사과 퓌레.

Aurora sauce
오로라 소스

토마토 퓌레를 넣은 베샤멜 소스로, 엷은 색으로 섞어 핑크색이 되게 한다.

Barbecue sauce
바비큐 소스

바비큐 할 고기에 사용되는 소스나 고기가 요리된 후 고기의 부속물로 사용된다. 이것은 전통적으로 토마토, 양파, 머스터드, 마늘, 갈색 설탕, 그리고 식초로 만들어지며 맥주나 와인과도 잘 어울리는 소스이다.

Bearnaise sauce
베어네이즈 소스

정통 프랑스 소스로 식초, 와인, 타라곤, shallot을 넣어 졸인 후 걸러서 달걀 노른자를 넣고 중탕하여 반숙으로 익힌 다음 정제버터를 넣으면서 유화시켜 만든 소소이다. Bearnaise는 고기, 생선, 달걀, 야채와 함께 제공된다.

Bechamel sauce
베샤멜 소스

이 기본 소스는 버터와 밀가루를 1 : 1로 섞어 흰색으로 볶은 다음 우유를 넣어 만든 소스이다. 소스의 농도 조절은 버터와 밀가루 대 우유의 비율에 달려 있다.

Bercy sauce
베르시 소스

Bercy는 주류가 집산되는 파리의 한 지역이다. Bercy sauce는 shallot과 버터, 브라운 스톡, 레몬주스, 파슬리, 소금, 후추, 백포도주를 졸여서 만드는 소스이다.

Beurre blanc
뵈르블랑

하얀 버터를 의미하는 정통 프랑스 소스는 식초, shallot을 차가운 버터에 넣어 진하고 부드러워질 때까지 휘저어 유화시킨 소스로 생선, 야채와 달걀에 잘 어울린다.

Beurre noir
뵈르누아르

검은 버터의 프랑스어로 버터가 아주 낮은 열에서 진갈색(검은색 아닌)이 될 때까지 요리한 것을 말한다. Beurre noir는 보통 식초나 레몬주스, 생강으로 만들어지며 맥주나 와인과도 잘 어울리는 소스이다.

Bigarade sauce
비가라드 소스

프랑스의 정통 브라운소스로 오렌지로 맛을 내고 오리와 함께 제공된다. Bigarade 소스는 브라운 스톡, 오렌지, 레몬주스, 오렌지 껍질, 그리고 큐라소, 리큐어를 넣어 만드는 소스이다.

Bordelaise sauce
보르드레즈 소스

레드 혹은 화이트와인, 브라운 스톡, shallot, 파슬리와 허브로 만들어진 프랑스 소스로 끓인 고기와 함께 제공한다.

Brown sauce
브라운 소스

프랑스에서는 espagnol sauce로 알려진 브라운 소스는 다른 소스의 기본이 된다. 그것은 전통적으로 갈색으로 만든 야채, 갈색 루, 허브, 그리고 때때로 토마토 페이스트의 mirepoix와 풍부한 고기 재료로 만들어진다.

Choron sauce
쇼롱 소스

프랑스 지방의 이름을 딴 이 소스는 홀랜다이즈 소스에 토마토 퓌레를 넣어 분홍색이 되게 만든 소스이다.

Cocktail sauce
칵테일 소스

케첩이나 호스래디시(양고추냉이), 레몬즙, 그리고 타바스코 소스나 기타 매운 양념으로 만든 칠리 소스를 섞은 것이다.

Cream sauce
크림 소스

우유나 크림 등으로 만든 전통적인 화이트소스이다. 크림 소스는 치킨 알라킹과 같은 많은 요리의 기초로 쓰인다.

Figaro sauce
피가로 소스

홀랜다이즈 소스에 토마토 퓌레와 다진 파슬리를 넣어 만든 소스로 생선이나 닭고기 요리에 곁들인다.

French dressing
프렌치 드레싱

오일과 식초에 소금 등 양념을 넣어 만든 드레싱으로 비네그레트라고도 한다. 미국에서는 크림 같은 오렌지색의 드레싱을 말한다

Gravy
그레이비

고기의 즙을 닭이나 소고기 육수와 섞은 후 와인, 우유와 포도주 또는 녹말 같은 것을 넣어 만든 소스. 고기나 조류, 생선 등을 팬에서 요리하고 남은 즙도 간단한 gravy가 될 수 있다.

Hoisin sauce
호이신 소스

북경 소스라고도 불리며 중국요리에서 많이 쓰이는 점도가 높은 검붉은 색의 소스로 약간 달콤하면서 매콤하다. 이 소스는 강낭콩, 마늘, 고추와 다양한 양념을 섞어 만든 것이다.

Hollandaise sauce
홀랜다이즈 소스

부드럽고 맛이 풍부한 이 소스는 야채요리, 생선요리 또는 eggs benedict 같은 달걀요리와 곁들여 먹는다. 이 소스는 백포도주, 식초, 샬롯, 통후추, 파슬리줄기, 월계수잎 등을 졸여 여기에 달걀 노른자를 넣고 중탕해서 반숙으로 익힌 다음 정제버터를 부어가며 유화시켜 만들고 따뜻하게 해서 먹는다.

Lyonnaise sauce
리오네즈 소스

전통 프랑스식 소스로 백포도주, 볶은 양파, 브라운 스톡 등을 넣어 만드는 소스로 프랑스 제2의 도시인 리옹의 지명을 따서 붙여진 이름이다.

Maltaise sauce/Maltese sauce
말타아즈 소스

오렌지주스, 오렌지 껍질 간 것 등으로 만든 네덜란드식 소스로 아스파라거스나 콩 같은 삶은 야채에 곁들여 먹는다.

Melba sauce
멜바 소스

프랑스의 유명한 요리사인 August Escoffier가 오스트레일리아의 오페라 가수 Dame Nellie Melba를 위해서 만든 소스로 갈아서 거른 rasberry, 붉은 건포도 젤리, 설탕, 전분을 섞어 만든다. 전통적으로 살구로 만든 디저트인 Melba에 곁들여 먹거나 아이스크림, 과일, 파운드 케이크, 푸딩 등에 곁들여 먹는다.

Mornay sauce
모르네이 소스

베샤멜 소스(화이트소스)에 파머산(파르메산) 치즈나 스위스 치즈를 넣은 소스로 때때로 닭고기 또는 생선 육수를 넣기도 하며 주로 달걀, 생선, 조개류, 야채, 닭고기 등에 곁들여 먹는다.

Perigueux sauce
페리게 소스

Madeira(백포도주의 일종)와 송로버섯(truffle)을 데미글라스에 넣어 만든 소스이다.

Pesto
페스토

신선한 Basil, 마늘, 잣, 파머산 치즈나 페코리노 로마노 치즈, 올리브오일을 혼합하여 갈아서 만든 가열하지 않은 소스

Piquante sauce
피컨트 소스

Shallot(양파의 일종), 백포도주, 식초, gherkin, 브라운 스톡과 파슬리 그 외 다양한 향신료와 양념으로 만든 매운맛이 나는 갈색 소스

Pistou
피스투

으깬 바질, 마늘, 올리브오일의 혼합물로 소스 혹은 양념으로 쓴다. 이것은 이탈리아식 Pesto의 프랑스식 버전이다. 프랑스식 야채 수프로 주로 초록색 콩, 흰콩, 양파, 감자, 토마토와 vermicelli란 국수를 넣어 만든다. 이 요리는 꼭 바질과 마늘 소스로 양념한다. 이탈리아 Minestrone란 요리와 비슷한 수프

Ponzu sauce
폰주 소스

일본식 소스로 레몬주스, 쌀로 만든 식초, 간장, 미림(청주)이나 사케(정종), Kombu(미역), 말린 가다랑어 가루(katsuobushi)로 만든다. 이 소스는 사시미 또는 한 솥에 넣고 끓이는 chirinabe 같은 요리에서 찍어 먹는 소스로 쓴다.

Ragu
라구

이탈리아 북부 볼로냐 지방의 특산 요리로 파스타와 함께 전통적으로 제공되는 고기 소스이다.

Remoulade
레뮬라드

프랑스 소스는 보통 집에서 만든 마요네즈와 겨자, 케이퍼와 다진 gherkin(식초절임용의 작은 오이)과 허브, 그리고 멸치를 섞은 것이다.

Russian dressing
러시안 드레싱

미국이 기원인 이 샐러드 드레싱은 마요네즈, 피망, 칠리 소스 또는 케첩, 차이브, 그리고 여러 허브 등을 넣는다.

Salsa
살사

멕시코 말로 소스를 뜻하며 이 소스는 익히거나 익히지 않은 재료를 혼합한 것이다. Salsa cruda라고 하면 익히지 않은 salsa이고, salsa verde라고 하면 녹색 salsa로, 이는 주로 tomatillos와 녹색 고추, cilantro 등으로 만든 것이다.

Soubise
수비스

1. 진하고 벨벳 같은 색을 내는 소스로 화이트소스, 양파, 크림을 퓌레하여 만든다.
2. 양파와 쌀로 만든 퓌레로 고기와 함께 먹는 양념으로 쓴다.
3. Egg a la soubise 같은 요리를 부르는 말로 양파 소스와 곁들여 먹는 요리이다.

Supreme sauce
수프림 소스

같은 양의 veloute 소스와 닭 또는 메추리 육수를 섞어 만든 영양이 풍부한 소스. 물과 진한 크림, 버섯을 섞어 넣기도 하며 2/3 정도 남을 때까지 녹여서 만들고 마지막에 버터와 크림을 넣어 소스를 완성한다.

Tapenade
테판나드

프랑스의 Provence(프로방스) 지역에서 유래된 소스의 일종으로 capers, 멸치, 올리브, 올리브오일, 레몬주스, 양념, 작은 참치조각 등을 넣고 만들어 빵에 발라 먹거나 양념으로 사용한다.

Veloute sauce
벨루테 소스

다섯 개의 기본 소스 중 하나인 veloute는 줄기를 기본으로 한 white sauce이다. 그것은 닭 혹은 veal stock 혹은 fish fumet를 white roux와 함께 진하게 한 것으로 때때로 달걀 노른자나 크림 같은 것이 추가된다. Veloute 소스는 다른 많은 소스의 기본이다.

Verte sauce
베르 소스

초록 소스의 프랑스 말인 sauce verte는 단순히 초록색 마요네즈이다. 색은 초록색 성분(파슬리, 시금치 혹은 물냉이 같은)을 퓌레로 한 뒤 키친타월로 짜서 추출된 액을 마요네즈와 섞으면 마요네즈 같은 맛의 초록색 혼합물이 된다.

Vinaigrette
비네그레트

다섯 개의 기본 소스 중 한 가지인 vinaigrette는 기본적으로 기름과 vinegar의 결합이다. Salad greens, 다른 차가운 야채, 고기, 생선요리의 드레싱에 쓰인다. 가장 간단한 형태의 vinaigrette는 기름, vinegar, 소금과 후추로 만든다. 좀 더 섬세한 것은 양념, 허브, shallot, 양파, 머스터드 등과 같은 성분들이 들어간다.

Chapter 6

앙트레(주요리) 조리용어
Cooking Terminology of Entree

01 육류 고기 굽는 용어(Terminology of Cooking Meat)　　　　프 프랑스어

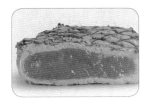

프 **Bleu** / Rare
블루 / 레어
구운 고기의 색은 짙은 붉은색으로 색깔만 살짝 내고 속은 따뜻하게 하여 자르면 속에서 피가 흐르도록 하여 굽는 방법이다. 고기의 내부 온도는 약 45~55℃이다.

프 **Saignant** / Medium rare
세냥 / 미디엄 레어
구운 고기의 색은 선명한 붉은색으로 Rare보다 조금 더 익힌 것으로 자르면 피가 보여야 한다.
고기의 내부 온도는 약 52~57℃이다.

프 **A Point** / Medium
아 뿌앙 / 미디엄
구운 고기의 색은 옅은 붉은색으로 절반 정도를 익히는 것이다. 고기의 내부 온도는 약 55~60℃이다.

프 **Cuit** / Medium Welldone
퀴 / 미디엄 웰던
구운 고기의 색은 가운데 부분에 핑크 및 약간 붉은색을 띠며 단단하고 탄력이 느껴진다. 고기의 내부 온도는 약 57~62℃이다.

㔰 Bien Cuit / Welldone
비엥 퀴 / 웰던
구운 고기의 색은 옅은 회색으로 육즙이 조금 있고 단단하다. 고기의 내부 온도는 약 65~70℃이다.

Very Welldone
베리 웰던
구운 고기의 색은 돌 회색으로 뻣뻣하고 육즙이 거의 없으며, 매우 단단하다. 고기의 내부 온도는 약 67~72℃이다.

02 육류 앙트레(주요리) 조리용어(Cooking Terminology of Meat Entree)

Beef a la mode
비프 아라모드

소고기를 몇 시간 동안 레드와인과 브랜디의 혼합물에 절인 다음 브레이징하여 얇게 썰어 제공한다. 프랑스 이름은 boeuf á la mode이다.

Beef Wellington
비프 웰링턴

소의 안심에 pate de foie gras(거위간)과 duxelles(다진 버섯 졸인 것)을 함께 넣고 pastry반죽으로 싸서 구운 것

Blanquette
블랑케트

영양이 풍부한 크림 소스와 같은 흰색 소스로 만들어지는 스튜로 송아지 고기, 양고기, button mushrooms, 작고 흰 양파로 만든 것이다.

Blood sausage
블러드 소시지

blood pudding으로도 알려진(아일랜드에서 black pudding으로 알려짐) 소시지로 돼지의 피와 기름, 빵가루와 오트밀로 만들어진다.

Brochettes
브로셰트

각종 고기를 주재료로 하여 야채를 사이사이에 끼워 굽는 석쇠구이

Buffalo
버펄로

buffalo는 소의 일종으로 털이 많고 등이 굽은 들소이다. 고기는 놀랄 만큼 부드럽고 맛도 소고기와 비슷하고 누린내가 전혀 나지 않는다. 버펄로는 소고기보다 철분이 많고 지방과 콜레스테롤은 소고기와 닭, 모든 생선보다 낮다.

Carpaccio
카르파초

이탈리아가 기원인 carpaccio는 신선한 날 소고기 Filet를 얇게 썬 것이다. 이것은 올리브오일과 레몬즙을 뿌리기도 하며, 마요네즈와 겨자 소스도 잘 어울리는 재료이고 야채와 함께 곁들여 내면 좋다. 주로 육류 전채요리로 이용한다.

Caul
카울

복강에 지방이 있는 얇은 창자막으로 돼지나 양에서 떼어내는데 돼지의 caul이 우수한 것으로 간주되고 있다. Caul은 끈 모양의 그물과 비슷하여 식재료를 싸는 데 사용되고, 기름진 막은 굽거나 조리할 때 녹는다. 찢어지는 것을 막기 위해 사용하기 전에 따뜻한 소금물에 막을 담가 층을 부드럽게 만들어야 한다.

Chateaubriand
샤토브리앙

Filet의 가운데 부분을 4~5cm로 두껍게 잘라서 굽는 최고급 steak

샤토브리앙
(Chateaubriand)

Chipolata sausage
치폴라타 소시지

작은 손가락으로도 불리는 6cm 길이의 작고 거친 조직감이 있는 돼지고기 소시지이다. 타임, 차이브, 코리앤더, 정향, 그리고 매운 빨간 고춧가루를 넣어 진하게 맛을 낸 것이다.

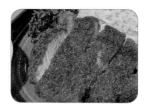

Cotelettes
꼬트렛

영어로 cutlet이라 하며, 고기를 얇게 썰어 옷을 입혀 굽거나 튀긴 것

Cotto sausage
코토 소시지

Cotto는 이탈리아어로 '조리된'이란 뜻이고 부드러운 이탈리아의 salami를 뜻한다.

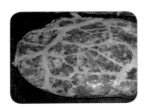

Crepinettes
크레피네트

간 돼지고기, 양고기, 어린 소의 고기나 닭 때로는 송로버섯을 넣어 만든 프랑스가 기원인 작고 약간 납작한 소시지이다. Crepinettes는 프랑스어로 돼지의 창자막(Caul)이라는 뜻인데 포장(Casing) 대신 이 속에 크레피네트가 싸여 있기 때문이다.

Croguette
크로켓

다진 고기와 채소의 혼합물에 진한 화이트소스와 양념들을 넣어서 작은 구형으로 만든 후 잘 저은 달걀에 담가 빵가루를 묻혀 갈색이 될 때까지 튀기는 것

필레미뇽
(Filet Mignon)

Filet Mignon
필레미뇽

필레의 꼬리 쪽에 해당하는 세모꼴 부분을 Bacon으로 감아 구워내는 steak

Flank Steak
플랭크 스테이크

소 배 부위에서 추출한 스테이크이다.

Forcemeat
포스미트

Pate나 Terrine, Galantine의 Meat Filling 재료를 의미하는 것으로 유화를 이루기 위해 살코기에 지방과 양념을 넣어 갈아서 만든다. 포스미트에는 무슬린 형태의 포스미트(Mousseline Forcemeats), 스트레이트 포스미트(Straight Forcemeats), 컨트리 스타일의 포스미트(Country-Style Forcemeats), 그라탱 포스미트(Gratin Forcemeats)의 4가지가 있다.

Goulach
굴라시

헝가리식 스튜로 소고기, 야채, 그 밖의 다른 고기를 넣고 헝가리산 파프리카로 향을 낸 것이다.

Gumbo
검보

이 요리는 농도가 진한 스튜 비슷한 요리로 오크라(okra), 토마토, 양파 그 밖의 고기나 조개, 큰 게, 새우, 햄, 소시지 같은 것들을 넣어 만든다. Brown roux를 넣은 것은 검보의 진한 맛을 내는 데 꼭 필요한 요소이나, 오크라가 걸쭉하게 만드는 역할을 하는데 음식이 제공되기 전에 한 번 저어야 한다. 검보는 아프리카 말로 오크라(okra)를 뜻한다.

Hamburger
햄버거

1904년 루이지애나의 세인트루이스에서 열린 상품 엑스포에서 처음 알려지기 시작했다고 한다. 햄버거는 반으로 자른 빵 사이에 간 고기로 만든 패티를 익혀서 넣는 것이다. 고기를 잘게 썬 양파, 허브 등과 같이 섞어서 만들어지고 때론 치즈를 얹기도 하는데 이땐 치즈버거가 된다. 버거 혹은 버거 스테이크라고도 많이 불린다. 햄버거란 이름은 독일의 항구도시 함부르크(Hamburg)에서 유래된 것으로 19세기 그곳의 선원들이 간 고기를 들여왔다고 해서 붙여진 이름이다.

Kebab / kabob
케밥

양념한 재료를 꼬챙이에 꽂아 실 모양으로 가늘게 늘어지게 하거나 석탄 위에 석쇠로 구워서 얇게 썰어 서브한다. 고기, 생선, 조개의 작은 덩어리로 만들 수 있으며 야채조각은 꼬챙이 위의 고기에 함께 꽂을 수도 있다. Shish kebab, shashilk라고도 불린다.

Kobe beef
고베 비프

일본의 고베에서 길러 등급이 매겨진 소. 이 소들에게는 육질이 아주 부드럽고 풍부한 맛을 가지도록 하기 위해 마사지를 하고 많은 양의 맥주를 포함한 특별한 식이로 사육한다.

Lamb Rack
램랙

양의 갈비 부분으로 보통은 8대 정도 붙어 있는 것을 말하며, 한 조각으로 제공할 수 있으며 둥글게 해서 구울 수도 있다. 또 갈비뼈를 중심으로 하나씩 자른 것을 Lamb Chop이라 한다.

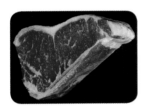

Loin
로인

동물에 따라 조금씩 다르나 척추부위의 고기. 돼지고기는 어깨에서 다리까지 척추 부근의 고기를 말하고 소고기, 양고기, 송아지는 갈비뼈 부근에서 다리까지 척추 부근의 고기를 말한다. Shortloin과 sirloin 두 종류가 있으며 보통 고기가 무척 부드러워 스테이크, 찹, 오븐구이 등으로 요리해 먹는다.

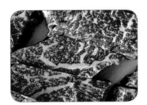

Marbling
마블링

고기 사이에 들어 있는 지방질을 가리키는 말로 요리할 때 고기의 향을 좋게 하고 즙이 많게 하여 부드럽게 한다. 때로 순살만 있는 고기에는 지방을 끼워 넣기도 한다.

Marengo
마렝고

닭고기요리로 올리브오일에 살짝 볶은 닭고기에 양념, 토마토, 양파, 올리브, 마늘, 백포도주, 브랜디를 넣어 만든다. 때로 달걀을 첨가하기도 한다. 나폴레옹의 주방장이 1800년경 Marengo 전투에서 만들어 먹었다고 전해진다.

Marrow
매로

골수는 부드러운 지방질로 동물의 다리뼈 중앙의 빈 부분에 주로 많고 많은 양은 아니지만 척추뼈에도 있다. 유럽에서는 매우 고급요리로 치며 특히 밀란의 특산요리인 ossobuco에 들어가는 것으로 유명하다. Marrow 스푼이라고 하는 도구를 사용해 뼈에서 marrow를 빼낸다. 또 수프에 넣어 먹기도 한다.

Medallion
메달리온

메달 모양의 둥근 형태로 자른 고기를 말한다(소고기, 닭고기, 돼지고기).

Mignonette / Mignonnette
미뇨네트

작은 동전 모양의 고기 부위로 주로 양고기를 말하는 경우가 많으며 noisett이나 medallion이라고 부르기도 한다.

New York steak
뉴욕 스테이크

보통 New York strip steak 또는 shell steak로도 알려진 요리로서 가장 부드러운 부위인 short-loin(허리부위)을 사용한다. Steak는 loin의 윗부분에 뼈 없는 부분을 사용하며 이는 poterhouse steak에서 tenderloin과 뼈를 발라낸 것과 비슷하다. 지역에 따라 Delmonico steak, Kansas City(strip) steak, shell steak, sirloin club steak, strip steak 등으로 불린다.

Osso buco / Veal Shank
오소부코 / 빌 섕크

송아지의 정강이를 토막내서 만든 이탈리아 요리로 올리브오일, 화이트 와인, 육수, 양파, 토마토, 마늘, 앤초비, 당근, 셀러리, 레몬 껍질을 함께 기름에 볶은 다음 물을 넣어 끓인다. 전통적으로 osso buco는 gremolata로 장식하고 risotto와 함께 먹는다.

Oxtail
옥스테일

소꼬리는 비록 뼈가 주를 이루지만 꼬리를 잘랐을 때 나오는 고기는 매우 맛이 좋다. 소의 나이에 따라 소꼬리는 매우 질길 수도 있기 때문에 천천히 오래오래 조리해야 한다.

Paillard
페일라드

Veal scallop(송아지 가리비) 또는 얇게 저민 소고기를 짧은 시간 동안 그릴에 굽거나 팬에 볶은 요리

Pancetta
판세타

소금과 향료로 처리한 이탈리아식 베이컨이나 훈제하지 않은 약간 말린 베이컨이다.

Parma ham
파르마 햄

이것은 진짜 prosciutto 햄으로, 파머산 치즈로 유명한 이탈리아의 북쪽 Parma 지방에서 생산되는 햄이다. 특히 밤과 유장을 먹여 사육한 파르마 지방의 돼지는 최상의 육질을 자랑하며 파르마 햄은 양념을 해서 소금 처리를 한 다음 공기에 처리하며 훈제는 하지 않는다. 파르마 지방의 돼지고기는 붉은 갈색을 띠며 단단하고 밀도가 조밀하다. 최상의 파르마 햄은 파르마시에 있는 작은 마을인 Langhirano란 곳에서 생산되는 것이다. 파르마 햄은 주로 얇게 썰어 애피타이저로 제공한다. 햄의 껍질은 수프의 맛을 내는 데 쓰이기도 한다.

Pastrami
패스트라미

Plat, brisket, round 부위의 소고기를 진하게 양념한 것. 고기에서 지방을 떼어내고 나면 소금, 마늘, peppercorn(후추), 계피, 붉은 후추, cloves, allspices와 coriander의 혼합물을 고기에 문지른다. 이 고기는 말리거나 훈제하거나 구워서 먹는다. Pastrami는 주로 rye 빵으로 만든 샌드위치에 넣어 차갑게 하거나 데워서 먹는다.

Patty
패티

잘게 썬 소고기나 생선, 야채를 얇고 둥글게 뭉친 것을 말한다.

Pepperoni
페퍼로니

이탈리아산 salami(소시지의 한 종류)로 돼지고기나 소고기를 원료로 검은 후추와 빨간 후추로 강한 양념을 하여 만든 것

Pepper steak
페퍼 스테이크

구운 소고기 요리. 거칠게 간 검은 후추를 뿌리고 버터에 구워서 구운 고기 기름과 와인, 육수로 만든 소스를 뿌린 요리. Pepper steak는 가끔 브랜디 나 코냑을 붓고 불을 붙여서 알코올 성분을 증발시켜 조리한다. 프랑스 말 로는 steak a poivre라고 불린다.

Pot roast
포트 로스트

주로 비싸지 않고 덜 부드러운 소고기를 먼저 노릇하게 구운 다음 냄비에 넣고 약간의 액체와 함께 끓이는 것. 완성된 후에는 맛이 풍부하고 부드러 운 고기 요리가 된다. Chuck(목과 어깨살) 부위나 Round(사태) 부위가 가 장 많이 쓰이는 재료로, 야채를 요리하는 중간중간에 넣는데 이렇게 만든 요리를 Yankee pot라고도 한다. 또는 고기를 조리하는 방법으로 구운 다 음 액체를 넣고 뚜껑을 덮은 냄비에 넣고 가스레인지나 오븐에서 끓이는 것을 말한다.

Prosciutto Ham
프로슈토 햄

Italian prosciutto는 조리가 된 designated prosciutto cotto와 조리가 되지 않은 prosciutto crudo가 있다. 비록 조리가 안 되었다 하더라도 prosciutto 는 이미 처리되어 있기 때문에 날로 먹을 수 있다. 이 이탈리아 햄은 원산 지인 도시나 지역의 명칭에 따라서 이름이 지어진다. 이 햄은 주로 투명하게 보일 정도로 얇게 썬 상태로 판매된다. 얇게 썬 상태로 먹는 것이 가장 좋으 며 멜론과 같이 첫 번째 코스 요리로 제공하기도 한다.

Quenelle
퀸넬

간 생선이나 고기에 달걀이나 크림을 넣어 부드럽게 만들어 양념한 가벼 운 덤플링이다. 이 혼합물은 작은 타원체로 성형시키고 스톡에서 살짝 삶 아내는 것이다.

Ragout
라구

영어의 스튜와 같은 의미이다.

Rib eye Steak
립 아이 스테이크

갈비살에서 추출하는 것으로 꽃등심이라 부르기도 한다.

Roulade
룰라드

Roulade는 육류, 가금류, 생선류 등을 조리과정에서 둥글게 말아 만들어진 요리에 붙이는 용어이다.

Round Steak
라운드 스테이크

소 허벅지에서 추출한 질긴 스테이크로 마리네이드하여 이용한다.

Rump Steak
럼프 스테이크

소 궁둥이에서 추출한 질긴 부위로 마리네이드한 후 이용한다.

Salami
살라미

Cervelat과 비슷한 종류의 소시지를 통틀어 부르는 이름. 익히지 않은 것이지만 이미 가공되어 있기 때문에 익히지 않고 먹어도 안전하다. Salami는 cervelat과는 달리 마늘과 후추로 강한 양념을 하여 더욱 건조시키고, 거의 훈제하지 않은 것으로 공기에 노출시켜 말리고 크기, 모양, 양념, 가공방법들이 다양하며 소고기와 돼지고기를 혼합하여 만들지만 kosher salami는 순수한 소고기만으로 만든다. 유명한 이탈리아산 salami 중에서 하얀 후추씨를 박아 넣어 풍부한 맛과 기름기가 많은 맛을 내는 Genoa와 검은 후추씨를 박아 넣은 Cotto가 있다. 돼지고기가 들어가지 않은 kosher salami는 익힌 것 이어서 약간 부드럽다. Frizze와 pepperoni 또한 salami의 한 종류이다.

Sausage
소시지

소시지란 간 고기를 지방, 소금, 양념, 방부제, 때론 내용물과 함께 섞어서 만든 것으로(이렇게 섞은 혼합물은 주로 껍데기 즉 주머니 안에 넣는다) 그 재료, 첨가물, 모양, 가공방법, 마른 상태, 익힘의 유무에 따라 매우 다양한 종류가 있다. 대부분의 소시지는 돼지고기 혹은 돼지고기를 약간 섞어서 만들기도 하고, 또한 소고기, 송아지, 닭 등의 고기로 만든다.

모든 소시지를 양념하는 재료는 마늘부터 nutmeg까지 다양하다. 어떤 것은 맵고 어떤 것은 순한 맛을 낸다. 오늘날의 많은 소시지들은 저장성과 밀도를 높이기 위해, 색깔을 넣기 위해 첨가제를 사용한다. 그중에는 고기를 연하게 하기 위해서 다양한 곡류, 간장, 통으로 만든 밀가루, 고형 우유를 첨가하기도 한다.

소시지의 모양은 소시지의 종류에 따라 고기와 모양이 다양하다. 저장성을 높이기 위해서는 소금으로 조미하여 훈제한 것이 있다. 또 어떤 소시지는 말린 것이 있는데 말리는 기간은 며칠에서 길게는 6개월까지 있고 오래 말린 것일수록 단단하다.

Shank
섕크

돼지, 어린 양, 송아지, 소의 정강이이다. 맛이 풍부하지만 동물에서 가장 질긴 부위의 하나로 천천히 오랫동안 조리해야 한다.

Shish Kebob
시시 케밥

양념한 고기 조각이나 야채를 꼬치에 끼워서 석쇠에 구운 것으로, shashlik 라고도 불린다.

Silver Skin
실버스킨

텐더로인 같은 특정 부위의 고기에서 보이는 얇고 흰색인 막을 가리키는 말로 매우 질기기 때문에 제거해 주어야 하는데 놔두면 조리시 수축되어 고기가 말려 올라가거나 제 모양을 유지하지 못하게 된다.

Sirloin Steak
서로인 스테이크

소 허리 등심에서 추출한 비교적 연한 스테이크이다.

Skirt Steak
스커트 스테이크

소의 옆구리 부위에서 잘라낸 부위로 배와 가슴 중간에 있는 횡격막 근육이다. 길쭉하고 납작한 고기로 질기지만 맛이 풍부하고 요리하면 좋은 맛을 내고 부드럽게 할 수 있다.

Steak Poivre
스테이크 프와브르

거칠게 간 후추를 입혀 구워낸 스테이크로 맛이 단 버터를 녹이거나 고기를 굽고 남은 찌꺼기로 만든 소스를 곁들여 먹는다. 때로 브랜디를 뿌려 Flaming(flambe : 알코올을 뿌린 후 불을 붙여 증발시키는 것)을 하기도 한다.

Stroganoff
스트로가노프

19세기의 러시아 외교관 Paul Stroganov의 이름을 따서 만든 요리로 저민 등심과 양파, 버섯 등을 넣고 버터에 재빨리 볶아 Sour Cream을 섞어 만든다. 주로 Rice Pilaf(버터에 볶은 밥)와 곁들여 먹는다.

Swiss Steak
스위스 스테이크

영국에서는 찐 Steak라고도 한다. 요리는 두껍게 자른 고기를 두드려 부드럽게 한 후 밀가루를 묻혀 노릇노릇하게 구워낸 후 토마토, 양파, 당근, 셀러리, 소고기 육수, 여러 가지 양념 등을 넣고 2시간 정도 끓여서 만든다.

Tamale
타말레

멕시코의 유명한 요리로 다진 소고기, 야채 등의 속을 빵에 싸서 옥수수 껍질 등으로 감싸 요리한다.

투르네도
(Tournedos)

Tournedos
투르네도

Filet의 앞쪽 끝부분을 잘라내어 굽는 steak

Salisbury Steak
솔즈베리 스테이크

프라이팬이나 그릴에 굽기 전에 다진 양파와 양념을 해서 맛을 낸 소고기로 만든 패티이다. 이 요리는 19세기 영국의 외과의사였던 J. H. Salisbury 박사의 이름을 따서 만든 것인데 이 박사는 자신의 환자들에게 심각하지 않은 병을 낫게 하려면 많은 양의 소고기를 먹는 것이 좋다고 주장했던 사람이다. 이 요리는 주로 팬에서 굽고 남은 기름으로 만든 gravy와 같이 낸다.

03 가금류 앙트레(주요리) 용어(Terminology of Entree Poultry)

á la king
알라킹

보통 닭이나 칠면조를 주사위 모양으로 썰어 버섯, 피망, green pepper를 넣은 후 cream 소스를 넉넉히 부은 요리이다.

Buffalo Chicken Wings
버펄로 치킨 윙

Buffalo는 뉴욕의 닭 바에서 만들어졌으며 튀긴 닭 날개에 양념을 많이 한 요리로 Hot Sauce를 묻혀서 내놓는다.

Canard
카나르

프랑스어로 '오리'를 의미한다.

Chicken Kiev
치킨 키에프

뼈 바른 닭가슴살에 Herb butter의 냉동된 덩어리를 속에 넣고 돌돌 말아서 달걀에 담그고 빵가루를 뿌린 후 바삭하게 될 때까지 튀긴 요리이다.

Foie Gras
푸아그라

프랑스어로 '지방질의 간'이란 뜻으로, 주로 거위간을 가리킨다. Alsace나 Perigord 지방에서는 이 간을 얻기 위해 거위나 오리에게 4~5개월간 음식을 많이 먹게 하여 살을 찌게 하여 간을 얻는데 간이 약 1.3kg 정도 나가게 된다. 그 후 거위의 간을 취한 후 하룻밤을 우유, 물 또는 포도주에 담근 후 꺼내 물기를 제거하고 여러 가지 양념과 포도주로 양념한다. 그런 후 양념한 간을 오븐에 굽는 등 다양한 방법으로 조리한다. 일반적으로 거위간을 오리의 간보다 상품으로 치며 푸아그라라 불리는 거위간은 값이 무척 비싸다. 보통 붉은색이나 베이지 색을 띠며 상당히 부드럽고 맛이 풍부하다.

Fowl
파울

먹을 수 있는 야생 새 또는 집에서 기른 조류를 뜻하는 Fowl은 보통 약 10개월 정도로 된 암탉을 말한다.

Fricasse
프리카세

Fricasse는 날짐승의 고기를 주재료로 만든다. 주로 닭고기를 버터에 볶은 다음 야채와 함께 크림 소스에 넣어 만든 것이다. 걸쭉하고 덩어리가 많이 든 스튜로 포도주 맛을 낸 요리이다.

Peking duck
페킹 덕

오리의 살과 껍질에 공기 넣는 것을 처음으로 시도한 중국식 고급 요리이다. 공기를 넣은 다음 꿀 혼합물을 오리에 발라 껍데기가 말라서 딱딱해질 때까지 매달아서 말린다. 굽고 나면 오리 껍데기는 노릇하고 바삭하게 된다. 오리가 아직 뜨거울 때 작은 정사각형으로 자른다. 이렇게 잘린 오리 껍질은 peking doilies라고 하는 얇은 팬케이크와 같이 먹는다. 또는, scallion과 호이즌 소스를 곁들여 빵과 같이 먹기도 한다. 살은 껍질보다 맛이 적어 껍데기를 먹고 난 다음에 먹는다. 이 특별한 요리는 Beijing duck이라고도 한다.

Poularde
풀라드

프랑스어로 굽기에 적당한 지방질이 많은 닭 또는 암탉을 뜻함

Poultry
폴트리

식용으로 사육되는 모든 종류의 가금류를 뜻하는 말이다. 오늘날에는 닭, 칠면조, 오리, 거위, rock cornish hen(암탉), guinea fowl, pheasant를 포함한 다양한 종류의 조류가 사육되고 있다.

Rissoles
리솔

날짐승의 내장을 저며 파이껍질에 싸서 기름에 튀기는 것

04 어패류 앙트레(주요리) 용어(Terminology of Entree Fish and Shell)

Bouillabaisse
부야베스

Provence의 전통음식으로 해산물 수프로 스튜의 일종이다. 생선과 조개, 양파, 토마토, 백포도주, 올리브오일, 마늘, 사프란, 허브로 구색을 맞춰 만든다.

Coquille
코키유

프랑스어로 조개를 의미하며 관자를 의미하기도 한다.

Coquilles St. Jacques
코키유 생 자크

전통적으로 관자 껍질에 담아 제공되는 이 요리는 관자에 cream과 wine 으로 만든 소스를 넣고 그 위에 빵가루나 치즈를 올리고 brioler나 오븐에 서 갈색이 되도록 굽는 것이다.

Gravlax
그라브락스

스웨덴식 특산품으로 연어를 소금, 설탕, dill(딜)의 혼합물에 넣어서 처리한 것이다. 이것은 종이처럼 얇게 썰어서 검은 빵에 얹어 먹거나 얼린 샌드위 치 또는 smorgasbord에 넣어서 먹거나 dill(딜), 머스터드 소스와 곁들여서 먹는다.

Mulligan Stew
멀리건 스튜

일정한 거처가 없는 사람들이 끓여 먹기 시작했다고 전해지는 요리로 준 비된 여러 가지 생선을 그냥 다 넣고 끓인 요리. 보통 고기, 감자, 야채 등 종류에 상관없이 여러 가지를 넣고 끓인 것이다.

Oysters Rockefeller
오이스터 록펠러

1890년대 뉴올리언스의 Antoine's 식당에서 만들어진 이 요리는 맛이 매우 풍부했기 때문에 John D. Rockefeller의 이름을 따온 것이다. 오늘날에는 다양한 방식으로 oyster rockefeller 요리를 하는데, 가장 일반적인 것은 굴의 반쪽 껍질 위에 채 썬 시금치, 버터, 빵가루와 양념을 얹어 굽거나 석쇠에 굽는 방법을 쓴다. 또 구울 때는 주로 굵은 소금을 깔고 그 위에 요리를 놓는데 이는 껍질을 고정시켜 요리 재료가 흐르거나 엎질러지는 것을 방지해 준다.

Poisson
푸아송

프랑스어로 '물고기'를 뜻하며, 생선을 말한다. Poisson d'eau douce는 민물고기를, poisson demer는 바닷고기를 말한다.

Shark's Fin
샥스핀

최음제로도 알려진 이 요리는 상어의 등, 가슴, 꼬리, 지느러미 중 밑 지느러미의 연골이다. 다른 많은 종류의 지느러미도 쓸 수 있지만 상어의 지느러미가 가장 많이 쓰인다. 상어지느러미 연골은 고단백질 젤라틴으로 중국요리의 샥스핀 수프를 진하게 하는 데 많이 쓰인다.

Chapter 7

디저트 조리용어
Cooking Terminology of Dessert

Amaretti
아마레티

굉장히 바삭하고 가벼운 마카로니(난백, 아몬드, 설탕으로 만든 작은 과자)
과자로서 이것은 쓴 아몬드 페스트나 향을 가진 살구씨 페스트로 만든다.
Amarettini는 amaretti와 비슷한 향으로 만든 작은 과자들이다.

Ambrosia
암브로시아

희랍 신화에 의하면 ambrosia는 '불멸'을 의미하는 것으로 올림푸스 산에
있는 신을 위한 음식이다. 최근에는 냉동 과실인 오렌지, 바나나, 코코넛을
섞어서 후식으로 제공하는 것을 뜻한다. Ambrosia는 때로는 샐러드로써
제공한다.

Apple Snow
애플 스노

애플 소스, 레몬주스, 향신료, 잘 거품 낸 난백, 때로는 젤라틴을 섞어 만든
찬 후식

Arroz con leche
아로스 콘 레체

쌀로 만든 스페인 푸딩으로 바닐라, 레몬, 계피 등의 다양한 향신료를 우유
에 넣고 조리한다.

Baba
바바

풍부하고 밝은 건포도 혹은 건포도가 뿌려진 효모 케이크를 럼이나 kirsch 시럽에 담근 것. Baba au rhum으로도 불린다. 폴란드왕 Lesczyinski에 의해 1600년대에 만들었으며 이 디저트는 이야기책의 영웅인 알리바바의 이름을 땄다.

Baked Alaska
베이크드 알래스카

두꺼운 아이스크림 슬라브가 올려진 스펀지 케이크 층으로 구성된 디저트. 이것은 모두 머랭으로 덮여 있는데 토치램프나 강한 열로 빠르게 색을 내서 제공한다.

Baklava
바클라바

그리스와 터키에서 인기 있는 이 달콤한 디저트는 butter를 흠뻑 적신 많은 층의 phyllo pastry와 조미료, 그리고 땅콩가루로 이루어져 있다. 조미를 한 벌꿀레몬시럽을 패스트리가 구워진 후 따뜻할 때 부어서 층으로 흡수되도록 한다.

Banana split
바나나 스플리트

세로로 반 자른 바나나로 만들어진 디저트로 각각의 사이즈에 따라 볼에 놓는다. 바나나 위에 아이스크림(전통적으로 초콜릿, 바닐라, 딸기) 3개가 올라가고 그 위에 시럽(대개 초콜릿, butter scotch, 그리고 마시멜로)을 뿌린다.

Banbury cake
밴버리 케이크

영국 Oxford shire의 밴버리가 원조인 이 타원형 케이크는 말린 과일을 혼합하여 패스트리로 만들어진다.

Bannock
배넉

프라이팬에서 구워지는 보리빵과 오트밀로 만들어진 정통 스코틀랜드 케이크. Bannock은 때때로 오렌지 껍질과 아몬드로 맛을 내고 점심식사나 차와 어울리는 음식이다.

Bavarian cream / bavarois
바바리안 크림 / 바바루아
거품이 풍부한 휘핑크림인 커스터드로 구성된 다양한 맛의 향신료(라임, 초콜릿, 리큐어 등)와 젤라틴 혼합물로 이루어짐

Beaten biscuit
비튼 비스킷
1800년대의 전통적인 미국 남부지역 비스킷. 대부분의 비스킷은 부드럽고 가벼운 데 비해 beaten biscuit은 딱딱하고 바삭거린다.

Beignets
베이넷
과일에 달콤한 반죽을 입혀서 식용유에 튀긴 것

Biscotto
비스코토
두 번 구워진 이탈리아 비스킷(쿠키)으로 처음에는 덩어리로 구워져서 만들어진 뒤 덩어리를 잘라 다시 굽는다. 그 결과 매우 거칠고 단단한 쿠키가 되므로 디저트 와인이나 커피에 담가 먹으면 완벽하다.

Biscuit
비스킷
미국에서 비스킷은 작고 얇은 빵을 뜻한다. 비스킷은 일반적으로 부드럽고 가벼워야 한다. 영국에서 biscuit이란 용어는 편편하고 얇은 쿠키나 크래커를 뜻한다. Biscuit이란 단어는 프랑스 말인 bis cuit(두 번 요리한)에서 나왔다.

Black Bun
블랙 번
스코틀랜드의 black bun은 말린 땅콩과 풍부한 pastry 조각과 설탕에 재워둔 과일 혼합물의 케이크이다. 스코틀랜드의 전통으로 Hogmanay(새해) 때에 이것을 제공한다.

Blanc Manger
블랑망제
밀크, 콘스타치, 젤라틴을 혼합하여 익힌 것

Blancmong
블랑몽
우유, 옥수수전분, 설탕, 바닐라로 만드는 푸딩이다.

Bombe / Bombe Glace
봉베 / 봉베 글라세
아이스크림이나 셔벗으로 만든 얼린 디저트이다.

Bonbon
봉봉
초콜릿을 입힌 캔디 한 조각으로 때때로 과일과 땅콩을 섞기도 한다.

Bread Pudding
브레드 푸딩
간단하고 맛있는 디저트. 우유, 달걀, 설탕, 바닐라와 양념에 흠뻑 적신 빵 조각 혹은 육면체로 자른 과일 혹은 땅콩을 첨가하여 구운 것으로, 빵과 버터 푸딩은 액체 혼합물을 넣기 전에 버터 바른 빵을 썰어 넣어서 만든다.

Buche de Noel
부쉬 드 노엘
문학적으로 크리스마스 이브에 굽는 장작으로 번역되는 이 전통적인 프랑스 크리스마스 케이크는 장작을 닮은 모양으로 만들어진다. 이것은 모카와 초콜릿, 버터크림을 펴바른 genoise sheet로 만들어지고 통나무 모양으로 굴린 후 버터크림으로 덮는다. 표면은 통나무의 나무껍질 모양으로 만들고 피스타치오 땅콩으로 만든 이끼와 버섯머랭으로 장식된다.

Buttermilk Pie
버터밀크 파이

미국 남부에서 인기 있는 이 파이는 buttermilk, 버터, 달걀, 밀가루, 설탕에 레몬주스, 바닐라, 그리고 호두 같은 맛을 내는 것이 포함된 속을 넣어 만든 것이다.

Butterscotch
버터 스카치

버터에 갈색 설탕을 섞은 것이며 캔디로도 널리 알려져 있다.

Cabinet Pudding
캐비닛 푸딩

전통적인 영국 후식으로서 빵이나 케이크의 층을 겹쳐 쌓아 만든 것으로 콩, 마른 과일과 커스터드 등을 겹쳐 쌓아 만든 것이다. 이 푸딩은 굽고, 모양 없이 흔히 Anglaise 크림과 함께 제공한다. 다른 형태의 Cabinet pudding은 젤라틴과 거품 낸 크림을 사용한다.

Cane Syrup
케인 시럽

사탕수수로 만든 것으로 농도가 진하고 단맛이 매우 강한 이 시럽은 caribbean과 Creole 조리에 사용한다.

Candy
캔디

맛은 부드럽고 단단하며 주로 맛있는 첨가물을 설탕에 더해서 만든다. 초콜릿이나 땅콩, 과일, 누가 등과 같은 재료를 넣어 만드는 다양한 당과이다.

Cannoli
카놀리

이탈리아 후식으로 관이나 나팔 모양의 페이스트리 껍질을 튀기고 거품 낸 ricotta 치즈를 달게 한 것과 초콜릿과 레몬과 때로는 너트류를 섞어서 채운 것이다.

Caramel
캐러멜

설탕에 열을 가하면 녹으면서 진하고 맑은 액체가 되고 시간이 지나면서 황금색에서부터 진한 갈색이 난다. Caramel은 디저트의 색과 향을 내기 위해 주로 사용한다.

Cassata
카사타

결혼식과 같은 축하연에서 나오는 전통적인 이탈리아 후식이다. Cassata 라는 말은 '케이스 안(또는 통 안)'이라는 의미가 있다.

Charlotte
샤를로트

전통적인 charlotte 용기는 통 모양이지만 어떤 모양이든지 낼 수 있다. 형틀에 과일이나 커스터드나 젤라틴으로 강하게 한 거품 낸 크림으로 채운다. 완전히 얼리고, 내기 전에 형틀에서 빼낸다. 러시아의 차르알렉산더 대왕을 위해서 만들어졌다고 하며, 가벼운 바바리안 크림을 채운 lady finger 껍질이고 거품 낸 크림 rosette로 정교하게 장식한 것이다. 전통적인 사과 charlotte 는 버터 바른 빵 껍질 향신료가 있고 볶은 사과로 채운 것이다.

Charlotte Finger
샤를로트 핑거

비스킷을 껍질로 하여 속에 우유를 넣어 차게 하거나 과일류를 넣은 것

Cherries jubilee
체리 주빌레

검고 빨간 체리들은 구멍을 내서 설탕과 kirsch(버찌술)와 브랜디 flambe(브랜디를 뿌리고 불을 붙인)해서 바닐라 아이스크림을 스푼으로 떠서 올린 후식이다.

Chess Pie
체스 파이

미국인들이 좋아하는 파이 중의 하나로 달걀, 설탕, 버터, 소량의 밀가루로
된 단순한 속 재료가 들어 있는 것이다. 이 파이는 레몬주스나 바닐라 또는
그래뉼 설탕 대신에 갈색 설탕을 대치하여 종류를 달리하고 있다.

Chiffon Cake
시폰 케이크

1940년대 말 제빵업자에 의해서 만들어졌다고 하는 Chiffon cake는 쇼트
닝을 썼다는 점에서 식용유를 사용한 것과 다른 부류이다. 난백이나 베이
킹파우더와 같은 팽창제가 있기 때문에 스펀지와 같은 조직감을 줄 수 있
다.

Choux Pastry
슈 패스트리

끓는 물과 버터를 밀가루에 넣어 반죽한 다음 거품 낸 달걀을 그 혼합물에
넣어 만든 것으로 매우 끈적끈적하고 페이스트와 같은 상태가 된다. 굽는
동안 달걀은 패스트리 부분이 불규칙적인 둥근 지붕 속으로 들어가게 한
다. 구운 후 그 puff(불룩한 부분)를 구멍내 빈 공간에 거품 낸 크림과 커스
터드 또는 다른 속 재료들을 채워 넣는다.

Cobbler
코블러

깊은 그릇에 담은, 구운 과일 후식으로 그 위에 설탕 뿌린 두꺼운 비스킷을
얹은 것이다. 포도주나 럼이나 위스키 등의 술에 과일 주스와 설탕을 섞어
만든 전통적인 펀치로 박하와 귤 조각으로 장식한다.

Compote
콩포트

신선한 과일이나 말린 과일을 설탕시럽에서 천천히 조리한 찬 요리로 설
탕시럽에는 술이나 리큐어, 또는 계피 같은 스파이스를 넣기도 한다.

Confection
콘펙션

사탕이나 초콜릿의 종류 또는 단 요리의 종류이기도 하며 confectionery 는 사탕가게를 지칭하는 말이다.

Conserve
콘서브

과일, 너트와 설탕 등의 혼합물로 농도가 진해질 때까지 함께 끓여 비스킷 이나 crumpet(핫케이크의 일종) 위에 펴서 먹는다.

Cookie
쿠키

쿠키라는 단어는 네덜란드의 작은 케이크를 위미하는 koekje에서 나왔다. 초기의 쿠키는 17세기 페르시아에서 시작되었다. 쿠키는 6가지가 있는데 tender-crisp(부드러워 부서지기 쉬운) 정도에서 아주 무른 정도까지 이른 다.

Cotton Candy
코튼 캔디

솜 모양의 솜사탕 과자로 설탕의 실을 길고 얇게 돌려서 만든다. 이것은 1900년 초에 만들기 시작해서 공원이나 마을 축제 때 주로 만든다.

Cream Caramel
크림 캐러멜

프랑스에서는 cream renversee로 알려졌으며 mold에 캐러멜을 발라서 구운 커스터드이다. 이탈리아에서는 Crema caramella이다.

Cream Puff
크림 퍼프

슈 패스트리로 만든 작고 혹 같은 모양에 달게 한 휘핑크림이나 커스터드 를 채운 것

Creme de Fromage
크렘 드 프로마주

치즈를 크림밀크에 넣어 섞은 후 향료 등을 넣고 푸딩 몰드에 넣어 차게 한 것

Crepes
크레페

밀가루, 설탕, 달걀 등을 섞어 팬에서 얇게 익혀 만든 Pan Cake의 일종

Crepes Suzette
크레페 수제트

준비된 식탁용 불 위에서 크레페에 오렌지 버터 소스를 넣은 후 잠시 끓이다가 grand marnier(또는 다른 오렌지 리큐어)를 끼얹어 flambe한다.

Eggnog
에그노그

우유나 크림, 휘저은 달걀, 설탕, nutmeg의 일정한 혼합으로 이루어진 크리스마스 음료로 브랜디와 위스키는 일상적인 첨가물이다. 술이 안 들어간 eggnog는 회복기 환자와 성장기 아이들에게 오래전부터 애용되어 왔다.

Flan
플랑

둥근 모양으로 보통 커스터드에 과일, 야채, 고기 등을 갈아서 또는 작게 썬 것을 섞어서 만든다. 몰드에 넣어 만들기도 하고 밑이 없는 양 벽만 있는 링 모양의 틀을 사용하기도 하는데 굽기 전에 기름종이를 밑에 대어 준다. 스페인식의 캐러멜을 덮은 밥을 가리키기도 한다.

Florentine
플로랑틴

오스트리아의 한 요리사에 의해 만들어진 쿠키로 이탈리아식 이름이 붙여졌다. 버터, 설탕, 크림, 꿀, 절인 과일, 견과류 등을 팬에 넣고 가열해 쿠키 반죽의 중앙에 채워 넣고 굽는 요리로 씹히는 맛이 있는 이 쿠키는 때로 초콜릿 코팅을 하기도 한다.

Fritter
프리터

달거나 달지 않은 작은 케이크로 잘게 썬 재료를 걸쭉한 튀김 반죽과 섞거나 재료에 반죽을 묻혀서 완전히 튀긴 것이다. 유명한 재료로 사과, 옥수수가 있다.

Galette
갈레트

프랑스산 케이크로 둥글고, 약간 납작한 모양을 하며 부서지는 패스트리 반죽, 이스트 반죽 또는 때때로 발효시키지 않은 반죽으로도 만든다. 이 단어는 또한 달거나 별로 달지 않은 다양한 종류의 타르트를 말하기도 한다.

Gelato
젤라토

이탈리아 말로 아이스크림을 말한다. 젤라토는 미국의 아이스크림보다 공기를 더 포함하고 있으며 밀도가 더 크다. 이탈리아 아이스크림 가게에서는 젤라트리아(gelateria)라고 한다.

Genoise
제누와즈

밀가루, 설탕, 달걀, 버터, 바닐라로 만든 맛이 풍부한 케이크. 이 케이크의 조직은 스펀지 케이크의 조직과 흡사하다. 이 케이크는 이탈리아 제노바에서 개발된 후 프랑스 사람들에 의해서 유명해졌고 유럽과 미국 전역에서 요리되고 있다.

Jelly
젤리

투명하고 밝은 색의 물질로 과일 주스, 설탕, 때로는 펙틴으로 만든다. 이것은 말랑말랑하지만 자신의 모양을 유지할 정도의 굳기이다. 잘라 먹거나 케이크나 쿠키의 재료로 쓰인다. 영국에서는 젤라틴으로 만든 디저트를 젤리라고 부른다.

Madeleine
마들렌

작고 가벼운 스펀지 케이크로 주로 커피나 차에 곁들여 먹기도 한다. Madeleine는 가리비조개껍질 모양의 팬에 구워 가리비조개 모양을 한다.

Marmalade
마멀레이드

감귤류 껍질과 함께 절여 만든 과일 잼이다. 원래 마르멜로 열매로 만든 잼이란 뜻의 포르투갈어로 요즘 마르멜로 열매가 아닌 seville 오렌지로 만든다.

Marshmallow
마시멜로

원래 마시멜로 나무뿌리에서 뽑아낸 당으로 만들었지만 현재는 콘 시럽, 젤라틴, 아라비아고무, 향료 등을 섞어서 만든다. 가볍고 부드러운 마시멜로는 4cm 정도의 크기로 mold에 찍혀서 나오고 그 크기의 반 정도인 것도 있다. 주로 흰색이거나 파스텔 색이다. 주로 핫 초콜릿에 넣어 먹거나 고구마요리 등과 곁들여 먹는다.

Mont Blanc
몽블랑

몽블랑은 오래전부터 유명한 후식으로 달게 한 밤 퓌레에 바닐라 향을 낸 요리이다. 실제로 몽블랑은 이탈리아와 프랑스 접경지역에 위치한 알프스 산의 봉우리 이름으로 '하얀 산'이란 뜻이다.

Mousse
무스

거품이란 뜻으로 크림을 휘핑하여 젤라틴과 필요한 재료를 넣어 부드럽게 만든 후 찬 곳에 두어 굳혀서 사용하는 디저트이다.

Pailles de Fromage
패일 드 프로마주

밀가루+우유+버터에 치즈를 섞어 반죽을 만들어 얇게 밀어서 동그랗게 만 다음 잘게 썰어 오븐에 구워내는 것

Panna Cotta
판나코타

요리된 크림이란 뜻의 이탈리아어로 이 요리는 달걀로 만든 가볍고 매끄러운 커스터드이다. 이 요리는 주로 캐러멜로 맛을 내고 차게 대접하거나 과일과 초콜릿 소스와 같이 먹는다.

Parfait
파르페

미국식 파르페는 거품나는 크림, 과일, 시럽 등을 뿌린 아이스크림을 말한다. 주로 whipped(거품을 낸) 크림과 땅콩을 뿌리고 가끔 Marasa Chino 체리를 얹는다. 반면 프랑스식 파르페는 달걀 흰자, 설탕, whipped 크림으로 만들고 과일 퓌레 등을 넣어 맛을 낸 얼린 custard(커스터드)이다. 프랑스어로 parfait는 완벽한이란 뜻이며 많은 사람들이 이 디저트가 완벽하다고 한다.

Peach Melba
피치 멜바

1800년대 후반 프랑스의 유명한 요리사인 Escoffier가 호주의 유명한 오페라 가수인 Dame Nellie Melba를 위해 만들었다는 디저트. 요리는 반으로 자른 복숭아 조각을 시럽에 넣고 삶아 식힌 다음 아이스크림 위에 씨 있는 부분이 밑으로 가게 한 복숭아 조각을 놓고 그 위에 라즈베리로 만든 Melba 소스를 얹거나 때로는 거품을 낸 크림과 아몬드를 얹는다.

Petit Four
프티 푸르

고급스럽게 장식해서 얼린 모든 종류의 한입 크기 정도의 케이크이다. 재료는 하얀 초콜릿과 보통 초콜릿이 가장 일반적이지만 다른 재료도 쓸 수 있다. 프랑스에서는 이 단어가 작고 고급스러운 과자를 뜻한다.

Pudding
푸딩

밀가루, 설탕, 달걀 등을 섞어 중탕으로 익혀 만든 커스터드이다.

Quiche
키슈

이 요리는 프랑스 북동쪽인 알자스로렌 지방에서 시작되었다. Quiche
는 달걀, 크림, 향신료, 양파, 버섯, 햄, 조개 또는 허브 등으로 만들고 맛
있는 커스터드 등으로 채운 pastry 껍질이다. 이 중에서 가장 유명한 것
이 quiche 로렌으로 바삭하게 구운 베이컨 조각, 또는 Gruyere 치즈 등을
filling으로 넣은 것이다.

Sherbet
셔벗

이 요리의 기원은 중동의 인기 있는 음료인 charbet에서 찾을 수 있다. 오
늘날 셔벗이라고 하면 달콤하게 만든 과일 주스나 다른 음료를 얼린 것을
말하며 우유, 달걀 흰자, 젤라틴이 들어갈 수도 있다. 셔벗은 아이스크림보
다 부드럽지만 얼음보다 진하다.

Snow
스노

거품 낸 달걀 흰자에 설탕, 젤라틴과 다양한 맛 성분을 섞어서 얼린 가벼
운 디저트. 예를 들어 레몬을 넣으면 레몬 snow가 된다.

Sorbet
소르베

프랑스 말로 셔벗을 의미하는 말이다. 이탈리아 말로 sorbetto라고 한다.
Sorbet와 sherbet은 때로 우유의 첨가 여부에 따라 구분하는데 sorbet는
우유를 넣지 않는 것으로 sherbet보다 부드럽다.

Souffle
수플레

수플레는 일반적으로 달걀 노른자를 기본으로 만든 소스나 거품을 낸 달
걀 흰자를 넣은 퓌레로 만들어진다. 수플레는 달콤할 수도 있고 짤 수도 있
으며, 차가운 것일 수도 있고 뜨겁게 해서 먹을 수도 있다. 치즈나 고기, 생
선 등의 다양한 재료로 만들어지며 주요리로도 제공되고 디저트로 만들어
제공할 수도 있다. 디저트 수플레는 굽거나 냉장 또는 냉동되는데 대부분
과일 퓌레, 코코넛, 리큐어 등으로 맛을 낸다.

Souffle de Fromage
수플레 드 프로마주

수플레 반죽에 에멘탈 치즈나 가루 치즈를 섞어 오븐에 구워내는 것

Sponge
스펀지

달걀 흰자를 주로 해서 만든 젤라틴 디저트. 거품을 낸 크림이 들어갈 때도 있다. 과일 퓌레로 다양한 맛을 낸다. 이스트와 밀가루, 그 밖의 재료로 만든 가벼운 빵 반죽. 이 반죽을 싸서 거품이 날 때까지 한곳에 놔두는데, 재료에 따라 8시간까지 걸리기도 한다. 이렇게 하는 동안 빵에 시큼한 맛이 들고, 나머지 재료를 넣고 빵을 굽는다. 이렇게 만든 빵은 약간 밀도가 높다.

Streusel
스트로이젤

밀가루, 설탕, 버터, 여러 가지 양념을 섞어 만든 큰 결정으로 주로 커피, 케이크, 빵, 머핀 등에 뿌려 먹는다.

Sundae
선디

여러 가지 단맛의 소스를 얹은 아이스크림. 과일, 땅콩 등을 곁들여 먹는다. Ice cream soda에서 유래되었다.

Tarte
타르트

매우 간단한 패스트리 크러스트로 가운데 과일 등을 채워 넣은 요리로, 고기나 치즈를 채워 넣기도 한다. 재료에 따라 반죽을 먼저 요리하고 나중에 재료를 넣거나 같이 요리하기도 하며 크기는 한입 크기, 조금 큰 것, 아주 큰 것 등 다양하다. 전채나 디저트로 사용된다.

Tiramisu
티라미수

사람들이 맛을 보면 할 말을 잊을 정도라는 이 디저트 요리는 lady fingers를 커피 marsale 혼합물에 담갔다가 이탈리아 크림치즈(mascarpone)를 사이에 채워 층을 만든 후 그 위에 초콜릿을 씌운 요리이다. 먹기 전에 몇 시간 정도 냉장고에서 식혀 굳힌다.

Torta
토르타

이탈리아어로 Tarte, 파이, 케이크를 뜻하는 말이고, 스페인어로 케이크, 빵, 샌드위치를 뜻하는 말이다.

Tuile
튈

프랑스어로 tulip을 가리키는데 쿠키반죽이 뜨거울 때 꽃봉오리 모양으로 빚은 쿠키를 말한다. 모양을 만들어 컵에 넣어 식혀 유리잔에 담아 내놓기도 한다. 딸기나 무스, 아이스크림 등을 얹어 먹는다.

Zuccoto
주코토

이탈리아 피렌체 대성당의 돔 모양으로 만들어지는 주코토는 수도승의 모자를 닮아 지어진 이름이다. 둥근 틀 안에 리큐어에 적신 얇게 썬 스펀지 케이크를 두르고 마스카로네치즈, 크림, 너츠류 등을 넣어 만든다. 냉동고에 살짝 얼려 먹으면 더욱 맛이 좋다.

Agemono
아게모노

튀김이나 튀기는 과정의 음식을 말한다. 일본음식 중에서는 덴푸라가 이런 방법으로 만든 가장 유명한 것이다.

Anglaise, ala
앙글레즈 알라

프랑스어로 '영국풍으로 하는 음식'을 의미하며 단순히 데치거나 삶는 것이다. 이 용어는 빵가루를 입혀 튀긴 음식을 말하기도 한다.

Assaisonne
아세조네

프랑스어로 '양념이 된' 또는 '조미료와 함께'의 의미로 조미하다의 뜻

Au jus
오주

프랑스어로 고기를 천연의 육즙이 있는 채로 제공하는 것을 의미하며 보통은 소고기에 쓰인다.

Au lait
오레

프랑스어로 '우유로'라는 의미로 쓰이며 우유를 탄 커피나 우유로 조리하거나 우유로 된 음식이나 음료를 나타낸 말이다.

Baking
베이킹 / 굽기

Oven 안에서 건식열로 굽는 방법으로 Bread류, Tarte류, Pie류, Cake류 등 빵집에서 많이 사용된다. 조리속도는 느리지만, 음식물의 표면에 접촉되는 건조한 열은 그 표면을 바싹 마르게 구워 맛을 높여준다. 주로 제과에서 빵을 구울 때 쓰는 조리용어로 두꺼운 케이스에 반죽을 담아 오븐에 굽는 방법이다.

Barbecue / barbeque
바비큐

보통 굽는 것으로 언급되는 바비큐는 일반적으로 화로에 그릴이나 쇠꼬챙이를 끼워 넣은 것이다. 화로는 뜨거운 석탄을 열로 사용하는 간단한 그릇에서부터 증기, 전기까지 바비큐를 할 수 있는 곳은 광범위하다.

Bard / Barding
바드 / 바딩

지방이 적은 고기나 새로 조리할 때 그것을 굽는 동안 마르는 것을 방지하기 위해 베이컨이나 지방 등을 묶는 것을 말한다. 바딩(Barding)은 천연지방이 없을 때만 필요하다. 바딩은 구워지는 동안에 굳기름이 공급되어 고기에 수분이 유지되어 맛을 더해준다. 지방은 고기가 갈색이 되기 몇 분 전에 제거되는 것이 바람직하다.

Basting
베이스팅

녹인 버터나 지방으로 음식물을 요리하면서 스푼으로 고기나 음식물에 지방을 끼얹어 고기나 음식물이 마르는 것을 방지한다.

Beat
비트

빠르게 휘젓는 것을 말하며 손으로 일정하게 100번 치는 것은 전기믹서를 1분 동안 작동하는 것과 같은 효과를 나타낸다.

Beurre Manie
뵈르 마니에

Beurre manie는 부드럽게 된 버터와 밀가루를 1:1의 비율로 섞어서 만든 것으로 소스를 진하게 만드는 데 쓰인다.

Bind
바인드

재료의 모양을 반듯하게 하기 위하여 실로 묶는 것

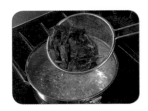

Blanching
블랜칭 / 데침

데침은 짧은 시간에 재빨리 재료를 익혀내기 위한 목적으로 사용되는 조리법으로 적은 양의 식재료를 많은 양의 물 또는 기름 속에 집어넣어 단시간 조리하는 방법이다. 데침은 기름과 물을 매개체로 하여 재료를 익히는 데 높은 열에서 시작하고 재료와 매개체의 비율은 1 : 10 정도를 유지해야 한다. 데침에 주로 사용되는 재료는 푸른색을 지닌 야채로써 엽록소를 높은 열에서 고정화하기 위함으로 데친 후에는 즉시 찬물에 담가 식혀야 한다.

Boiling
보일링 / 끓이기

식재료를 육수나 물, 액체에 넣고 끓이는 방법으로, 식재료에 따라 여러 가지 방법으로 끓일 수 있다. 생선과 채소는 다량의 수분을 함유하므로 국물을 적게 넣고 끓이고, 건조한 것이나 수분이 적은 것은 국물을 많이 넣는다. 찬물에서부터 재료(육류나 채소)를 넣고 끓일 경우에는 세포막이 열리므로 맛이 손실될 우려가 있으나, 뜨거운 물에 데칠 경우 세포막이 열리지 않으므로 맛을 보존할 수 있다.

Braising
브레이징 / 찜

브레이징은 서양요리에서 건식열과 습식열 두 가지 방식을 이용한 대표적인 조리방법으로 우리나라의 찜과 비슷한 조리법이다. 일반적으로 브레이징하는 재료는 덩어리가 크고 육질이 질긴 부위나 지방이 적게 함유된 고기를 조리하는 방법이다. 지방이 적은 고기일 경우 때로는 Larding(라딩 : 고기 속에 인위적으로 지방을 삽입하는 조리 방법)을 하여 지방을 넣어서 브레이징한다.

Broiling
브로일링 / 구이

석쇠 위쪽에 열원이 있는 Over Heat 방식이다. 최초의 열은 매우 고온으로 1,000도 이상이지만 방사에 의해 철판 또는 금속성 조리기구로 전달되어 최종온도는 조리에 알맞게 된다. 식재료에 직접적으로 열이 닿게 되면 재료에 손상을 입게 되므로 금속성 조리기구에 열을 먼저 가한 다음 적정온도가 되었을 때 재료를 넣어 조리하는 방법이다.

Cajun cooking
케이준 쿠킹

오늘날 cajun들은 영국인에 의해 1785년 고국인 Nova Scotian에서 쫓겨난 French acadian의 후손들이다. 지방 인디언들은 acadian에서 cagian 또는 cajun이란 단어로 변형되어 불린다. 그리고 cajun 요리는 creole 조리를 포함한다. Cajun 요리는 프랑스와 미국 남부의 조리가 조합된 감칠맛 있는 요리이며 검은색 루와 동물지방(주로 돼지)을 많이 쓰는 지방요리이다. Creole 조리는 버터와 cream을 강조한다. 몇몇 creole 조리는 많은 토마토를 사용하고 있고 cajun은 좀 더 매운맛이 나게 한다. 두 가지 요리 모두 일반적으로 고운 가루를 써서 만들고 잘 다진 푸른 고추와 양파, 셀러리를 넣는다. 좀 더 전통적인 cajun 요리의 두 가지는 jambakaya(creloe 요리의 일종으로 쌀, 새우, 굴, 게 따위의 stew)와 coush coush(농도 진한 옥수수가루를 넣은 아침요리)이다.

Caramelize
캐러멜라이즈

설탕은 녹을 때까지 가열하면 맑은 시럽이 되고 색은 황금색에서 어두운 갈색이 된다. 입자화된 설탕이나 갈색 설탕은 음식 위에 뿌려지고 broiler와 같은 열원 아래에 놓으면 설탕이 녹고 캐러멜화된다. 또는 고기나 야채를 건식열로 가열하면 갈색이 되는데 이것을 caramelize라 한다.

Chaud-Froid
쇼프로와

Chaud는 프랑스어로 '뜨거운 것'을 의미하고 Froid는 '찬 것'을 의미하며 흔히 고기, 가금류 등이 조리되어 제공되기 전에 음식을 차게 하는 조작을 설명하는 용어이다. Chaudfroid는 음식을 aspice로 광택을 내어 제공하기 전에 모양을 만들어 놓고자 할 때 사용한다.

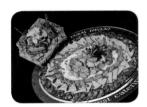

Cold Cut
콜드컷

볼로냐 햄, 간 소시지, roast beef, 살라미, 칠면조 같은 것의 냉육을 슬라이스한 것으로 가끔은 다양한 치즈도 쓴다.

Conching
콘칭

초콜릿에 부드러운 조직감을 주기 위한 제조기술

Confit
콩피

프랑스 gascony의 특별요리로 고기 즉, 거위, 오리나 돼지 등에 소금을 뿌리거나 그 자체의 지방으로 천천히 조리하는 옛 방법에서 나온 것이다. 조리된 고기를 항아리나 냄비 안에 싸 넣고 조리기름으로 덮음으로써 봉인제 또는 저장제로서 작용하게 하는 것이다. Confit d'oie와 confit de canard는 저장된 거위나 오리이다.

Crepe
크레페

팬 케이크를 나타내는 프랑스어로서 가볍고, 얇은 팬 케이크의 일종이다. 플레인이나 달게 한 반죽과 여러 가지 가루로 만들 수 있고 맛있는 후식요리를 만드는 데 이용된다. 후식 crepe는 잼이나 과일 혼합물을 펴 발라서 돌돌 말거나 접어서 브랜디나 리큐어를 뿌려 불꽃(flambe)을 내게 한다. 메인 crepe는 여러 가지 고기, 치즈 또는 채소 혼합물을 채우기도 하고 때로는 소스를 보충하여 토핑하고 처음이나 main course로 제공된다.

Crispy
크리스피

셀러리와 당근과 같은 채소들은 신선하게 하기 위해 얼음물에 다시 파삭하게 될 때까지 담가 놓는다. 눅눅해진 크래커나 다른 음식들을 바삭해질 때까지 오븐에서 적당히 가열한다.

Crostini
크로스티니

이탈리아 말로 작은 토스트를 의미하는데 토스트한 빵을 작고 얇게 슬라이스하여 솔로 올리브오일을 묻히는 것을 의미한다. 토스트한 빵조각 위에 치즈, 멸치젓, 새우와 같은 재료들을 토핑하여 만든 카나페이다. 수프나 샐러드에서는 크루통과 같이 사용되기도 한다.

Crush
크러시

식품을 부스러기나 가루와 같은 고운 형태로 으깨는 것을 말한다.

Crust
크러스트

이 복합적인 단어는 여러 의미가 있는데 빵과 함께 조리된 음식의 외부가 딱딱해지는 것 또는 파이나 pate 등을 덮은 패스트리의 얇은 층 또는 숙성된 적포도주의 병에 가라앉는 유기염의 침전물 등을 의미한다.

Deep Fat Frying
딥 팻 프라이 / 튀김

튀김은 건식열 조리방법에서 기름의 대류(Convection)원리를 이용하는 대표적인 조리방법으로 기름에 음식물을 튀기는 방법이다. 튀김온도는 수분이 많은 채소일수록 비교적 저온으로 하며, 생선류, 육류의 순으로 고온처리한다. 튀김에는 Swimming Method, Basket Method 두 가지 방법이 있다.

Dumpling
덤플링

작고 큰 반죽들을 수프나 스튜의 액체 혼합물 속에 떨어뜨려 익을 때까지 조리하는 것이다. 어떤 것은 고기나 치즈 혼합물을 채우기도 한다. 후식용으로는 단 패스트리 반죽으로 싸거나 구운 과일 혼합물을 넣기도 한다. 이 것들은 소스와 같이 제공되고 단맛이 나는 dumpling은 소스 속에서 포치하여 크림과 함께 낸다.

Farce / Farci
파르스

Farce는 프랑스어로 stuffing을 의미하며 Farci는 stuffed를 의미하는 것이다. 식재료에 속을 채운다는 의미이다.

Flake
플레이크

포크 등을 이용해 음식을 작은 조각으로 나누는 것으로 얇은 작은 조각을 뜻한다.

Flaky
플레이키

잘 부서지는 성질을 가진 음식을 가리키는 말

Flambee
플람베

보통 알코올이 들어간 음료 등을 이용해 음식을 내놓기 전에 불을 붙여 내놓는 것을 가리키는 말로 영어로는 flame 또는 flaming이라고 한다. 육류나 가금류 등을 브랜디로 플람베한다.

Florentine, a la
플로랑틴 알라

프랑스어로 '플로렌스(이탈리아)식의'라는 말로 시금치를 밑에 깐 달걀이나 생선요리 위에 모르네이 소스를 뿌린 것을 말한다. 때로 그 위에 치즈를 뿌려 노릇하게 오븐에 구워내기도 한다.

Flute
플루테

파이 가장자리의 모양을 보기 좋게 만들거나, 야채나 과일에 칼집을 내거나 그 밖에 보기 좋게 만드는 것을 말한다. 또 아이스크림, 푸딩 등과 함께 먹는 얇은 플롯모양의 과자를 가리키기도 하고 또 얇은 샴페인 잔도 플롯이라 부른다. 저민 고기나 빵을 만 것 역시 플롯이라고 부른다.

Fritto
프리토

이탈리아 말로 '튀긴'이라는 뜻

Frost
프로스트

요리할 때 케이크를 가루 설탕으로 덮어서 꾸미는 것을 말한다. 잔을 얇은 얼음 결정이 덮을 정도로 얼리는 것을 말하기도 한다.

Fume / Fumet
퓸 / 퓌메

프랑스어로 '훈제된'이란 뜻으로 훈연하여 요리한 것을 말한다.

Glazing
글레이징 / 졸임

설탕이나 버터, 육즙 등을 농축시켜 음식에 코팅시키는 조리방법이다.

Grilling
그릴링 / 석쇠구이

석쇠 바로 아래에 위치한 열원으로부터 에너지를 받아 조리를 하는 Under Heat 방식으로 훈연의 향을 돋울 수 있는 장점과 석쇠의 온도 조절이 용이하다. 석쇠는 철판을 달구어 음식이 붙지 않게 구워야 하는데 육류는 줄무늬가 나도록 굽는 조리방법이다.

Larding
라딩

라딩은 지방이 부족한 육류내부에 지방을 공급해 주는 조리방법이다. 주로 돼지기름을 사용하는데, 가늘게 썬 다음 라딩기구를 이용하여 육질 속에 채워 넣는다.

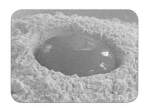

Liaison
리에종

소스나 수프를 진하게 하는 것으로 Beurre manie, 루, 달걀 노른자, 녹말가루, 밀가루, 전분 등이 사용된다. 때로는 음식재료를 접착하는 데 사용하기도 한다.

Marinade
마리네이드

고기나 생선, 야채 등을 재워두는 액상의 양념. 육질을 부드럽게 하거나 맛이 배게 하는 데 쓰이고 보통 레몬주스나 식초, 와인 같은 산과 향신료를 더해 만든다. 산성의 첨가물은 고기를 부드럽게 하는 데 중요한 역할을 하며 산이 있으므로 유리나 세라믹 또는 스테인리스로 된 용기를 사용하여야 하고 알루미늄은 사용하지 말아야 한다.

Meuniere
뫼니에르

프랑스어로 '밀러씨의 부인'이란 뜻으로 간을 한 생선에 밀가루를 가볍게 묻혀 버터에 굽는 요리이다. 레몬버터 소스를 만들어 사용하기도 한다.

Mise en place
미즈 앙 플라스

프랑스어로 요리에 필요한 모든 음식을 요리 바로 직전에 사용할 수 있도록 준비하는 것을 말한다.

Mousse
무스

프랑스어로 거품을 의미하는 말로 맛이 풍부하고 거품이 나는 요리로 단 요리나 향기 나는 요리, 뜨거운 요리, 찬 요리 모두 포함하는 말이다. 찬 디저트 mousse는 보통 과일 퓌레나 초콜릿으로 맛을 낸다. 거품은 주로 휘저은 크림이나 거품을 낸 달걀 흰자를 섞어서 만들고 때로는 젤라틴을 섞어 거품이 더 오래 지속되게 하기도 한다.

Mousseline
무슬린

휘저은 크림이나 거품을 낸 계란 흰자의 요리를 먹기 직전에 소스 등에 섞어 거품이 나게 만든 요리를 말하는데 주로 hollandaise 소스에 섞어 먹는다. 또는 고기, 생선, 조개류, 거위간 등의 요리에 크림을 섞어(이 경우 거품을 낸 달걀 흰자는 잘 사용하지 않는다) 거품이 나게 한 요리이다. 가볍고 섬세한 조직을 가진 모든 종류의 요리를 뜻하는 말로도 사용된다.

Nouvelle Cuisine
누벨퀴진

프랑스어로 '새로운 요리'란 뜻으로 1970년대부터 시작된 새로운 방식의 프랑스 요리를 말한다. 무겁고 기름진 요리에서 좀 더 가볍고 신선한 요리로 바뀌었고 소스도 밀가루를 넣어 진하게 하는 대신 졸여서 사용하게 되었다. 또, 야채는 잠깐 익혀 부드럽고 신선한 맛을 즐기게 되었다.

Pan Frying
팬 프라이

팬 프라이는 소테와 동일하나 조리시작 때의 표면 온도는 소테보다 비교적 낮으며 조리시간도 길다. 팬 프라이를 할 때 연기가 날 정도는 아니라도 충분히 예열되어 있어야 하는데 이유는 조리할 재료에 필요 이상으로 기름이 스며드는 것을 막아야 하기 때문이고 낮은 온도에서 시작하면 완성되었을 때 요리의 질감이 떨어지기 때문이다. 팬 프라잉을 시작하는 온도는 소테보다 조금 낮은 170~200도가 적합하다.

Pate
파테

프랑스어로 파이를 뜻하는 이 말은 알파벳 E자를 강하게 발음하면 주로 간고기를 잘 양념하여 도우와 함께 조리한 요리를 말한다.

Poaching
포칭 / 삶기

삶기는 액체온도가 재료에 전달되는 전도 형식의 습식열 조리방법이다. 삶기는 달걀이나 단백질 식품 등을 비등점 이하의 온도(65~92℃)에서 끓고 있는 물, 혹은 액체 속에 담가 익히는 방법인데 낮은 온도에서 조리함으로써 단백질 식품의 건조하고 딱딱해짐을 방지하고 부드러움을 살리는 장점이 있다. 삶기에는 Shallow poaching, Submerge poaching의 두 가지 방법이 있다.

Poeler
푸왈레

팬(pan) 속에 재료를 넣고 뚜껑을 덮은 다음, Oven 속에서 온도를 조절해 가면서 조리하는 방법이다. 이 조리법은 140~210℃의 온도로 오븐 안에서 뚜껑 있는 팬을 이용하여 채소와 함께 가금류, 육류를 조리하는 방법인데 뚜껑을 덮어야 한다.

Reduce
리듀스

액체를 증발시켜 줄어들 때까지 신속하게 끓임으로써 농도를 진하게 하고 향기를 강하게 하는 것으로 스톡이나 포도주 또는 소스 혼합물들을 졸이는 것을 말한다.

Rissoler
리졸레

센 불로 색을 내다 뜨거운 열이 나면 기름으로 재료를 색이 나게 볶고 표면을 두껍게 만드는 것을 말한다.

Roasting
로스팅 / 오븐굽기

육류나 가금류 등을 통째로 혹은 큰 덩어리의 고기를 Oven 속에 넣어 굽는 방법으로, 뚜껑을 덮지 않은 채로 조리한다. 굽는 동안 육즙이 빠져 나오는 것을 최소화하기 위하여 고깃덩어리를 오븐에 넣기 전에 Saute를 하여 갈색으로 낸 후에 넣는다. 또는 오븐의 온도를 처음에는 고온으로 하여 육고기의 표면을 수축시켜 익힌 다음, 온도를 다시 낮추어 충분한 시간을 들여 속까지 익도록 하는 조리방법이다.

Roti
로티

Roti는 프랑스어로 영어의 Roast 또는 Roasted를 의미한다.

Rotisserie
로티쇠르

음식을 천천히 돌리면서 조리하는 것이다. Rotisserie는 길이를 따라 꿰는 포크 모양의 꼬챙이를 말한다. 보통 고기는 꼬챙이에 꿰고, 음식의 한 부분을 꿴 포크 모양의 꼬챙이는 음식이 안전하게 유지되도록 단단히 돌려서 꽂는다. 현대의 rotisserie에 바비큐 기구는 전기를 이용해 자동 rotisserie를 갖추고 있다. 이 조리는 자신의 즙을 발라 가면서 음식 주위를 고르게 순환하도록 열을 가해야 한다.

Sauteing
소테 / 볶기

소테는 건식열 조리방법 중에서도 전도열에 의한 대표적인 조리방법으로 얇은 Saute pan이나 Fry pan에 소량의 Butter 혹은 salad oil을 넣고 채소나 잘게 썬 고기류 등을 200℃ 정도의 고온에서 살짝 볶는 방법이다. 소테는 많은 양을 조리하기보다는 적은 양을 순간적으로 실행하는 매우 효과적인 조리방법이다.

Scalloppine
스칼로핀

이탈리아 말로 주로 얇게 저민 송아지고기에 밀가루를 묻힌 다음 팬에서 굽는 것을 말한다. 이 요리는 주로 와인을 넣은 소스나 토마토로 만든 소스를 함께 대접한다.

Score
스코어

고기나 생선 같은 재료의 표면에 다이아몬드 패턴 같은 얕은 칼자국을 내는 것이다. 이것은 빵이나 고기 같은 요리에서 양념의 맛이 잘 배어 들고, 질긴 고기를 연하게 하고, 요리할 때 불필요한 지방이 빠져 나가게 하기 위함이다.

Sear
시어

고기를 오븐이나 석쇠 또는 프라이팬(냄비)에서 매우 높은 온도로 빠르게 익힌 것. 이 방법을 쓰는 이유는 고기의 육즙이 나오지 못하도록 하기 위해서이며 실제로 영국 요리사들은 sear란 단어 대신 seal(봉인)이란 단어를 쓰기도 한다.

Simmering
시머링 / 은근히 끓이기

은근히 끓이기는 낮은 불에서 대류현상을 유지하지만 조리하는 재료가 흐트러지지 않도록 조심스럽게 끓이는 것을 의미한다. 온도는 85~96도 사이에서 비교적 높은 열을 유지하면서 내용물이 계속적으로 조리되도록 하여야 한다. 이 조리법에 사용되는 매개체인 액체도 삶기에 사용되는 것과 동일하다. 은근히 끓이기의 목적은 요리될 재료를 습식열로 부드럽게 하고 국물을 우려내기 위함이다.

Smoking Point
스모킹 포인트

가열된 기름이 연기를 내고 불쾌한 냄새를 내면서 음식의 맛을 변하게 하는 단계. 기름의 타는점이 높을수록 튀기는 데 적합하다. 그리고 다시 사용하거나 공기에 노출된 기름은 타는점이 낮아지기 때문에 3번 이상 쓰지 않도록 한다.

Steaming
스티밍 / 증기찜

증기찜은 수증기 대류를 이용하는 방법으로 수증기의 열이 재료에 옮겨져 조리되는 원리이다. 수증기는 공기 중으로 퍼져나가는 속도가 매우 빠르므로 일정한 공간을 확보해야 조리가 가능하다. 증기를 사용한 조리는 액체를 담고 액체와 수증기를 분리시킬 수 있는 분리대를 설치한 후 그 위에 재료를 놓고 뚜껑을 덮어 수증기를 모아 조리한다. 이 방법은 음식의 신선도를 유지하기 좋으며 100도 이상에서 시작하며 작은 공간에서도 대량으로 조리할 수 있고 Boiling에 비하여 풍미와 색채를 살릴 수 있는 장점이 있다.

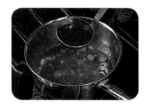

Stewing
스튜

스튜 역시 건식열과 습식열을 겸해서 사용하는 조리방법이다. 스튜는 작은 고깃덩어리를 높은 열을 이용하여 표면에 색을 낸 다음 습식열로 조리하는 것이 특징이다. 스튜를 할 때는 소스를 충분히 넣어 재료가 잠길 정도로 하고 완전히 조리될 때까지 건조되는 일이 없도록 해야 한다. 보통 브레이징보다는 조리시간이 짧은데 그 이유는 브레이징에 비하여 주재료의 크기가 작기 때문이다.

Strain
스트레인

내용물을 체나 천에 걸러내는 것. 체에 재료를 으깨어 유아식이나 퓌레 등을 만드는 것을 의미하기도 한다.

Sweat
스웨트

야채 등에 기름을 조금 넣고 약한 불에 익히는 것으로 호일이나 기름종이로 재료를 감싸 재료를 태우지 않으면서 재료 자체의 육즙으로 요리하는 방법이다.

Toss, to
토스 투

음식을 잘 섞는 것. 샐러드를 만들 때 여러 가지 재료를 드레싱에 잘 묻도록 공을 토스하듯이 조심스럽게 섞는 것을 말한다.

Water Bath
워터 배스

프랑스에서는 이 기술을 bain marie라고 부른다. 따뜻한 물이 들어 있는 크고 얕은 팬 안에 음식이 든 용기를 놓아서 음식이 부드러운 열에 둘러싸이게 하는 것이다. 음식을 오븐 안이나 레인지에서도 이런 방법으로 요리할 수 있다. 커스터드, 소스, 깨거나 응고시키지 않는 savory mousses 같은 섬세한 요리를 할 때와 요리된 음식을 따뜻하게 할 때 사용된다.

Yakimono
야키모노

석쇠에 굽는 야채나 베이컨이나 팬에 튀겨진 음식을 일컫는 일본의 조리용어로, 모양을 유지하기 위해 꼬챙이로 꽂아서 뜨거운 석쇠에 구워 껍질이 매우 바삭한 반면, 고기는 부드럽고 물이 많다. Yakitori는 닭을 사용한 yakimono 요리의 특별한 종류이다.

Chapter 9

채소 썰기와 샐러드 조리용어
Cooking Terminology of Salad and Vegetable Cutting

01 채소 썰기 용어(Terminology of Cutting Vegetable)

Allumette or Medium Julienne
알류메트 또는 미디엄 쥘리엔느

0.3cm×0.3cm×6cm 길이로 성냥개비 크기의
채소 썰기 형태이다.

Batonnet or Large Julienne
바토네 또는 라지 쥘리엔느

0.6cm×0.6cm×6cm 길이로 네모막대형 채소
썰기 형태이다.

Brunoise
브뤼누아즈

0.3cm×0.3cm×0.3cm 크기의 주사위형으로 작
은 형태의 네모썰기로 정육면체 형태이다.

Carrot Vichy
캐럿 비시

0.7cm 정도 두께로 둥글게 썰어 가장자리를 비행
접시 모양으로 둥글게 도려내어 모양을 내는 것

Chateau
샤토

가운데가 굵고 양쪽 끝이 가늘게 5cm 길이의 위스키통 모양으로 써는 것을 말한다. 샤토는 썬다기보다는 다듬기가 더 어울리고 선이 아름답게 일정한 각도로 휘어져 깎이도록 해야 한다.

Chiffonade
쉬포나드

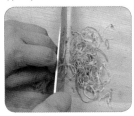

실처럼 가늘게 써는 것으로 바질잎이나 상추잎 등 주로 허브잎 등을 겹겹이 쌓은 다음 둥글게 말아서 가늘게 썬다.

Concasse
콩카세

토마토를 0.5cm 크기의 정사각형으로 써는 것으로 주로 토마토의 껍질을 벗기고 살부분만을 썰어두었다가 각종 요리의 가니쉬나 소스에 사용한다.

Cube or Large dice
큐브 또는 라지 다이스

2cm×2cm×2cm 크기의 주사위형으로 기본 네모썰기 중에서 가장 큰 모양으로 정육면체 형태이다.

Emincer / Slice
에멩세 / 슬라이스

채소를 얇게 저미는 것 = 영어로는 Slice

Fine Brunoise
파인 브뤼누아즈

0.15cm×0.15cm×0.15cm 크기의 주사위형으로 가장 작은 형태의 네모썰기로 정육면체 형태이다.

Fine Julienne
파인 쥘리엔느

0.15cm×0.15cm×5cm 정도의 길이로 가늘게 채 썬 형태로 주로 당근이나 무, 감자, 셀러리 등을 조리할 때 자주 쓰인다.

Hacher / Chopping
아세 / 찹핑

채소를 곱게 다지기 = 영어로는 Chopping

Macedoine
마세도앙

가로세로 1.2cm×1.2cm 크기로 썬 주사위 형태로 과일 샐러드 만들 때 사용한다.

Medium dice
미디엄 다이스

1.2cm×1.2cm×1.2cm 크기의 주사위형으로 정육면체 형태이다.

Mince
민스

야채나 고기를 잘게 으깨는 것인데 주로 고기 종류를 다지거나 으깰 때 많이 쓰이는 조리 용어이다.

Olivette
올리베트

중간 부분이 올리브 모양으로 써는 방법을 말한다. 이 방법 역시 썬다기보다는 '깎는다', '다듬는다'가 더 어울린다.

Parisienne
파리지엔

야채나 과일을 둥근 구슬 모양으로 파내는 방법으로 파리지엔 나이프를 사용한다. 요리목적에 따라 크기를 다르게 할 수 있는데, 이는 파리지엔 나이프의 크기에 달려 있다.

Paysanne
페이잔느

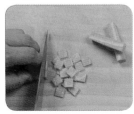

1.2cm×1.2cm×0.3cm 크기의 직육면체로 납작한 네모 형태이며 야채수프에 들어가는 야채의 크기이다.

Pont Neuf
퐁 느프

0.6cm×0.6cm×6cm의 크기로 써는 것(예: 가늘게 썬 French Fry Potatoes). 문헌에 따라 다르게 명시되어 있는데 1.5cm×1.5cm×6cm 크기로 자른 것도 퐁 느프라 한다.

Printanier / Lozenge
프랭타니에 / 로젠지

두께 0.4cm 가로세로로 1cm~1.2cm 정도의 다이아몬드형으로 써는 방법을 말한다.

Rondelle
롱델

둥근 야채를 두께 0.4cm~1cm 정도로 자르는 것을 말한다.

Russe
뤼스

0.5cm×0.5cm×3cm 크기로 길이가 짧은 막대기형으로 써는 것

Small dice
스몰 다이스

0.6cm×0.6cm×0.6cm 크기의 주사위형으로 작은 형태의 네모썰기로 정육면체 형태이다.

Tourner
투르네

감자나 사과, 배 등의 둥근 과일이나 뿌리야채를 돌려가며 둥글게 깎아 내는 것을 말한다.

02 샐러드 용어(Terminology of Salad)

Aida
아이다

곱슬곱슬한 롤라로사에 토마토를 얇게 썰어 두고, 아티초크 밑부분, 쥘리엔느로 썬 초록색 피망, 얇게 썰어 놓은 삶은 달걀 흰자를 위에 놓고, 굵은 체에 내린 삶은 달걀의 노른자를 골고루 뿌려 덮고 겨자를 섞은 드레싱이나 소스로 양념한다.

Alice
앨리스

네모지게 썬 신선한 파인애플을 준비하고, 양상추, ¼로 썬 왕귤에 석쇠에 구워 으깬 개암을 뿌리고, 소금 · 후추 · 식용유 · 레몬즙 등으로 맛을 낸다.

Andalouse
앙달루즈

토마토를 ¼로 잘라 쥘리엔느로 썰어 놓고, 맵지 않은 피망과 약간의 마늘, 다진 양파, 파슬리에 드레싱이나 소스를 넣어 양념하여 완성한다.

Bagatelle
바가텔레

쥘리엔느로 썬 당근과 버섯, 아스파라거스 끝부분에 드레싱이나 소스를 놓는다.

Chatelaine
샤틀렌느

삶은 달걀, 송로버섯, 아티초크 밑부분, 감자 등을 얇게 썬다. 다진 타라곤 (Tarragon)을 첨가한 드레싱이나 소스에 넣는다.

Chiffonnade
쉬포나드

야채를 가늘게 채 썰어 끓는 물에 데쳐서 콩소메에 띄운 것

Fantaisie
팡테지

쥘리엔느로 썬 셀러리, 네모지게 썬 사과와 네모지게 썬 파인애플을 담고 주위에는 쥘리엔느로 썬 로메인 상추를 담는다.

Florentine
플로랑틴

로메인 상추, 네모지게 썬 셀러리 및 둥글게 썬 초록색 피망을 준비하고, 쓴맛이 우러나도록 삶은 시금치의 줄기와 물냉이(cresson) 잎을 담는다. 다음으로 소스를 준비한다.

Manon
마농

양상추 잎에 1/4로 썬 왕귤을 넣고 레몬즙, 소금, 설탕, 후추 등을 넣은 드레싱이나 소스를 친다.

Maralch'ere
마레세르

Raiponce(초롱꽃과 식물), 선모의(Salsifis) 싹, 얇게 썬 Celeri-Rave를 감자와 무로 장식하고 줄로 썬 서양고추냉이를 첨가한 크림겨자 소스를 곁들인다.

Mimosa
미모사

반으로 썬 상추의 속 부분에, ¼로 썬 오렌지 껍질을 벗기고 씨를 뺀 포도를 가득 넣고 얇게 썬 바나나를 곁들여서, 크림과 레몬즙을 친다.

Mona-Lisa
모나리자

반으로 썬 상추의 속부분 위에 쥘리엔느로 썬 사과와 송로버섯을 섞어서 각각 놓고, 별도로 소스 그릇에 케첩 소스를 조금 넣어 마요네즈를 담아 서빙한다.

Nicoise
니수아즈

초록색 제비콩에 ¼로 썬 토마토와 얇게 썬 구운 감자를, 염장 앤초비살, 올리브, 케이퍼(Caper) 등으로 장식하고 드레싱이나 소스를 끼얹는다.

Ninon
니농

상추를 ¼로 썰어 담고, ¼로 썬 오렌지 살 부분으로 장식한 다음, 오렌지 주스, 레몬즙, 소금, 식용유 등으로 소스를 만들어 양념한다.

Paloise
빨로와즈

아스파라거스 끝부분과 ¼로 썬 아티초크, 쥘리엔느로 썬 Celerirave에 겨자 친 소스를 끼얹는다.

Panzanella
판자넬라

이탈리아식 샐러드로 양파, 토마토, 바질, 올리브오일, 양념, 빵조각으로 만든다.

Russe
뤼스

Jardiniere로 썬 당근과 무, 작은 막대모양의 초록색 제비콩, 작은 완두콩, 네모로 썬 송로버섯 구운 것, 네모나게 썬 소 혀(Tongue), 햄, 바닷가재, 작은 오이, 소시지와 염장 앤초비살, 케이퍼(Caper)를 보기 좋게 장식하고 마요네즈 소스를 곁들인다.

Waldorf
월도프

네모나게 썬 셀러리, 사과와 껍질 벗긴 호두를 믹싱볼에 담는다. 소스 그릇에 마요네즈 소스와 휘핑크림을 섞어서 믹싱볼에 있는 과일과 섞어 담는다.

Chapter 10

감자 조리용어
Cooking Terminology of Potato

Anna Potato
안나 포테이토

감자의 껍질을 제거하고 지름 약 2.5~3cm 정도로 만들어 두께 약 0.2cm 로 썰어 기름에 살짝 튀겨 원형의 틀에 감자를 돌려가며 겹겹으로 쌓으면서 모양을 만들어 오븐에서 갈색이 나게 익혀 완성한다. 겹겹이 쌓지 않고 한 겹으로 만들어 정제버터를 바르고 팬에서 익히는 방법도 있다.
주로 육류요리에 많이 이용한다.

Baked Potato
베이크드 포테이토

통감자를 깨끗이 씻어 소금을 뿌리고 쿠킹호일로 감싼다. 200℃ 정도의 오븐에서 40~50분 정도 익힌 다음 마른 타월로 감싸고 만져서 쿠킹호일이 감자에 밀착되게 한 다음 십자형태로 칼집을 내고 벌려 사워크림, 차이브 다진 것, 베이컨 볶은 것을 올려 제공한다.
육류, 가금류 등에 곁들임으로 이용한다.

Berny Potato
베르니 포테이토

크로켓 감자 반죽을 지름 3cm 정도로 둥글게 만들어 계란과 아몬드 다진 것을 입혀 튀겨서 제공한다.
육류요리나 가금요리에 주로 이용한다.

Boiled Potato
보일드 포테이토

감자 한 개를 계란 모양으로 깎은 다음, 반으로 자른다. 소금 탄 물에 삶아 익으면 건져서 버터를 바르고 간을 한다. 파슬리 다진 것을 뿌려 제공한다.
생선요리에 주로 이용한다.

Chateau Potato
샤토 포테이토

감자를 길이 약 5cm, 굵기 1.5~2cm 정도 크기의 럭비볼 모양으로 만들어 삶아 튀기거나 정제버터에 볶아서 사용한다.
육류요리에 주로 사용한다.

Chatouillard Potato / Pommes Ruban
리본 포테이토

15mm 너비, 1~2mm 두께, 7~8cm 길이의 리본 모양으로 감자를 돌려서 깎은 다음 기름에 튀긴다.
육류요리나 가금요리에 주로 이용한다.

Chips Potatoes
포테이토 칩

껍질 벗긴 감자를 1mm 정도의 두께로 얇게 슬라이스한다. 물에 담갔다가 건져서 물기 제거 후 기름에 갈색으로 튀긴 다음 고운 소금으로 간을 한다. 샌드위치 가니쉬나 육류요리에 주로 이용한다.

Croquette Potato
크로켓 포테이토

감자를 통째로 삶아 껍질을 제거한 후 소금, 후추, 닭걀 노른자, 너트메그 등을 넣어 지름 1.5~2cm, 길이 4~5cm의 크기로 만들어 밀가루, 달걀, 빵가루를 묻혀 튀겨낸다.
육류요리나 가금요리에 주로 이용한다.

Duchess Potato
더치스 포테이토

더치스 포테이토는 감자를 삶아 으깬 다음 여기에 소금, 후추, 달걀 노른자, 너트메그 등을 넣어 간을 한 후 짤주머니에 넣어 모양 있게 짠 다음 달걀 노른자를 바르고 오븐에서 색을 내 완성한다.
육류요리나 가금요리에 주로 이용한다.

Fondante Potato
퐁당트 포테이토

감자의 모양은 샤토 모양으로 샤토보다는 약간 크고 굵게 만들어 로스트 팬에 버터와 스톡을 넣고 오븐에서 익혀 사용한다.
육류요리나 가금요리에 주로 사용한다.

French Fry Potatoes
프렌치 프라이 포테이토

감자를 1cm×1cm×6cm 정도의 굵기로 썰어 물에 담가 둔다. 용도와 전문 주방장에 따라 크기는 약간 다를 수도 있다. 물에서 약간 익혀 내거나 기름에 살짝 튀긴 다음 식혀 두었다가 필요할 때 다시 기름에 갈색으로 튀겨 간을 한다. 샌드위치 가니쉬나 육류요리에 주로 이용한다.

Gratin a' la Dauphinoise Potato
그라탱 라 도피누와즈 포테이토

감자의 껍질을 벗긴 다음 0.2cm 두께로 썰어 크림을 넣고 익힌 다음 Gryere Cheese를 위에 뿌려 갈색으로 색을 낸 후 완성한다. 다른 명칭으로 Cream Potato라고도 한다.
육류, 가금, 생선요리 등에 다양하게 이용한다.

Hash Brown Potato
해시 브라운 포테이토

감자를 깨끗이 씻어서 물에 삶아 완전히 식힌 다음 껍질을 벗기고 강판으로 간다. 여기에 계란, 우유, 소금으로 간을 한 다음(이때 콘비프(Corned Beef), 양파, 우설(Ox Tongue) 등을 다져 넣기도 한다) 둥그렇게 하여 지름 4~5cm, 두께 1~1.5cm 정도 크기로 만들어, 팬에 버터를 두르고 갈색으로 구워 낸다. 아침 조식의 Breakfast에 계란 요리와 함께 제공한다.

Lorette Potato / Pommes De Terre Lorette
로레테 포테이토

크로켓(700g)용 감자 반죽에 치즈가루를 잘 섞는다. 약 40g 크기의 바나나 모양으로 만든 다음 냉장고에서 30분 이상 두어 굳게 한 후 180~200도의 기름에서 갈색으로 튀긴다.
육류요리나 가금요리에 주로 이용한다.

Lyonnaise Potato
리오네이즈 포테이토

감자의 껍질을 제거하고 반으로 자른 다음 각을 없애 둥글게 만든 후 두께 약 0.3~0.4cm 정도로 썰어 중간 정도 삶아놓는다. 팬에 정제버터를 넣고 얇게 썬 베이컨을 볶다가 슬라이스한 양파를 볶은 후 감자를 넣고 색이 날 정도로 볶아 완성한다. 이 감자요리는 양파로 유명한 프랑스 리옹 지방의 요리라서 여기에는 반드시 양파가 들어가야 한다.

Mashed Potato
매시드 포테이토

감자를 통째로 삶아 껍질을 제거하고 으깬 감자이다. 으깬 감자에 양파, 계란 노른자, 햄, 마늘 등을 넣어 조리하기도 한다.
육류, 가금, 생선요리 등을 다양하게 이용한다.

Matchstick Potato / Pommes Allumette
알뤼메트 포테이토

감자를 성냥개비 크기와 굵기로 썰어서 끓는 소금 탄 물에 살짝 데친 후 기름에 튀긴다.
샌드위치 가니쉬나 육류요리에 주로 이용한다.

Maxim Potato
맥심 포테이토

감자를 가로세로 2cm 정도 크기의 주사위 형태로 썰어 살짝 삶은 후 튀겨서 사용한다.
주로 육류나 가금류 요리에 사용하며, 삶아서 생선요리에 사용하기도 한다.

Olivette Potatoes
올리베트 포테이토

껍질 벗긴 감자를 올리브 모양으로 양 끝이 뾰족하게 깎은 다음 정제버터를 발라 오븐에서 구워 내거나, 약간 삶은 다음 기름에 튀긴다.
조리하는 방법에 따라 삶으면 생선요리에, 튀기면 육류나 가금류에 사용한다.

Parisienne Potatoes
파리지엔 포테이토

껍질 벗긴 감자를 볼 커터(Ball Cutter / Parisian Scoop)를 이용하여 구슬 모양과 크기로 파낸다. 버터로 오븐에서 구워 내거나, 약간 삶은 다음 기름에 튀긴다.
육류요리나 가금요리에 주로 이용한다.

Parmentier Potato
파르망티에 포테이토

감자를 가로세로 1.3cm의 주사위형으로 잘라 뜨거운 기름에 튀긴 후 기름기를 제거하고 오븐에서 굽는다. 다 구워지면 버터를 바르고 파슬리 다진 것을 뿌려 완성한다.
육류요리나 아침조식 가니쉬로 주로 사용한다.

Pont Neuf Potatoes
퐁 느프 포테이토

0.6cm×0.6cm×6cm 크기로 자른다. 물에 약간 삶아 기름에서 튀긴 다음 간을 한다. 문헌에 따라 크기가 다르게 명시되어 있는데 가로세로 1.5cm× 1.5cm×6cm 크기로 자른 것도 퐁 느프 포테이토(Pont Neuf Potatoes)라 하기도 한다. 샌드위치 가니쉬나 육류요리에 주로 이용한다.

Skin Stuffed Potato
스킨 스터프트 포테이토

감자를 통째로 삶아 반으로 갈라 속 부분을 스푼으로 둥글게 파낸 다음 기름에 튀겨낸다. 튀겨낸 감자 속에 으깬 감자, 베이컨과 양파 다져서 볶은 것, 소금, 후추, 너트메그 등 섞은 것을 넣고 치즈나 빵가루를 넣어 오븐에서 구워 사용한다. 육류요리나 가금요리에 주로 사용한다.

Spring Potato
스프링 포테이토

감자를 깎은 후 스프링 모양을 내는 특수한 기구를 이용하여 깎아 연한 갈색으로 튀겨서 사용한다. 모양을 낸 나머지 감자는 삶아서 매시 포테이토를 만들어 사용한다.
육류요리나 샌드위치 가니쉬로 사용한다.

Waffle Potatoes ∶ Pommes Gaufrettes
와플 포테이토

감자를 물에 잘 씻은 다음, 껍질을 벗긴다. 만돌린에 두 번 밀어서 그물모양으로 썰어낸다. 감자가 얇으므로 부서지지 않도록 조심스럽게 다루어 튀겨낸 후 간을 한다.
샌드위치 가니쉬나 육류요리에 주로 이용한다.

Wedge Skin Potato
웨지 스킨 포테이토

감자를 통째로 중간 정도 삶아 웨지형으로 잘라 밀가루에 케이준 향료와 소금, 후추로 간을 하고 튀긴다. 육류요리나 가금요리에 주로 사용한다.

Williams Potatoes
윌리엄 포테이토

약 40g 크기의 꼭지 모양으로 크로켓 감자를 만든다. 꼭지 끝에 버미첼리 국수를 5cm 길이로 잘라 꽂아준다. 냉장고에 30분 이상 두면 굳게 된다. 180~200도의 기름에서 갈색으로 튀긴다. 타월을 깔고 기름을 흡수시킨다. 육류요리에 주로 이용한다.

Chapter II

빵과 샌드위치의 조리용어
Cooking Terminology of Bread and Sandwich

Bagel
베이글

도넛 모양으로 생긴 이스트롤로서 뻣뻣한 느낌과 반짝이는 빵 껍질을 가졌다. Bagel은 굽기 전에 물에서 끓이는데 그 물이 전분을 제거하고 빵 껍질이 씹히도록 한 Baguette / French Bread(바게트 / 프렌치 브레드) 프랑스빵으로 길고 좁은 원통형의 덩어리 모양으로 만든 것이다. 바삭바삭한 갈색의 빵 껍질과 부드러우면서 질겅거리는 속을 가지고 있다.

Bread
브레드

역사 이전의 시대부터 중요시되었던 빵은 밀가루, 물(혹은 다른 액체), 그리고 항상 부풀리는 물질부터 만들어진다. 빵은 구워질 수 있지만(오븐 안에서 혹은 팬 케이크같이 번철 위에서), 튀기거나 찔 수도 있지만, 이스트는 효모로 빵을 부풀리는 물질로서 가루의 글루텐을 늘리기 위해 필요하다.

Bread Crumb
브레드 크럼

마른 혹은 신선한 (혹은 부드러운) 빵가루가 있다. 신선한 빵가루는 빵 자른 것을 믹서기나 체에 내려 원하는 크기의 부스러기가 될 때까지 가루로 만든 것이다.

Brioche
브리오슈

프랑스에서 많이 먹는 빵으로 다른 빵에 비하여 버터와 달걀이 많이 들어가 맛이 고소하고 씹는 느낌이 매우 부드럽다. 이스트를 넣어 발효하기 때문에 빵으로 구분하지만 빵과 과자의 중간 형태라고 할 수 있다.

Bruschetta
브루스케타

이탈리아의 bruscare, 즉, '석탄 위에서 끓는다'는 뜻을 가진 이 전통적인 마늘빵은 마늘의 구근과 함께 토스트된 빵에 extra virgin 올리브오일을 문질러 만든 것이다. 빵에 소금과 후추를 뿌린 후 데워서 따뜻하게 만든다.

Calzone
칼조네

나폴리에서 시작되고 calzone는 큰 turnover(반원형으로 접은 피자)와 같은 stuffed된 pizza이다(반죽에 속을 넣어 만든 피자). 이것은 개인용으로 만들어진다. 속은 여러 가지를 넣어 만들 수 있는데 고기, 채소, 모차렐라 치즈 등으로 만든다.

Ciabatta
치아바타

Biga(예비반죽)와 본 반죽을 거쳐서 만든 것은 단단하고 속은 부드러운 Lombardia Toscana의 전통적인 빵이다.

Chapon
샤퐁

식빵을 정방형으로 슬라이스한 것으로 마늘로 문지르거나 마늘 향 오일에 담근 것이다. 반죽은 얇은 원으로 말고 griddle 위에서 굽는다.

Corn Bread
콘 브레드

미국의 모든 quick bread는 대부분 밀가루 대신 옥수수가루를 쓴다. 거기에는 치즈, 골파, 당밀, 그리고 베이컨 같은 여러 가지 맛을 내는 것들을 넣는다. Corn bread는 부드럽게 또는 바삭하게도 할 수 있고 두껍게, 그리고 얇게도 할 수 있다.

Cornell Bread
코넬 브레드

Cornell 식사는 1930년대 뉴욕의 코넬대학에서 개발된 것으로 콩가루, 무지방 우유가루, 밀 배아, 밀가루를 혼합하여 만들었다.

Croissant
크루아상

Flaky(켜켜로 벗겨지는)의 원조이면서 버터가 많은 빵으로 시작은 1686년으로 거슬러 올라간다. 그때는 오스트리아와 터키가 전쟁 중이었다. 빵 굽는 사람들의 야간조가 죽었다는 소식을 들은 터키는 부엌 아래에 굴을 파고 비상 신호를 알려서 결국 터키가 이기게 되었다. 이번에는 빵 굽는 사람이 터키의 국기인 초승달 모양으로 승전을 축하하는 의미로 만들었다.

크루아상은 프랑스어로 초승달을 의미한다. 원래 크루아상은 지방이 많은 빵 반죽으로 만들었는데 1900년 창조적인 프랑스 Baker는 그 반죽으로 비슷하게 부푼 패스트리를 만드는 영감을 갖게 되었다. 크루아상은 이스트 반죽이나 부푸는 패스트리층에 버터를 넣어 만든다. 그들은 때로는 반죽을 말기 전에 초콜릿이나 치즈 등으로 채워 굽는다. 크루아상은 일반적으로 아침용 패스트리로 생각되고 있으나 때로는 샌드위치로도 쓰이고 식사와 함께 먹기도 한다.

Croute
쿠르테

프랑스어로 '빵 껍질'을 의미하며 토스트된 빵조각을 도려내서 음식을 채운 것이다. 이것은 같은 목적으로 사용되는 패스트리 케이스를 의미할 수도 있다. 이 말은 토스트하거나 튀긴 빵의 슬라이스를 의미하기도 한다.

Crouton
쿠르통

빵이 작은 정방형의 입체형이나 작은 조각으로 지지거나 구워서 갈색이 되는 것을 말한다. 이것은 수프나 샐러드 등 기타 요리들을 장식할 때 사용된다.

Egg Benedict
에그 베네딕트

아침 혹은 아침 겸 점심의 대용품으로 영국 머핀을 반으로 잘라 두 개를 구워 각각에 햄, 슬라이스 혹은 캐나다 베이컨, 수란, 그리고 소량의 hollandaise sauce를 위에 얹어 샐러맨더에 색을 내서 제공하는 것이다.

English Muffin
잉글리시 머핀

둥글고 편평한 muffin으로 부드러운 효모 반죽으로 만들어지고 둥근 모양으로 형성된 뒤에 오븐에서 구워진다. English muffin은 반으로 나눈 후 버터나 잼을 발라먹기도 한다.

Focaccia
포카치아

이탈리아 빵으로 넓적하고 둥근 반죽에 올리브오일, 소금을 뿌린 후 로즈마리 등을 빵 반죽에 넣고 굽는다. 스낵으로 먹기도 하며 수프나 샐러드에 곁들여서 먹기도 한다.

Fench Toast
프렌치 토스트

우유와 달걀을 섞은 것에 빵을 담갔다 구워낸 것으로 시럽이나 잼 등을 곁들여 먹는다. 프랑스에서는 '잃어버린 빵(빵을 다른 요리로 만들어 버렸다는 뜻)'이라고 부른다.

Garlic Bread
갈릭 브레드

1940년 후반 이탈리아식 미국 식당들이 많이 생기던 때에 개발된 것으로 알려져 있는 이 빵은 이탈리아 또는 프랑스 빵 조각의 양면에 마늘 버터를 발라 오븐에서 구운 것이다.

Mandelbrot
만델브로트

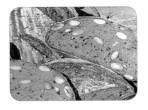

독일어로 '빵'이란 뜻의 'brot'와 아몬드란 뜻의 'mandel'의 합성어로 유태인들이 가장 좋아하는 아몬드를 넣은 빵 또는 쿠키를 말한다.

Melba Toast
멜바 토스트

수프, 샐러드 등에 곁들여 먹는 얇고 마른 토스트

Meringue
머랭

설탕을 넣고 휘저어서 거품을 낸 달걀 흰자이다. 설탕을 완전히 녹게 하고 부드러운 질감을 얻기 위해 설탕은 한 번에 한 테이블스푼씩 넣고 휘젓는다. Meringue는 baked alaska(파운드 케이크에 아이스크림을 얹은 디저트의 일종), 파이, 푸딩 등 각종 디저트 위에 얹어 먹는 데 사용한다. 파이 등에 얹어 구울 때는 황금색이 되게 굽는다.

Muffin
머핀

조그만 케이크 같은 빵으로 여러 가지 밀가루나 과일, 땅콩 등을 넣어 만든다. 미국식 머핀은 대부분 빨리 구워내는 빵 종류에 속하고 베이킹파우더나 베이킹소다로 발효시켜 굽는다.

반면에 이스트를 사용하는 영국식 머핀은 입자가 더 미세하다. 머핀은 맛이 달거나 향이 있는 것 등 여러 종류가 있고 원래 아침식사나 티파티에 주로 먹었고 요즘은 점심이나 저녁에도 먹는다.

Open-Faced
오픈 페이스트

빵 한 조각과 그 빵 위에 얇게 썬 고기, 치즈, 피클 등의 요리 재료들을 올려놓아 만든 샌드위치를 가리키는 말. 이러한 종류의 샌드위치는 스칸디나비아에서는 매우 대중적이다. 프랑스어로 빵 또는 한 조각의 빵을 뜻한다.

Pan
팬

프랑스어로 뺑(pain), 스페인어로 판(pan), 이탈리아어로 파네(pane)가 '빵'을 뜻한다.

Pancake
팬 케이크

인간이 먹는 가장 오래된 빵의 형태 중 하나인 팬 케이크는 몇 백 가지의 다양한 종류가 있고 아침, 점심, 저녁 식사로, 혹은 애피타이저, entree(앙트레), 디저트로 먹는다. 팬 케이크는 그 두께에 따라 와플 두께의 프랑스식 crepe(크레페)부터 미국 스타일의 훨씬 두꺼운 아침 식사용 팬 케이크(혹은 핫케이크 griddle 케이크 flapjack이라고도 한다)까지 다양한 종류가 있다.

Puff Pastry
퍼프 패스트리

프랑스에서는 풍부하고 섬세한 맛을 내는 층층이 겹이 쌓인 이 패스트리를 pate feuilletee라고 부른다. 얼린 지방 또는 버터를 패스트리 반죽의 층 사이에 놓은 다음 반죽을 밀어서 반죽과 버터를 합친 후 반죽의 1/3 정도를 접어서 그대로 둔다. 이 과정을 6~8회 정도 반복하면 몇 백 겹의 버터와 반죽으로 만들어진 층이 생기게 된다. 구울 때는 버터 안에 있던 수분이 뜨거운 증기를 형성하고 그것이 반죽을 부풀어 오르게 하고 몇 백 개의 잘 부서지는 겹으로 분리되게 하는 역할을 한다.

Pumpernickel
펌퍼니클

거칠고 짙은 색을 가진 빵으로 약간 신맛이 난다. 이 빵은 다량의 rye(호밀) 밀가루와 소량의 밀가루로 만들어진다. 색과 맛을 내기 위해 molasses(당밀)를 주로 넣는다. 카나페 만들 때나 치즈와 함께 먹기도 한다.

Samosa
사모사

고기 또는 야채 혹은 둘의 혼합물을 넣고 튀긴 삼각형 모양의 빵이다.

Scone
스콘

스코틀랜드 빵으로 the stone of Destiny란 스코틀랜드 왕들의 대관식을 하던 곳의 이름을 딴 것이라고 한다. 원래 이 요리는 오트(귀리)와 griddle baked로 삼각형 모양으로 만들었으나 오늘날에는 밀가루로 오븐에서 만들며 삼각형, 원, 사각형, 다이아몬드 등의 다양한 모양으로 만들며 입맛을 돋우거나 달콤한 맛을 내며 아침 또는 차와 함께 먹는다.

Taco
타코

원래는 멕시코의 옥수수로 만든 빵이다. 다른 의미로는 멕시코식 샌드위치로 토르티야에 소고기, 돼지고기, 닭고기, chorizo sausage, 토마토, 양배추, 치즈, 양파, 튀긴 콩, 살사 등을 넣어 만든다. 미국의 타코는 바삭한 토르티야로 만드는데 부드러운 토르티야로 만든 것도 있다.

Tortilla
토르티야

얇은 팬 케이크 같은 멕시코산 빵으로, 옥수수가루 또는 밀가루로 만들며 팬에 굽는다. 그냥 먹기도 하지만 다른 요리를 채워 넣어 먹는데 burritos, tacod 등에 쓰인다. 스페인에서는 오믈렛을 뜻하기도 한다.

Waffle
와플

바삭하고 가벼운 빵의 벌집 모양 표면은 시럽이 들어 있는 주머니로 손색이 없다. 와플은 벌집 패턴의 번철 한쪽에 가벼운 반죽을 부어서 만든다. 따라서 한 면은 반죽 위를 덮고 와플이 갈색이 되고 바삭해질 때까지 굽는다.

Abaisser(아베세) 파이지를 만들 때 반죽을 방망이로 밀어 주는 것

Abaisser

Agneau(Lamb) 새끼 양고기이다.

Ajouter(아주떼) 더하다. 첨가하다.

A la(After the style or Fashion) 풍의, ~식을 곁들이다.

A la broche(cooked on skwer) 꼬챙이에 고기와 야채를 꿰어 만든 요리이다.

A La Carte(아 라 카르테) 정식요리와는 다르게 자기가 좋아하는 요리만을 주문하는 일품요리(一品料理)를 말함

A la king(served in cream sauce) 크림 소스로 육류, 가금류 등의 요리를 만드는 것이다.

A la mode(in the style of) 어떤 모양의 형태이다. 각종 파이류에 아이스크림을 얹어 내는 후식을 말하기도 한다.

A la vapeur(steamed) 수증기를 이용해 만든 요리

Anchovy paste (앤초비 페이스트) 잘게 으깬 멸치, 식초, 향신료, 그리고 와인이나 육수를 섞어서 만든 것으로 다양한

Anchovy paste

조리 목적에 따라 편리하게 쓰이며 카나페에도 쓰인다.

Anontillado(아몬틸라도) Palomino 포도로 만든 스페인산 백포도주이다. 이것은 오래 보관할수록 부드럽고 색이 진하고 독특한 견과류향이 난다.

Appareil(아빠래이) 요리에 필요한 여러 가지 재료를 장만하여 혼합한 것을 말한다.

Armagnac(아르마냑) 보르도의 남부 Condom 근처의 Gascony에서 만든 맛있는 프랑스 브랜디로 코냑과 마찬가지로 Armagnac도 40년간 오크통에서 숙성시킨다.

Aromatic(아로매틱) 식물의 뿌리나 잎, 줄기 등에서 얻어지는 향신료를 음료나 식품에 넣어 생생한 향기와 냄새를 주는 것을 말한다.

Arrowroot(애로루트) 칡뿌리의 두꺼운 근경에서 나오는 녹말가루이다. 뿌리줄기는 건조시켜서 아주 고운 가루로 분말화한다. 칡뿌리는 푸딩, 소스, 그 외의 다른 음식에서 농도조밀제로 쓰이며 밀가루보다 쉽게 소화된다. 농도조밀제의 강도는 밀가루의 2배 정도이며, 조리하면 맑게 된다.

Arroz con pollo(아로즈 콘 폴로) 문자로는 '닭과 쌀'이라는 의미로 닭, 토마토, 청고추, 조미료, 때로는 Saffron과 쌀을 섞

Arroz con pollo

어 만든 스페인과 멕시코 요리

Aspic(아스픽) 육류나 생선류 등 즙을 정제하고 젤라틴을 혼합하여 요리의 맛을 배가시키고, 광택이 나고 마르지 않게 하는 것을 말한다.

Assaisonnement(아세조느망) 요리에 소금, 후추를 넣는 것을 말한다.

Assaisonner(아세조네) 소금, 후추, 그 외 향신료를 넣어 요리의 맛과 풍미를 더해 주는 것을 말한다.

Au gratin(spinkled with crumbs and cheese baked brown) 화이트소스 위에 빵가루나 치즈를 뿌려 오븐에서 갈색으로 구운 요리.

Au jus(served with natural juice or gravy) 고기를 구울 때 발생하는 즙을 곁들이는 것을 말한다.

Au lait(with milk) naturel(plan cooked) 양념하지 않고 자연 그대로를 말한다.

Barde(바르드) 얇게 저민 돼지비계를 말한다.

Battre(바트르) ① 때리다, 치다, 두드리다. ② 달걀 흰자를 거품으로 쳐서 올린다.

Beurre(Butter) 프랑스어로 버터를 말한다.

Beurre Fondue(melted butter) 약간 녹아 있는 상태의 버터를 말한다.

Bistro(비스트로) 음식과 wine을 제공하는 작은 카페를 의미하며 이 단어는 작은 나이트클럽(프랑스 bistro는 pub를 의미한다)을 언급할 때도 사용된다.

Blini(블리니) 메밀가루 반죽을 효모로 부풀려 팬에서 구운 팬케이크의 일종으로 캐비아와 함께 먹는다.

Blini

Boeuf(Beef) 프랑스어로 소고기를 말한다.

Bouquet-Garni(부케가르니) 셀러리 줄기 안에 타임, 월계수잎, 파슬리 줄기를 넣고 실로 묶은 것

Brider(브리데) 가금류의 몸통, 다리, 날개 등의 원형을 유지하기 위해 실과 바늘로 꿰매는 것을 말한다.

brochette(브로쉐트) 꼬챙이에 끼워 구운 요리를 말한다.

Cafe(카페) 프랑스어로 커피를 말한다. 작고 조촐한 식당

Cafe au lait(카페오레) 프랑스어로 우유를 넣은 커피이며 커피에 뜨거운 우유를 동시에 동량 넣는다.

Cafe latte(카페라테) 에스프레소에 상당량의 거품이 있는 우유를 넣은 것으로 가늘고 긴 유리 머그(컵)에 담아 제공한다.

Cafe noir(black coffee) 프랑스어로 블랙커피를 말한다.

Canneler(까느레) 장식을 하기 위해 레몬, 오렌지 등과 같은 과일이나 야채의 표면에 칼집 내는 것을 말한다.

Cappuccino(카푸치노) Steam한 우유로 만든 크림상의 거품을 에스프레소 위에 얹어 만든 이탈리아의 커피다. Steam한 다른 종류의 우유

Cappuccino

도 첨가하여 사용한다. 거품의 표면에 계피나 달콤한 코코아가루를 뿌리기도 한다.

Carte de jour(Daily menu) 오늘의 메뉴를 말한다.

Cereal / Grains(시리얼 / 그래인) Cereal이란 단어는 로마의 농업의 여신이었던 ceres에서 온 것이다. Cereal의 가장 대중적인 곡류는 보리, 옥수수, 귀리, 기장, 쌀, 호밀, 수수, 밀, 그리고 야생종 쌀 등이다.

Chantilly(찬털리) 프랑스어로 '달거나 맛있는 요리'를 나타

Chantilly

내는 용어로서 거품 낸 크림으로 만들어서 제공되는 것이다. Chantilly 크림은 약간 단맛이 나는 거품 낸 크림이고 때로는 바닐라나 리큐어로 향을 내며 후식의 topping으로도 사용된다.

Chaud(Hot) 뜨거운 것을 말한다.

Chips(칩) 미국인들이 french fries(튀긴 감자)를 부르는 것을 영국 단어로 chip이라 한다. 미국의 감자 칩을 crisps라고도 부른다.

Chiqueter(시끄떼) 파이생지나 과자를 만들 때 작은 칼끝을 사용해서 가볍게 칼집 내는 것을 말한다.

Chutney(처트니) 동인도의 단어 chatni에서 유래된 매운 양념으로 과일, 식초, 설탕과 스파이스가 들어 있는 것이다. 조직감은 딱딱한 것에서부터 부드러운 것까지, 매운맛의 정도는 덜 매운 것부터 아주 매운 것까지 있다. 처트니는 카레요리에 곁들이는 맛있는 음식이다. 단, 처트니는 빵에 발라 먹기도 하고 치즈와 함께 내면 맛있다.

Ciseler(시즐레) 생선 따위에 불이 고루 들어가 골고루 익혀지도록 칼집을 내는 것을 말한다.

Citronner(시뜨로네) 조리 중 재료가 변색되는 것을 방지하기 위해 레몬즙을 타거나 문지르는 것을 말한다.

Clarifier(끄라리피에) 맑고 투명하게 하는 것을 말한다.

Clouter(끄루떼) ① 향기를 내거나 장식하기 위해 고기, 생선, 야채에 못 모양으로 자른 재료를 찔러 넣다. ② 양파에 클로브를 찔러 넣다(베샤멜 소스).

Cocktail(칵테일) ① 버번, 진, 럼, 스카치 또는 보드카와 같은 알코올에 과일즙이나 소다 또는 리큐어를 넣어 만든 음료. 가장 대중적인 칵테일로는 마티니, 구형의 tom colins(진에 레몬즙, 설탕, 탄산수를 섞은 음료) 등이 있다. ② 이 용어는 해산물 또는 과일 칵테일과 같이 식사 전에 제공되는 애피타이저를 의미할 수

Cocktail

있다. 이때 위의 해산물이나 섞은 과일들은 각각으로도 요리가 될 수 있다.

Cognac(코냑) 프랑스의 코냑 마을 주위에서 만들어진 것으로 브랜디 중에서 가장 훌륭한 것이다. 코냑은 발효 후 즉시 증류된 것이다. 그것은 리무진 참나무통에서 적어도 3년간 숙성시킨 것이다. 코냑 상표 위에 별이 한 개인 것은 숙성 3년, 4년 이상이

Cognac(루이13세)

면 별 2개, 적어도 5년 숙성이면 별이 3개가 표시된다. 오래된 코냑은 V.S로 매우 우수하다고 표기되고 V.S.O.P(very superior old pale) 그 다음 가장 우수한 것은 V.V.S.O.P(very very superior old pale)로 기록된다. 상표에 X.O라는 것은 Extra and Reserve로써 가장 오래된 생산자가 만든 것을 나타내는 것이다.

Coller(꼬레) ① 젤리를 넣어 재료를 응고시킨다. ② 찬 요리의 표면에(트리플, 피망, 젤리, 올리브 등) 잘게 모양낸 장식용 재료를 녹은 젤리로 붙이는 것을 말한다.

Cooking Wine(쿠킹와인) Cooking Wine이라는 상표가 붙은 Wine은 일반적으로 질이 낮아 그 자체로는 마실 수 없다. 포도주로 조리할 경우 자신이 마신 적이 있는 것만을 사용하고 또한 포도주의 향이 음식을 보완하는지를 확인하는 것도 중요하다.

Coucher(꾸쉐) ① (감자 퓌레, 시금치 퓌레, 당근 퓌레, 슈, 버터 등) 주둥이가 달린 여러 가지 모양의 주머니에 넣어서 짜 내는 것 ② 용기의 밑바닥에 재료를 깔아 놓는 것

Coulis(꿀리) ① 토마토 꿀리와 같이 농도가 진한 퓌레나 소스를 나타내는 일반적인 용어 ② 농도가 진한 퓌레한 굴 수프를 나타내는 용어 ③ Coulis는 원래 익힌 고기의 즙(Jus)을 나타낼 때 쓰는 말이다.

Cru(uncooked Raw) 조리되지 않은 생것

Cuire(뀌이르) 재료에 불을 통하게 한다는 뜻

Debrider(데브리데) (닭, 칠면조, 오리 등) 가금이나 야조를 꿰맸던 실을 조리 후에 풀어내는 것을 말한다.

Cuire

Decanter(데깡떼) (삶아 익힌 고기 등) 마지막 마무리를 위해 건져 놓는 것을 말한다.

Decanter(Decanter) 액체 담은 그릇을 기울여 윗물을 다른 용기에 옮기는 것

Deglacer(데글레이즈) 야채, 가금, 야조, 고기를 볶거나 구운 후에 바닥에 눌어붙어 있는 것을 포도주나 코냑 등 국물을 넣어 끓여 녹이는 것을 말한다.

Degorger(데고르제) ① 생선, 고기, 가금의 피나 오물을 제거하기 위해 흐르는 물에 담그는 것 ② 오이나 양배추 등 야채에 소금을 뿌려 수분을 제거하는 것

Degraisser(데그레세) 지방을 제거하는 것을 뜻한다. ① 오쥬, 소스, 콩소메를 만들 때 기름을 걷어 내는 것 ② 고깃덩어리에 남아 있는 기름을 조리 전에 제거하는 것

Delayer(데레이예) (진한 소스에) 물, 우유, 와인 등 액체를 넣어 묽게 하는 것을 말한다.

Demi-tasse(small cup of coffee) 작은 커피 컵을 말한다.

Depouiler(데뿌이예) ① 장기간 천천히 끓일 때 소스의 표면에 떠오르는 거품을 완전히 걷어내는 것 ② 토끼나 야수의 껍질을 벗기는 것

Depouiler

Desosser(데조세) (소, 닭, 돼지, 야조 등의) 뼈를 제거해 조리하기 쉽게 만드는 것

Dessecher(데세쉐) 건조시키다. 말리다. 냄비를

센 불에 달궈 재료에 남아 있는 수분을 증발시키는 것을 말한다.

Dorer(도레) ① 파테 위에 잘 저은 달걀 노른자를 솔로 발라서 구울 때 색이 잘 나도록 하는 것 ② 금색이 나게 함

Dorer

Dresser(드레세) 접시에 요리를 담는 것

Du jour(of the day) '오늘의'라는 뜻

Duxelles(뒥셀) 곱게 다진 송이버섯과 샬롯의 혼합물이다.

Ebarber(에바르베) ① 가위나 칼로 생선의 지느러미를 잘라서 떼는 것 ② 조리 후 생선의 잔가시를 제거하는 것을 말한다.

Ecailler(에까이예) 생선의 비늘을 벗기는 것을 말한다.

Ecailler

Ecaler(에깔레) 삶은 달걀 혹은 반숙달걀의 껍질을 벗기는 것을 말한다.

Ecumer(에뀌메) 거품을 걷어 내는 것을 말한다.

Effiler(에필레) 종이 모양으로 얇게 썰다. (아몬드, 피스타치오 등을) 작은 칼로 얇게 써는 것을 말한다.

Egoutter(에구떼) 물기를 제거하다. 물로 씻은 야채나 브랑쉬했던 재료의 물기를 제거하기 위해 짜거나 걸러 주는 것을 말한다.

Emonder(에몽데) 토마토, 복숭아, 아몬드, 호두의 얇은 껍질을 벗길 때 끓는 물에 몇 초만 담갔다가 건져 껍질 벗기는 것을 말한다.

Emonder

En coquille(in the shell) 조개 껍질 속에 음식물을 넣어 요리하는 것을 말한다.

En gelee(in jelly) 젤리를 말한다.

Enrober(앙로베) '싸다. 옷을 입히다'라는 뜻이다. ① 재료를 파이지로 싸다. 옷을 입히다. ② 초콜릿, 젤라틴 등을 입히다.

Epice(spice) 양념, 향신료를 말한다.

Epice

Eponger(에뽕제) 물기를 닦다. 흡수하다. 씻거나 뜨거운 물로 데친 재료를 마른 행주로 닦아 수분을 제거하는 것을 말한다.

Etuver(에뛰베) 천천히 오래 찌거나 굽는 것을 말한다.

Evider(에비데) 파내다. 도려내다. 과일이나 야채의 속을 파내는 것을 말한다.

Evider

Exprimer(엑스쁘리메) 짜내다. 레몬, 오렌지의 즙을 짜다. 토마토의 씨를 제거하기 위해 짜는 것을 말한다.

Ficeler(피슬레) 끈으로 묶다. 로스트나 익힐 재료가 조리 중에 모양이 흐트러지지 않도록 실로 묶는 것

Flappe(플라페) 과일 주스 등을 얼려 만든 것으로 걸쭉한 농도의 음료이다. 간 얼음 위에 리큐어 부은 것을 가리키기도 한다.

Foie(Liver) 동물의 간을 말한다.

Foncer(퐁세) ① 냄비의 바닥에 야채를 깔다. ② 여러 형태의 용기 바닥이나 벽면에 파이의 생지를 까는 것을 말한다.

Fond(bottom) 기초를 말한다.

Fondre(퐁드르) 녹이다. 용해하다. 야채를 기름과 재료의 수분으로 색이 나지 않도록 약한 불에 천천히 볶는 것을 말한다.

Fondue de Fromage(A melted cheese dish) 치즈에 버터, 향료 따위를 섞어 불에 녹여 빵에 발라 먹는 알프스 요리

Fouetter(푸에떼) 치다. 때리다. 달걀 흰자, 생크림을 거품기로 강하게 치는 것을 말한다.

Fournee(baked) 구운 것을 말한다.

Fremir(프레미르) 액체가 끓기 직전 표면에 재료가 떠오르는 때의 온도로 조용하게 끓이는 것을 말한다.

Frotter(프로떼) 문지르다. 비비다. 마늘을 용기에 문질러 마늘 향이 나게 하는 것을 말한다.

Fume(smoked) 훈제한 것을 말한다.

Garni(garnished) 주요리에 야채 등을 곁들이는 것을 말한다.

Gin(진) 보리(barley), 옥수수 또는 호밀 등의 곡물을 주니퍼 열매와 같이 정제하여 숙성시킨 술이다. 달지 않은 진은 무색으로 대부분 영국과 미국에서 생산된다. 네덜란드 진 혹은 genever는 보리 malt(백아)를 많이 썼기 때문에 다른 진들과는 약간 다른 맛을 내며 약으로 쓰였었다.

Ginger ale(진저에일) 생강맛이 나는 탄산음료를 말한다.

Glacer(글라세) 설탕이나 버터에 입혀 광택이 나게 하는 것을 말한다.
① 요리에 소스를 쳐서 뜨거운 오븐이나 샐러맨더에 넣어 표면을 갈색으로 만든다.
② 당근이나 작은 양파에 버터, 설탕을 넣어 수분이 없어지도록 익히면 광택이 난다.
③ 찬 요리에 젤리를 입혀 광택이 나게 한다.
④ 과자의 표면에 설탕을 입힌다.

Gnocchi(뇨키) 이탈리아 말로 덤플링을 뜻하는 이 음식은 감자나 밀가루 farina(곡식가루)로 만들 수 있다. 달걀

Gnocchi

혹은 치즈를 반죽에 넣어 만들 수 있고 작게 썬 시금치도 재료로 넣어 반죽하기도 한다. Gnocchi는 주로 작은 공 모양으로 만들고 물에서 익힌 다음 버터나 파머산 치즈나 소스와 함께 먹는다. 반죽은 익혀서 차게 해서 얇게 잘라 굽거나 튀기기도 한다. 이 요리는 주로 육류나 가금요리 side dish에 매우 잘 어울린다.

Granola(그라놀라) 다양한 곡물, 견과류, 말린 과일 등을 혼합하여 만든 아침식사용 요리

Habiller(아비예) 조리 전에 생선의 지느러미, 비늘, 내장을 꺼내고 씻어 놓는 것을 말한다.

Habiller

Hors d'oeuvre (Appetizers) 전채를 말한다.

Huile d'olive(Olive oil) 올리브오일을 말한다.

Incorporer(앵코르뽀레) 합체(합병하다). 합치다. 밀가루에 달걀을 혼합하는 것을 말한다.

Jambon(Ham) 햄을 말한다.

Jardiniere(mixed vegetables) 섞은 야채를 말한다.

Kirsch(키르시) / Kirchwasser 독일 Kirsch(체리)와 Wasser(water)로부터 나온 이 브랜디는 체리주스와 씨를 증류한 것이다.

Lait(레) 프랑스어로 '우유'란 말로 예를 들어 cafe au lait는 커피와 우유를 의미한다.

Legumes(레뀌메) 야채를 뜻한다.

Lever(르베) 일으키다. 발효시키다. 파이지나 생지가 발효되어 부풀어 오른 것을 말한다.

Lier(리에) 묶다. 연결하다. 소스가 끓는 즙에 밀가루, 전분, 달걀 노른자, 동물의 피 등을 넣어 농도를 맞추는 것을 말한다.

Limoner(리모네) 더러운 것을 씻어 흘려보낸다. ① (생선 머리, 뼈 등에 피를) 제거하기 위해 흐르는 물에 담그는 것 ② 민물고기나 장어처럼 표면의 미끈미끈한 액체를 제거한다.

Liqueur(리큐어) 달콤한 알코올 음료수로 과일, 향신료, 씨앗, 꽃, 양념 등을 위스키, 브랜디, 럼에 섞어서 만든 술이다. 인공조미료를 이용한 싼값의 리큐어도 있으나 제조자들은 보통 제조법을 공개하지 않고 자기들만의 특별한 방법으로 제조

Liqueur

한다. 리큐어는 알코올 도수가 높고 cordials 또는 ratafias라고 불리기도 한다. 체리 heering의 24도부터 green chartreuse의 55도까지 다양하다. 또한 크림 리큐어는 달고 시럽 같다. 리큐어는 소화제로 사용하기도 하며 주로 칵테일의 맛을 내는 데 쓰이고 디저트에 넣기도 한다.

Lustrer(뤼스뜨레) 광택을 내다. 윤을 내다. 조리가 다 된 상태의 재료에 맑은 버터를 발라 표면에 윤을 내는 것을 말한다.

Lyonnaise(with onions) 양파를 곁들인 요리를 뜻한다.

Maitre d'Hotel(manager) 식당의 지배인을 뜻한다.

Masala(마살라) 인도에서 사용되는 말로 여러 가지 양념을 섞은 것을 말한다. 주로 cardamom, coriander, mace 등의 양념을 섞은 것에서부터 10가지 이상의 양념을 섞은 것도 있다.

Masala

Masquer(마스꿰) 가면을 씌우다. 숨기다. 소스 등으로 음식을 덮는 것을 말한다.

Mijoter(미조떼) 약한 불로 천천히, 조용히 오래 끓이는 것을 말한다.

Monder(몬데) 아몬드, 토마토, 복숭아 등의 얇은 껍질을 끓는 물에 수초간 넣었다 식혀 껍질을 벗

기는 것을 말한다.

Mortifier(모르띠피에) 고기를 연하게 하다. 고기 등을 연하게 하기 위해 시원한 곳에 수일간 그대로 두는 것을 말한다.

Mouiller(무이예) 적시다. 축이다. 액체를 가하다. (조리 중에) 물, 우유, 즙, 와인 등의 액체를 가하는 것을 말한다.

Mouler(무레) 틀에 넣다. 준비된 각종 재료들을 틀에 넣어 준비하는 것을 말한다.

Muesli(뮤즐리) 스위스의 영양학 박사인 Bircher-Benner에 의해 19세기 후반에 개발된 건강 요리로 아침식사용 시리얼로 널리 애용되어 왔다. 또는 Granola라는 이름으로도 팔린다.

Napper(나뻬) ① 소스를 앙트레의 표면에 씌우다. ② 위에 끼얹어 주는 것을 말한다.

Nori(노리) 김을 말하는 것으로 짙은 녹색, 갈색 등 여러 가지 색이 있다.

Oeuf(Egg) 프랑스어로 달걀을 말한다.

Oie(goose) 프랑스어로 거위를 말한다.

Pain(bread) 프랑스어로 빵을 말한다.

Paner a'langlaise(빠네아랑그레즈) (고기나 생선 등에) 밀가루 칠을 하여 소금, 후추를 넣은 달걀물을 입히고 빵가루를 묻히는 것을 말한다.

Paner(빠네) 옷을 입히다. 튀기거나 소테하기 전에 빵가루를 입히는 것을 말한다.

Papillote(파필로트) 프랑스어로 Crown Roast 같은 갈비요리를 장식하는 종이를 말한다. 또는 기름 종이에 싸서 구운 요리를 말한다. 요리가 구워지며 열을 발산하면 기름종이가 부풀어 올라 돔 모양이 된다. 식탁에서 대접할 때는 종이에 구멍을 내서 벗겨 내고 먹는다.

Papillote

Parsemer(빠르서메) 재료의 표면에 체에 거른 치즈와 빵가루를 뿌리는 것을 말한다.

Passer(빠세) 걸러지다. 여과되다. 고기, 생선, 야채, 치즈, 소스, 수프 등을 체나 기계류, 여과기, 시노와, 소창을 사용하여 거르는 것을 말한다.

Passer

Peler(쁘레) 껍질을 벗기다. 생선, 뱀장어, 야채, 과일의 껍질을 벗기는 것을 말한다.

Petrir(뻬뜨리르) 반죽하다. 이기다. 밀가루에 물이나 액체를 넣어 알맞게 반죽하는 것을 말한다.

Peler

Piler(삐레) 찧다. 갈다. 부수다. 방망이로 재료를 가늘고 잘게 부수는 것을 말한다.

Petrir

Pincer(뺑세) 세게 동여매는 것을 뜻한다. ① 새우, 게 등 갑각류의 껍질을 빨간색으로 만들기 위해 볶다. ② 고기를 강한 불로 볶아서 표면을 단단히 동여매다. ③ 파이 껍질의 가장자리를 파이용 핀셋으로 찍어서 조그만 장식을 하는 것

Pinch(핀치) 마른 요리의 재료인 소금이나 후추 같은 것의 양을 말할 때 쓰는 단위. 엄지와 검지의 끝으로 잡을 수 있는 정도의 양을 말한다. 거의 1/16티스푼 정도의 양이다.

Piquer(피케) 찌르다. 찍다. ①기름이 없는 고기에 가늘게 자른 돼지비계를 찔러 넣는다. ② 파이생지를 굽기 전에 포크로 표면에 구멍을 내어 부풀어 오르는 것을 방지하는 것

Pisco(피스코) 고대 잉카어 작은 새를 뜻하는 "Pisque"에서 유래되었고 페루산 포도 브랜디로 알코올도수는 35~43%이다.

Pisto(피스토) 스페인식 야채 요리로 남부 Madrid

의 La Mancha란 지역에서 만들어졌다. Pisto에는 잘게 썬 토마토, 양파, 마늘, 버섯, 가지, 그 외 다양한 다른 야채들을 함께 넣어 만들 수 있다.

Pomme de terre(폼므 데 테레) 직역하면 '땅속의 사과'란 프랑스어로 감자를 말한다. 또, 간단히 줄여서 pommes라고 쓰기도 한다. 예를 들면 pommes frites는 프렌치 프라이(튀김 감자)를 말한다.

Pomodoro(포모도로) 직역하면 '황금빛 사과'란 뜻이지만, 이탈리아에서는 처음 생산된 토마토가 노란색이었기 때문에 토마토를 말하는 것이 되었다.

Port / Porto wine(포트 와인) 주로 식후에 먹는 달콤한 와인이다. 숙성과정에서 grape alcohol(포도주)을 약간 첨가하는데 이는 와

Porto wine

인이 18∼20% 정도의 알코올 농도와 높은 농도의 단맛을 가졌을 때 숙성과정을 멈추게 하기 위해서 넣는 것이다. Port wine은 북쪽 포르투갈의 Douro alley에서 만들어졌고, 아직도 이 지역에서 생산되는 와인이 가장 품질이 좋다. 이 와인은 포르투갈의 도시인 Porto에서 수송되기 때문에 이 지역으로부터 수송되는 와인은 port가 아닌 porto라고 불린다. 시중에서는 여러 종류의 port와 비슷한 이름의 제품이 있어 혼란스러울 수도 있다. 제일 유명하고 비싼 와인은 Vintage ports로 이 와인은 다른 해에 수확된 포도로 만든 와인들과 섞지 않고 한 해에 수확된 포도로만 만든 와인으로 포도주 병에 넣어 2년 동안 밀봉해 놓은 것이다.

Presser(쁘레세) 누르다. 짜다. (오렌지, 레몬 등의) 과즙을 짜는 것을 말한다.

Purée(퓌레) 각종 야채나 곡류 등을 삶아 걸쭉하게 만든 것을 말한다.

Rafraichir(라프레쉬르) 냉각시키다. 흐르는 물에 빨리 식히는 것을 말한다.

Raidir(레디르) 모양을 그대로 유지시키기 위해 고기나 재료에 끓고 타는 듯한 기름을 빨리 부어 고기를 뻣뻣하게 하다. 표면을 단단하게 하는 것을 뜻한다.

Reduire(레뒤이르) 축소하다. 소스나 즙을 농축시키기 위해 끓여서 졸이는 것을 말한다.

Relever(러르베) 높이다. 올리다. 향을 진하게 해서 맛을 강하게 하는 것을 말한다.

Revenir(러브니르) 찌고 익히기 전에 강하고 뜨거운 기름으로 재료를 볶아 표면을 두껍게 만드는 것을 말한다.

Roux(a mixture of butter or Flour) 버터와 밀가루를 1 : 1로 혼합하여 볶은 것을 말한다.

Rum(럼) 밀이나 사탕수수 즙을 발효시킨 증류액으로 대부분의 럼은 카리브 해안에서 생산된다. 푸에르토리코의 흰색 또는 은색의 럼은 향기가 맑고 밝으며, 또한 황금빛과 호박 빛이 나는 럼주는 조화를 이루는 깊은 색과 그윽한 향기가 난다. 어둡고도 좋은 것이 자메이카와 쿠바의 럼주이다. 가이아나 데메라라 강가의 사탕수수는 가장 색이 깊고 강하고 또한 향이 풍부하므로 이곳에서 럼주가 많이 생산된다. 약간 단술은 쿠바의 libre, maitai, daiguiri, 그리고 pina colada 등의 여러 종류의 칵테일에 사용한다.

Saisir(세지르) 강한 불에 볶다. 재료의 표면을 단단하게 구워 색을 내는 것을 말한다.

Saisir

Saler(살레) 소금을 넣다. 소금을 뿌리는 것을 말한다.

Sauerkraut(사워크라우트) 독일 말로 '시큼한 시금치'란 뜻의 이 요리는 독일인에 의해 만들어진 것처럼 보이지만 2000년 전 중국이 만리장성을 건설

Sauerkraut

할 때 인부들에게 배급된 중국의 sauerkraut(쌀로 빚은 술에서 발효시킨 양배추 요리)가 독일인과

Alsatian들에 전해져 그들의 음식이 되었다. 오늘날 sauerkraut는 양배추와 소금 또는 양념을 섞어 발효시킨 것으로 먹기 전에 물에 씻어내고 유명한 reuben 샌드위치 같은 샌드위치와 곁들이는 요리로도 만든다.

Saupoudrer(소뿌드레) 뿌리다. 치다. ① 빵가루, 체로 거른 치즈, 슈가파우더 등을 요리나 과자에 뿌리다. ② 요리의 농도를 위해 밀가루를 뿌리다.

Scallion(스캘리언) 스캘리언은 스캘리언뿐만 아니라 녹색 양파라고 불리는 덜 익은 양파, 어린 leek, 어린 shallot의 끝부분 등을 부를 때 쓰는 이름이다. 잎과 몸통은 모두 먹을 수 있다. 진짜 스캘리언은 일반적으로 몸통 옆이 직선인 것으로 구분할 수 있다. 다른 것들은 일반적으로 몸통 옆부분이 약간 휘어서 변하려는 모습을 보인다.

Scotch whisky(스카치위스키) 스코틀랜드에서만 생산되는 술로 대부분의 미국 위스키가 옥수수로 맛을 내는 것과는 다르게 보리를 원료로 맛을 낸 스카치가 있는데 하나는 섞은 스카치로 50~80% 맥아로 만든 위스키와 20~50% 맥아로 만든 위스키를 합친 것이다. 다른 하나는 한 가지 맥아로 만든 스카치위스키로 이것은 한 가지 종류의 증류수와 맥아로 만든 것으로 더 풍부한 맛을 낸다. 전통적으로 스코틀랜드에서 만들어진 스카치위스키는 스펠링에 'e'를 넣지 않는다.

Singer(생제) 오래 끓이는 요리의 농도를 맞추기 위해 도중에 밀가루를 뿌려 주는 것을 말한다.

soft drinks(소프트드링크) 일반적으로 알코올이 포함되지 않은 음료를 가르키는 말로 반드시 기포가 들어가야 하는 것은 아니다.

Spaetzle(스패츨) 독일 말로 직역하면 '작은 참새'란 뜻으로 이 요리는 작은 국수 또는 덤플링(밀가루, 달걀, 우유, 물로 만든) 요리로 반죽을 말거나 sliver

Spaetzle

조각으로 자를 수 있을 만큼 딱딱하거나 sieve나 colander에 밀어 넣을 수 있을 만큼 부드럽다. 작

은 반죽 조각을 끓여서 버터에 굽거나 다른 음식에 넣기도 한다. 독일에서는 spaetzle을 감자나 밥처럼 곁들여 먹거나 소스나 gravy와 함께 먹는다.

Sucrer(쉬끄레) 설탕을 뿌리다. 설탕을 넣다라는 뜻이다.

Suer(쉬에) 즙이 나오게 한다. 재료의 즙이 나오도록 냄비 뚜껑을 덮고 약한 불에서 색이 나지 않게 볶는 것을 말한다.

Sucrer

Table d'Hote(Full Course) 정식요리를 말한다. (코스별로 나오는 요리)

Tailler(따이에) 재료를 모양이 일치하게 자르는 것을 말한다.

Tamiser(따미제) 체로 치다. 여과하다. 체를 사용하여 가루를 치는 것을 말한다.

Tamiser

Tamponner(땅뽀네) 마개를 막다. 버터의 작은 조각을 놓다. 소스의 표면에 막이 넓게 생기지 않도록 따뜻한 버터 조각을 놓아주는 것을 말한다.

Tamponner

Tapisser(따삐세) 넓히다. 돼지비계나 파이지를 넓히는 것을 말한다.

Tasse(Cup) 컵을 뜻한다.

Tequila(테킬라) 색이 없는 술로 agave 나무의 열매를 숙성시켜 만든다. 멕시코의 Tequila 지방에서 나온 술로 도수가 80~86도이고 100도인 것도 있다. 마가리타 칵테일을 만드는 기본 재료이기도 하다.

Tomber(똥베) ① 떨어지다. 볶는다. ② 연해지게 볶는 것을 말한다.

Tomber a'beurre(똥베 아뵈르) 수분을 넣고 재료를 연하게 하기 위해 약한 불에서 버터로 볶는 것을 말한다.

Tremper(뜨랑빼) 담그다. 적시다. 잠그다. (건조된 콩을) 물에 불리는 것을 말한다.

Trousser(트루세) 고정시키다. 모양을 다듬다. 요리 중에 모양이 부스러지지 않도록 가금의 몸에 칼집을 넣어 주고 다리나 날개 끝을 가위로 잘라 준 후 실로 묶어 고정시키는 것을 말한다.

Trousser

Vanner(바네) 휘젓다. 소스가 식는 동안 표면에 막이 생기지 않도록 하며, 남아 있는 냄새를 제거하고 소스에 광택이 나도록 천천히 계속 저어 주는 것을 말한다.

Veau(Veal) 송아지고기를 말한다.

Vegetarian(베지테리언) 간단한 vegetarian(채식주의자)은 고기 혹은 다른 동물성 식품의 섭취를 피하는 사람이다.

Vermouth(베르무트) 다양한 허브로 양념하여 강한 맛을 낸 백포도주이다. Vermouth란 이름은 독일의 Wermut(wormwood / 벌레나무)의 성분에서 유래되었고, 가장 대중적인 것은 white dry vermouth로 이는 프랑스에서 가장 대중적이고, aperitif(식욕을 돋우기 위해 소량 마시는 술)로서 마셔지고 martini같이 달지 않은 칵테일에 사용된다. Vermouth는 붉은색이 도는 갈색(캐러멜로 착색된)이므로 아페리티프로도 사용되며 manhattan 같이 약간 단 칵테일에도 사용된다. 또 다른 것은 대중적이지 않지만 희고 약간 달며 이탈리아어로 Bianco라 불린다.

Vider(비데) 닭이나 생선의 내장을 제거하는 것을 말한다.

vin(뱅) Wine의 프랑스 말이다. Vni maison은 house wine(집포도주)이다. Vin de table은 'table wine'이다. Vin rouge는 적포도주이고 vin blance는 백포도주이다.

Vintage(빈티지) 이 와인 용어는 특정한 해의 포도 수확을 설명한다. Vintage wine은 그해에 생산된 포도의 95%를 사용해서 만든 것이다. 와인에 'nonvintage'라고 한 것은 여러 해 동안 수확된 포도로 만든 것이다.

Zester(제스떼) 오렌지나 레몬의 껍질을 사용하기 위해 껍질을 벗기는 기구를 말한다.

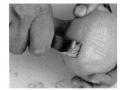
Zester

Part 2

식재료 용어
Food Material Terminology

Chapter I

향신료 용어
Terminology of Spice

01 잎 향신료(Leaves Herb)

Basil
바질

산지 및 특징 원산지는 동아시아이고 민트과에 속하는 1년생 식물로 이탈리아와 프랑스 요리에 많이 사용된다. 약효로는 두통, 신경과민, 구내염, 강장효과, 건위, 진정, 살균, 불면증과 젖을 잘 나오게 하는 효능이 있고, 졸림을 방지하여 늦게까지 공부하는 수험생에게 좋다.

용도 바질오일, 토마토요리나 생선요리에 많이 사용

Bay leaf
월계수잎

산지 및 특징 지중해 연안과 남부유럽 특히 이탈리아에서 많이 생산되며 프랑스, 유고연방, 그리스, 터키, 멕시코를 중심으로 자생한다. 월계수잎은 생잎을 그대로 건조하여 향신료로 사용한다. 생잎은 약간 쓴맛이 있지만, 건조하면 단맛과 함께 향긋한 향이 나기 때문이다. 고대 그리스인이나 로마인들 사이에서 영광, 축전, 승리의 상징이었다.

용도 육류 절임, 스톡, 소스, 육류, 가금류, 생선 요리 등에 많이 사용

Chervil
처빌

산지 및 특징　미나리과의 한해살이풀로, 유럽과 서아시아가 원산지인 허브의 하나이며, '미식가의 파슬리'라고 불린다. 재배 역사가 아주 오래된 허브 중 하나로 중세에는 '처녀(fille)'라는 애칭으로 불리기도 했다. 파종 후 약 한 달 반 정도만 지나면 수확할 수 있어서 유럽에서는 오래전부터 '희망의 허브'라 하여 사순절에 제일 먼저 먹는 풍습이 있다.

용도　샐러드, 생선요리, 가니쉬, 수프, 소스 등에 사용

Coriander & Cilantro
코리앤더 & 실란트로

산지 및 특징　미나리과의 한해살이풀로 지중해 연안 여러 나라에서 자생한다. 고수풀, 중국 파슬리라고도 하고 코리앤더의 잎과 줄기만을 가리켜 실란트로(cilantro)라고 지칭하기도 한다. 잎과 씨앗이 향신채와 향신료로 두루 쓰인다. 중국, 베트남 특히 태국음식에 많이 사용한다.

용도　샐러드, 국수양념, 육류, 생선, 가금류, 소스, 가니쉬 등에 사용

Dill
딜

산지 및 특징　딜은 지중해 연안이나, 서아시아, 인도, 이란 등지에서 자생하는 미나리과의 일년초로 1m 이상 자란다. 딜은 신약성서에 나올 정도로 오랜 역사를 가진 허브이다. 딜의 정유는 비누향료로 잎, 줄기는 잘게 썰어서 생선요리에 쓴다. 딜은 어린이 소화, 위장 장애, 장 가스해소, 변비해소에 좋다.

용도　생선 절임, 드레싱, 생선요리에 많이 사용

Lavender
라벤더

산지 및 특징　지중해 연안이 원산지이다. 높이는 30~60cm로 전체에 흰색 털이 있으며 꽃·잎·줄기를 덮고 있는 털들 사이에 향기가 나오는 기름샘이 있다. 꽃과 식물체에서 향유(香油)를 채취하기 위하여 재배하고 관상용으로도 심는다. 이 향기는 마음을 진정시켜 편안하게 하는 효과가 있다.

용도　향료식초, 간질병, 현기증 환자약, 목욕제 등에 사용

Lemon Balm
레몬밤

산지 및 특징 　지중해 연안이 원산지로 지중해와 서아시아 · 흑해 연안 · 중부 유럽 등지에서 자생한다. 줄기는 곧추서고 가지는 사방으로 무성하게 퍼진다. 레몬과 유사한 향이 있으며, 향이 달고 진하여 벌이 몰려든다 하여 '비밤'이란 애칭이다.

용도 　샐러드, 수프, 소스, 오믈렛, 생선요리, 육류요리 등에 사용

Marjoram
마조람

산지 및 특징 　지중해 연안이 원산지이다. 여러해살이풀이지만 추위에 약해 한국에서는 한해살이풀로 다룬다. 순하고 단맛을 가졌으며 오레가노와 비슷하다. 고기음식(특히 양고기나 송아지고기요리)과 각종 야채음식에 사용된다. 향을 위해 요리가 거의 끝날 때쯤 넣어야 한다.

용도 　육류, 가금류, 소스, 가니쉬 등 광범위하게 사용

Mint
민트

산지 및 특징 　꿀풀과의 숙근초로 품종에 따라서 향, 풍미, 잎의 색, 형태는 다양하다. 정유의 성질에 따라 페퍼민트, 스피어민트, 페니로열민트, 캣민트, 애플민트, 보울스민트, 오데콜론민트로 구분된다. 지중해 연안의 다년초이며 전 유럽에서 재배된다.

용도 　육류, 리큐어, 빵, 과자, 음료, 양고기요리에 많이 사용

Oregano
오레가노

산지 및 특징 　별명이 '와일드마조람'인 오레가노는 그 이름처럼 병충해와 추위에 잘 견디며 야생화의 강인함이 돋보이는 허브로 꽃이 피는 시기에 수확하여 사용하고 독특한 향과 맵고 쌉쌀한 맛은 토마토와 잘 어울리므로 토마토를 이용한 이탈리아 요리, 특히 피자에는 빼놓을 수 없는 향신료이다.

용도 　소스, 파스타, 피자, 육류, 생선, 가금류, 오믈렛 등에 사용

Parsley
파슬리

산지 및 특징 미나리과의 두해살이풀로 세로줄이 있고 털이 없으며 가지가 갈라진다. 잎은 3장의 작은 잎이 나온 겹잎이고 짙은 녹색으로서 윤기가 나며 갈래조각은 다시 깊게 갈라진다. 포기 전체에 아피올이 들어 있어 독특한 향기가 난다. 비타민 A와 C, 칼슘과 철분이 들어 있다.

용도 채소, 수프, 소스, 가니쉬, 육류와 생선요리 등에 사용

Rosemary
로즈메리

산지 및 특징 지중해 연안이 원산지로 솔잎을 닮은 은녹색잎을 가진 큰 잡목의 잎으로 보라색 꽃을 피운다. 강한 향기와 살균력을 가지고 있다. 로즈메리는 다년생으로 4~5월에 엷은 자줏빛 꽃이 피며, 이 꽃에서 얻은 벌꿀은 프랑스의 특산품으로 최고의 꿀로 인정받고 있다.

용도 스튜, 수프, 소시지, 비스킷, 잼, 육류, 가금류 등에 사용

Sage
세이지

산지 및 특징 산지 및 분포지는 남부유럽과 미국 등지이다. 세이지는 예로부터 만병통치약으로 널리 알려져 온 역사가 오래된 약용 식물이다. 꿀풀과의 여러해살이풀로 풍미가 강하고 약간 쌉쌀한 맛이 난다. 세이지는 '건강하다' 또는 '치료하다'라는 뜻에서 유래한 말이다.

용도 육류, 가금류, 내장요리, 소스 등에 사용

Stevia
스테비아

산지 및 특징 국화과의 여러해살이풀로 습한 산간지에서 잘 자란다. 잎에는 무게의 6~7% 정도 감미물질인 스테비오시드가 들어 있다. 감미성분은 설탕의 300배로 파라과이에서는 옛날부터 스테비아잎을 감미료로 이용해 왔다. 최근 사카린의 유해성이 문제가 되자, 다시 주목을 끌게 되었다.

용도 차, 음료, 감미료 등에 사용

Tarragon
타라곤

산지 및 특징 시베리아 원산으로서 쑥의 일종이다. 중앙아시아에서 시베리아에 걸쳐 분포한다. 말릴 경우 향이 줄어들기 때문에 신선한 상태로 사용하나 보관을 위해 잎을 그늘에서 말려 단단히 닫아두었다가 필요한 때에 쓴다. 초에 넣어서 tarragon vinegar라고 하여 달팽이요리에 사용한다.

용도 소스나 샐러드, 수프, 생선요리, 비네거, 버터, 오일, 피클 등에 사용

Thyme
타임

산지 및 특징 타임은 '향기를 피운다'는 뜻이며 쌍떡잎식물의 꿀풀과의 여러해살이풀로 융단처럼 땅에 기듯이 퍼지는 포복형과 높이 30㎝ 정도로 자라 포기가 곧게 서는 형으로 나눌 수 있다. 강한 향기는 장기간 저장해도 손실되지 않으며 향이 멀리까지 간다 하여 백리향이라고 한다.

용도 육류, 가금류, 소스, 가니쉬 등으로 광범위하게 사용

02 씨앗 향신료(Seeds Spice)

Anise Seed
아니스 씨

산지 및 특징 아니스의 종자를 아니시드(aniseed)라고 하는데, 독특한 향과 단맛을 내는 아네톨이 들어 있다. 이집트 원산이며 유럽, 터키, 인도, 멕시코를 비롯한 남아메리카 여러 곳에서 재배한다.

용도 알코올 음료, 쿠키, 캔디, 피클, 케이크 만들 때 사용

Caraway Seed
캐러웨이 씨

산지 및 특징 회향풀의 일종인 캐러웨이의 씨로서 전 유럽에서 자라는 2년생 풀이다. 씨뿐만 아니라 뿌리도 삶아 먹으며, 향기 있는 기름이 함유되어 있다. 고대 이집트에서는 향미 식물로 사용했고 소화 효과를 촉진하므로 로마시대에는 이 효과를 믿어서 식후에 캐러웨이를 씹는 습관이 생겼다.

용도 케이크, 빵, Sauerkraut, 치즈, 수프, 스튜에 사용

Celery Seed
셀러리 씨

산지 및 특징 유럽이나 미국인들이 주로 먹는 채소인 셀러리의 씨. 황갈색의 좁쌀만한 씨로 향신료로 사용된다. 채소인 셀러리와 같은 향기를 가지고 있으며 약간 쓴맛이 난다. 전형적인 풋내와 쓴맛이 특징이다. 소염, 이뇨, 진정, 최음, 항류머티즘, 혈압강하, 관절염, 특히 노후된 뼈에 좋다.

용도 수프, 스튜, 치즈요리, 피클 등에 사용

Coriander Seed
코리앤더 씨

산지 및 특징 딱딱한 줄기를 가진 식물로 건조된 열매는 작은 후추콩과 같은 크기이고 외부에 주름이 잡혀 있으며 적갈색을 띤다. 달콤한 레몬향과 감귤류와 비슷한 옅은 단맛이 있다. 통째로 혹은 가루로 만들어 사용하는데, 소화를 돕는 것으로 알려져 있다.

용도 생선, 육류, 수프, 빵, 케이크, 커리, 절임에 사용

Cumin Seed
커민 씨

산지 및 특징 이집트가 산지인 한해살이풀로 향신료로 이용 되는 것은 씨이다. 씨는 모양이나 크기가 캐러웨이와 비슷한데, 커민 쪽이 더 길고 가늘며 진한 향이 난다. 맵고 톡 쏘는 쓴맛 이 난다. 소화를 촉진하며 장내의 가스 차는 것을 막아주는 효 능이 있다.

용도 카레가루, 칠리파우더에 사용. 수프나 스튜, 피클, 빵 등에 사용

Dill Seed
딜 씨

산지 및 특징 지중해 연안 남러시아가 원산으로 꽃은 노란 우산을 편 것 같은 산형화서이며, 실과 같이 가는 녹색의 잎을 가진 1년생 식물이다. 딜 씨는 소화, 구풍, 진정, 최면에 효과가 뛰어나며 구취제거, 동맥경화의 예방에 좋고 당뇨병환자나 고 혈압인 사람에게 저염식의 풍미를 내는 데 쓰이기도 한다.

용도 케이크, 빵, 과자, 오이샐러드, 요구르트 등에 사용

Fennel Seed
펜넬

산지 및 특징 펜넬은 지중해 연안이 원산지이며 중국명 회 향을 말한다. 잎은 새 깃털처럼 가늘고 섬세하며 긴 잎자루 밑 쪽이 줄기를 안듯이 둘러싸고 있다. 씨는 달콤하고 상큼한 맛이 다. 생선의 비린내, 육류의 느끼함과 누린내를 없애고 맛을 돋 운다.

용도 생펜넬오일은 소스, 빵, 카레, 피클, 생선, 육류요리에 사용

Mace
메이스

산지 및 특징 육두구나무는 인도네시아와 서인도제도에서 자 생하고 있으며 살구처럼 생긴 열매가 열린다. 이 열매의 씨와 씨 껍질 부분을 향신료로 이용한다. 씨를 둘러싸고 있는 그물모양의 빨간 씨 껍질 부분을 말린 것이 메이스이다. 씨 껍질은 건조시킨 정도에 따라 빨간색에서 노란색, 갈색 순으로 색이 점차 변한다.

용도 육류, 생선, 햄, 치즈, 과자, 푸딩, 화장품 등에 사용

Mustard Seed
머스터드 씨

산지 및 특징　겨자의 꽃이 핀 후에 열리는 씨를 말려서 통으로 또는 가루를 만들어 사용한다. 프랑스 겨자는 겨잣가루와 다른 향신료, 소금, 식초, 기름 등을 섞어서 만들었기 때문에 영국 겨자에 비해 덜 맵고 순하다. 분말상태의 겨자를 막 짜낸 포도즙에 개어서 쓰기도 한다.

용도　피클, 육류요리, 소스, 샐러드 드레싱, 햄, 소시지, 치즈 등에 사용

Nutmeg
너트메그

산지 및 특징　육두과의 열대 상록수로부터 얻을 수 있는 것으로 열매의 배아를 말린 것이 너트메그(Nutmeg)이고 씨를 둘러싼 빨간 반종피를 건조하여 말린 것이 메이스이다. 단맛과 약간의 쓴맛이 나며 인도네시아 및 모로코가 원산지로 17세기까지만 해도 유럽에서는 값이 매우 비싼 사치품이었다.

용도　도넛, 푸딩, 소스, 육류, 달걀 흰자 들어간 칵테일에 사용

Poppy Seed
양귀비 씨

산지 및 특징　양귀비꽃에서 얻은 것으로 식물학자 린네에 의하면 파란 솔방울만한 양귀비 열매 속에는 3만 2천여 개의 씨앗이 들어 있다고 한다. 20세기 3대 약품의 발견이라고 하는 '모르핀'을 함유하고 있는 양귀비는 극동 아시아와 네덜란드가 원산지이고 우리나라도 예부터 재배했으며, 아편의 원료이다.

용도　케이크, 빵, 과자, 오이샐러드, 요구르트 등에 사용

White Pepper
흰 후추

산지 및 특징　보르네오, 자바, 수마트라 원산이며 실크로드를 통하여 중국으로 들어왔다. 성숙한 열매의 껍질을 벗겨서 건조시키며 색이 하얗기 때문에 흰 후추라 한다. 적당히 먹으면 식욕을 돋우고 소화를 촉진시킨다. 가루로 또는 으깨서 사용한다.

용도　육류, 생선, 가금류 등 향신료 중 가장 광범위하게 사용

03 열매 향신료(Fruit Spice)

All Spice
올스파이스

산지 및 특징 올스파이스나무의 열매가 성숙하기 전에 건조시킨 향신료로 약간 매운맛을 가지고 있다. 건조한 열매에서 후추·시나몬, 너트메그, 정향을 섞어 놓은 것 같은 향이 나기 때문에, 영국인 식물학자 존 레이(John Ray)가 올스파이스라는 이름을 붙였다. 원산지는 서인도제도이고 주산지는 멕시코, 자메이카, 아이티, 쿠바, 과테말라 등이다.

용도 육류요리, 소시지, 소스, 수프, 피클, 청어절임, 푸딩 등에 사용

Black Pepper
검은 후추

산지 및 특징 동남아시아, 주로 말라바르 해협, 보르네오, 자바, 수마트라가 원산지이고 피페를 니그룸이라는 넝쿨에서 완전히 익기 전의 열매를 수확하여 햇볕에 말린 것이다. 완전히 익었을 때는 붉은색으로 변하는데 이것으로 핑크 페퍼콘을 만든다. 일반적으로 검은 후추가 더 맵고 톡 쏘는 맛이 강하다.

용도 식육가공, 생선, 육류 등 폭넓게 쓰이는 향신료이다.

Cardamom
카다멈

산지 및 특징 생강과(科)에 속하는 식물의 종자에서 채취한 향신료. 인도 등과 같은 열대지방에서 많이 산출된다. 요리·과자 등의 부향료(賦香料)로 사용되는 외에, 혼합향신료의 원료로서도 중요하다. 흰색과 녹색 두 가지가 있는데 부수거나 갈아서 넣으면 더 강한 향을 느낄 수 있다.

용도 인도차이(밀크티)는 물론 인도요리에 많이 사용

Cayenne Pepper
카엔페퍼

산지 및 특징 생 칠리를 잘 말린 후 가루를 내어 만든다. 칠리는 북아메리카에 널리 자생하고 있는 허브의 일종이다. 옛날 텍사스 대초원에서 소를 방목하던 목동들의 요리사들이 씨를 여기저기 뿌렸다가 맛없는 고기로 식사준비를 할 때 고기의 맛을 감추기 위해 요리에 넣었다고 한다. 매운맛이 매우 강하다.

용도 육류, 생선, 가금류, 소스 등에 사용

Juniper Berry
주니퍼베리

산지 및 특징　유럽 원산의 상록 관목인 주니퍼나무의 열매로 암수딴그루이며 가을에 결실된다. 열매는 처음에는 녹색이지만 완전히 익으면 검어진다. 열매를 건조시켜 보관한다. 쌉싸래하면서도 단내가 느껴지는데, 마치 송진에서 나는 향과도 비슷하다. 맛은 달지만 약간 얼얼한 느낌이 있다.

용도　육류, 가금류의 절임, 알코올, 음료 등에 사용

Paprika
파프리카

산지 및 특징　파프리카는 맵지 않은 붉은 고추의 일종으로 열매를 향신료로 이용한다. 열매를 건조시켜 매운맛이 나는 씨를 제거한 후 분말로 만들어 사용한다. 카옌후추보다 덜 맵고 맛이 좋으며, 생산지에 따라 모양과 색이 다른데 헝가리산은 검붉은색이고 스페인산은 맑은 붉은색이다.

용도　육류, 생선, 계란, 소스, 수프, 샐러드 등에 사용

Star Anise
스타아니스

산지 및 특징　과실은 적갈색으로 별모양이고 중앙에 갈색의 편원형 종자가 1개씩 박혀 있다. 원산지는 중국이고 생산지는 중국, 베트남 북부, 인도 남부, 인도차이나 등지이다. 아네톨(Anetol)에 의한 달콤한 향미가 강하나 약간의 쓴맛과 떫은맛도 느껴진다. 중국오향의 주원료이다.

용도　돼지고기, 오리고기, 소스 등에 사용

Vanilla
바닐라

산지 및 특징　열대 아메리카가 원산지이며, 아메리카의 원주민들이 초콜릿의 향료로 사용하는 것을 본 콜럼버스가 유럽에 전했다고 한다. 현재는 향료를 채취하기 위하여 재배한다. 성숙한 열매를 따서 발효시키면 바닐린(vanillin)이라는 독특한 향기가 나는 무색 결정체를 얻을 수 있다.

용도　초콜릿, 아이스크림, 캔디, 푸딩, 케이크 및 음료에 사용

04 꽃 향신료(Flower Spice)

Caper
케이퍼

산지 및 특징　케이퍼는 지중해 연안에 널리 자생하고 있는 식물로, 향신료로 이용하는 것은 꽃봉오리 부분이다. 꽃봉오리는 각진 달걀 모양으로 올리브그린색을 띠고 있다. 크기는 후추만한 것에서부터 강낭콩만한 것까지 다양하다. 향신료로는 주로 식초에 절인 것이 시판되고 있다. 시큼한 향과 약간 매운맛을 지닌다.

용도　샐러드 드레싱, 소스, 파스타, 육류, 훈제연어, 참치요리에 사용

Clove
정향

산지 및 특징　정향은 정향나무의 '꽃봉오리'를 말한다. 꽃이 피기 전의 꽃봉오리를 수집하여 말린 것을 정향 또는 정자(丁字)라고 한다. 꽃봉오리의 형태가 못처럼 생기고 향기가 있으므로 정향이라고 하며 영어의 클로브(clove)도 프랑스어의 클루(clou : 못)에서 유래한다. 몰루카섬이 원산지이다.

용도　돼지고기 요리와 과자류, 푸딩, 수프, 스튜에 이용

Saffron
사프란

산지 및 특징　창포, 붓꽃과의 일종으로 암술을 말려서 사용. 진한 노란색으로 독특한 향과 쓴맛, 단맛을 낸다. 1g을 얻기 위해 500개의 암술을 말려야 하며 대개 160개의 구근에서 핀 꽃을 따야 하고 수작업이므로 세계에서 가장 비싼 향신료라 할 만큼 비싸다. 물에 잘 용해되며 노란색 색소로 이용

용도　소스, 수프, 쌀요리, 감자요리, 빵, 패스트리에 이용

05 줄기&껍질 향신료(Stem&Skin Spice)

Chive
차이브

산지 및 특징 백합목 백합과의 여러해살이풀. 시베리아, 유럽, 일본 홋카이도 등이 원산지인 허브의 한 종류이다. 차이브는 파의 일종으로 높이 20~30cm로 매우 작으며, 철분이 풍부하여 빈혈예방에 효과가 있고, 소화를 돕고 피를 맑게 하는 정혈작용도 한다.

용도 고기요리, 생선요리, 소스, 수프 등 각종 요리에 사용

Cinnamon
계피

산지 및 특징 계수나무의 얇은 나무껍질. 줄기 및 가지의 나무껍질을 벗기고 코르크층을 제거하여 말린 것이다. 두꺼운 것을 한국에서는 육계(肉桂)라고 한다. 반관(半管) 모양 또는 관 모양으로 말린 어두운 갈색 또는 회갈색이다. 중추신경계의 흥분을 진정시켜 주며 감기나 두통에 효과가 있다.

용도 스튜나 찜 음료나 아이스크림, 디저트, 향수 · 향료의 원료로 사용

Lemon Grass
레몬그라스

산지 및 특징 외떡잎식물 벼목 화본과의 여러해살이풀. 향료를 채취하기 위하여 열대지방에서 재배한다. 원산지가 뚜렷하지 않고 인도와 말레이시아에서 많이 재배한다. 레몬향이 나기 때문에 레몬그라스라고 한다. 잎과 뿌리를 증류하여 얻은 레몬그라스유(油)에는 시트랄이 들어 있다.

용도 수프, 생선, 가금류 요리와 레몬향의 차와 캔디류 등에 사용

06 뿌리 향신료(Root Spice)

Garlic
마늘

산지 및 특징   백합과의 다년초. 아시아 서부 원산으로 각지에서 재배한다. 비늘줄기는 연한 갈색의 껍질 같은 잎으로 싸여 있으며, 안쪽에 5~6개의 작은 비늘줄기가 들어 있다. 비늘줄기, 잎, 꽃자루에서는 특이하고 강한 냄새가 난다. 한국요리에 빠질 수 없는 중요한 향신료이다.

용도   돼지고기, 양고기, 생선류, 소스, 빵, 쿠키류에 사용

Ginger
생강

산지 및 특징   생강과의 다년초. 동남아시아가 원산지이고 채소로 재배한다. 뿌리줄기는 옆으로 자라고 다육질이며 덩어리 모양이고 황색이며 매운맛과 향긋한 냄새가 있다. 한방에서는 뿌리줄기 말린 것을 건강(乾薑)이라는 약재로도 사용한다.

용도   빵, 과자, 카레, 소스, 피클 등에 사용

Horseradish
호스래디시

산지 및 특징   겨자과(Cruciferae)의 여러해살이풀로 서양고추냉이 · 고추냉이무, 와사비무라고도 한다. 원산지는 유럽 동남부이다. 호스래디시는 열을 가하면 그 향미가 사라지기 때문에 생채로 갈아서 쓰거나 건조시켜 사용한다.

용도   로스트비프, 훈제연어, 생선요리 소스 등에 사용

Turmeric
터메릭

산지 및 특징   강황은 열대 아시아가 원산지인 여러해살이 식물로 뿌리 부분을 건조한 다음 빻아 만든 가루를 향신료 및 착색제로 사용한다. 생강과 비슷하게 생겼으며 장뇌와 같은 향기와 쓴맛이 나고 노란색으로 착색된다. 동양의 사프란으로 알려져 있으며 향과 색을 내는 데 쓰인다.

용도   커리, 쌀요리에 사용

Wasabi
와사비

산지 및 특징   겨자과의 풀로 산골짜기 깨끗한 물이 흐르는 곳에서 자란다. 굵은 원기둥 모양의 땅속줄기에 잎 흔적이 남아 있다. 8~10cm 길이로 불규칙하게 잔 톱니가 있으며 땅속줄기에서 나온 잎은 심장 모양이다. 순간적인 톡 쏘는 매운맛을 내며 대표적인 일본 향신료 중 하나이다.

용도   생선회, 소스, 가공식품 등에 사용

Chapter 2

치즈 용어
Terminology of Cheese

01 Soft Cheese(연질치즈)

　연질치즈는 가장 부드러운 치즈들을 말하며 수분함량은 45~50% 정도이며 비숙성, 세균숙성, 곰팡이 숙성으로 분류한다. 연질치즈 중에서도 비숙성치즈(fresh cheese)는 스푼으로 쉽게 떠서 먹을 수 있고 음식물에도 발라서 사용한다. 연질치즈는 맛이 순하고 조직이 매끄럽고 매우 부드럽기 때문에 이 치즈를 보관할 때는 통풍이 너무 잘되는 곳은 피하고 약간 습기가 차면서 건조한 곳에 특별히 보관해야 하며 보존성이 좋지 않으므로 제조 후 빠른 기일 내에 소비해야 한다.

Banon
바농

산지 및 특징　프랑스산 치즈로, 원래는 염소젖으로 만드나 겨울, 봄에는 양젖으로도 만들고 이것을 브랜디와 포도주를 짠 찌꺼기의 혼합액에 담가 소형의 원주형으로 만들어 밤나무 잎으로 싸거나 생선묵 모양으로 만들어 허브를 얹어 풍미를 내며 잎에 싸진 상태에서 수입한다. 지방함량은 45~50% 정도이다.

용도　뷔페치즈, 와인 안주 등으로 사용

Bel Paese
벨 파아제

산지 및 특징 이태리산 치즈이며 세계적으로 가장 인기 있는 치즈 중 하나이다. 1906년 롬바르디에서 에지디오 갈비니에 의해 처음 만들어진 치즈로, 속은 결이 고운 크림형태로 맛이 부드럽다. 45~50%의 지방함량을 가진다.

용도 스낵, 샌드위치와 어울리며 뷔페, 디저트, 요리용으로 사용

Bosina Robiola
보시나 로비올라

산지 및 특징 이탈리아 남부 페이드몬트에 위치한 작은 마을인 올타랑가 지방에서 소젖으로 만들어 지는 치즈이다. 현대적인 장비를 사용하지만 옛날의 제조법에 따라 만들어진다. 100% 자연적인 재료만을 사용하며 상온에 보관하였다가 먹어야 가장 이상적인 맛을 느낄 수 있다.

용도 뷔페 샌드위치, 디저트에 사용

Brie
브리

산지 및 특징 치즈의 여왕으로 불리며 파리 부근 Marne 계곡의 La Brie지역의 이름을 딴 것이며 몸체는 매끄럽고 윤이 나는데 순백의 껍질을 가지고 있으며 내부는 크림과 같은 하얀색을 가진 부드러운 치즈이다. 1815년 cheese contest에서 왕으로 뽑혔을 정도로 고급 cheese이다. 지방함량은 40~60%이다.

용도 뷔페치즈, 디저트, 와인 안주 등으로 사용

Brousse
브휘스

산지 및 특징 프랑스산으로 전통적으로 양젖으로 만들지만 현재는 소젖으로도 만든다. 응유를 바구니에 담아 유청을 배출시키므로 바구니 모양이 된다. 45% 정도의 지방함량을 가진다. 가염하여 건조시킬 수도 있으며 샐러드용으로 많이 사용한다. 코르시카 섬에서는 브로치오라 불린다.

용도 샐러드, 뷔페용 치즈로 사용

Buffalo Mozzarella
버펄로 모차렐라

산지 및 특징 이탈리아 남부 지방의 물소젖으로 만든 순하고 부드러운 질감의 치즈. 크림빛이 도는 흰색, 또는 옅은 상아색이며 녹으면 고무처럼 늘어나고 쫄깃쫄깃한 질감을 갖는다. 신선한 젖내 속에 가벼운 단맛과 신맛이 나며, 치즈 특유의 냄새가 없어 치즈 초심자들도 부담 없이 먹을 수 있고 유장과 함께 보관한다.

용도 샐러드, 샌드위치, 애피타이저에 사용

Camembert
카망베르

산지 및 특징 18세기 노르망디 지방 어느 농부의 아내인 Marle Harel이 제조자로 알려져 있으며 카망베르 마을의 이름을 따서 지어진 것이다. 이것은 나폴레옹 시대에 유명해졌으며 손가락으로 부드럽게 눌러도 들어갈 만큼 조직이 연하며 풍부한 맛을 지니고 있으며 촉감이 말랑말랑하다. 지방함량은 45~50%이다.

용도 과일과 함께 뷔페, 디저트, 와인 안주 등으로 사용

Caprini Freschi
카프리니 프레시치

산지 및 특징 이태리산으로 염소젖으로 만든다. 치즈 위에 송로 버섯 가루를 붙여서 만드는데 환상적인 궁합을 이룬다. 이 치즈는 신선하며 당분이 젖산으로 바뀌지 않고, 지방과 단백질 성분도 거의 그대로 남아있다. 신선한 치즈는 담백한 맛을 지니고 있으며 레몬 맛 같은 약간 신맛이 느껴지기도 한다.

용도 칵테일파티, 뷔페플레이트용으로 사용

Chaource
샤오스

산지 및 특징 프랑스 샹파뉴 지방이 원산지로 소젖으로 만들어진다. 큰 것은 직경 11cm, 두께 6cm, 무게는 대략 450g 정도. 작은 것은 직경 8cm, 두께 6cm, 무게는 대략 200g으로 납작한 원통 모양으로 생산된다. 제조방법에 따르면 적어도 2주일의 숙성기간이 필요하다.

용도 뷔페, 디저트, 카나페, 와인 안주용으로 사용

Colwick
콜위크

산지 및 특징 영국의 전통치즈로 17세기 노팅업 남쪽 콜위크 마을에서 소젖으로 만들어진 소프트 치즈다. 둥근 케이크 몰드 같은 곳에 천을 깔고 성형을 하므로 치즈의 가장자리가 천의 구겨진 자욱이 있는 독특한 모양을 가지고 있다. 이 치즈는 숙성시켜 먹기도 하고 신선한 상태로 먹는다. 맛은 매우 부드러우며 쨈, 딸기, 사과, 배 등과 함께 먹으며 디저트 치즈로 사용한다.

용도 뷔페플레이트, 디저트치즈로 사용한다.

Cottage
코티지

산지 및 특징 원산지는 네덜란드로, 처음에는 우유를 자연적으로 유산발효시켜 카세인을 응고시켜 만들었다. 보통 탈지유로 만드는 숙성시키지 않은 치즈로 저칼로리 고단백질 식품으로 미국에서 대량으로 소비된다. 맛이 더 좋도록 하기 위해 14~20%정도의 크림을 첨가하며, 지방함량은 약 5.5% 정도이다.

용도 샐러드, 치즈 케이크, 파이 샌드위치 등에 사용

Coulommiers
콜로미에

산지 및 특징 프랑스산 치즈로 Brie보다 크기가 작지만 두께가 더 두꺼운 치즈로서, 겉모양은 camembert에 가깝다. 겉모양을 제외하면 Brie와 매우 비슷하며 일반적으로 짧은 기간 동안 숙성시키기 때문에 Brie보다 맛이 순하다. 지방함량은 45~55%이다. 부드러운 아몬드 맛이 난다.

용도 뷔페, 디저트치즈 등으로 사용

Cream
크림

산지 및 특징 크림을 첨가한 우유로 만드는 치즈로 버터처럼 매끄러운 조직으로 되어 있고 숙성이 되어 있지 않아 맛이 부드럽고 매끄럽다. 특히 미국에서 인기 있는 치즈이며, 일반 치즈와 달리 짠맛 대신 약간 신맛이 나고 끝맛이 고소하다. 수분함량이 높고 지방이 45% 이상 들어 있는데, 지방함량이 65%를 넘으면 더블크림치즈라고 한다.

용도 케이크, 샌드위치, 샐러드용으로 많이 사용

Dauphin
도핀

산지 및 특징 프랑스산 연질치즈로 압착되어 있지 않아 지방 함량은 50%로 바나나 형태로 만들어지며, 어두운 오렌지색을 띤다. 마흐왈과 흡사하며 Tarragon과 Pepper의 풍미가 있다.

용도 디저트, 와인안주, 뷔페 등에 사용

Gaperon
가프롱

산지 및 특징 프랑스산 치즈로 약하게 압착하여 소형의 돔 형태로 만들며 버터, 밀크나 탈지유를 원유로 사용하고 마늘 향 또는 후추 맛을 내기도 한다. 지방함량은 30% 정도이다.

용도 뷔페, 와인 안주 등으로 사용

Havarti
하바티

산지 및 특징 네덜란드산 연질치즈이다. 'Dry rind(건 외피)' 와 'Washed rind(세척 외피)'의 두 종류가 있으며, 'Washed rind'가 더 풍성한 맛이 난다. 잘게 자르면 잘 녹고 연하며 부드러운 맛이다.

용도 뷔페, 샌드위치에 이용

Italico
이탈리코

산지 및 특징 이태리북부지역에서 살균한 소젖을 35~40도 온도로 가열하여 응고된 응유는 십자형으로 잘라서 만든다. 지름이 20cm의 원통형으로 20~40일 정도 숙성시킨다. 지방합량은 약 50% 정도이며 몸체는 흰색이고 버터 같은 질감으로 잘 녹으며 부드러운 맛을 낸다.

용도 뷔페 플레이트치즈 및 요리용으로 사용한다.

Livarot
리바로

산지 및 특징 　12세기 중엽부터 프랑스 노르망디 지방의 소젖으로 만드는 오래된 치즈이다. 이 치즈에는 옛날에는 버드나무로 만들었지만 현재는 갈대나 종이로 만든 다섯 개의 띠가 둘러져져 있다. 지방함량은 40~50%로 향기와 맛이 강한 편이다. 19세기에는 노르망디인들이 가장 많이 소비한 치즈이다.

용도 　뷔페치즈, 와인 안주 등으로 사용

Maroilles
마흐왈

산지 및 특징 　소젖으로 만들어지는 프랑스산으로 10세기에 마흐왈수도원의 수도승에 의해 만들어진 가장 오래된 치즈 중의 하나이다. 수없이 솔질과 세척을 하여, 외피가 오렌지빛이 도는 아름다운 붉은색을 띤다. 지방함량은 45~50%이고 윤기가 나는 적갈색으로 맛은 강하다.

용도 　디저트로 사용. 맥주와 잘 어울린다.

Mascarpone
마스카르포네

산지 및 특징 　이탈리아산 cheese로, 신선한 cream을 가열하여 시게 하고 남은 응유의 물을 빼고 거품이 나게 휘저어서 만든다. 크림을 원료로 사용하기 때문에 지방함량이 55~60%로 높은 고체 Cream Cheese이다. 이탈리아에서는 일반적으로 Cream처럼 사용되거나 보통 Dessert로 신선한 과일과 함께 먹는다.

용도 　크림처럼 사용하거나 케이크, 디저트로 가장 많이 사용

Monte Veronese
몬테 베로네제

산지 및 특징 　이태리 베네토주의 베로나 지역에서 소젖으로 만들어진다. 모양은 원통형으로 7~10kg 지름이 25~35cm, 높이 7~11cm 정도이며 치즈 몸체는 희거나 옅은 담황색이고 섬세하고 풍부한 맛을 가지고 있다. 발효는 약 30일 동안 지속되며 25일 이하로는 발효시키지 않는다.

용도 　요리 및 뷔페플레이트 치즈로 사용한다.

Munster
문스터

산지 및 특징 7세기경 독일 서부 국경 근처의 문스터 지역에서 처음 만들어졌으며, 이 치즈는 매끄럽고 약간 습한 외피가 특징인데, 외피는 오렌지빛이 도는 노란색부터 붉은색까지 다양하며, 치즈 속부분은 부드럽고 윤기가 있다. 강하지만 독하지 않은 맛을 낸다. 지방함량 40% 정도이다.

용도 샌드위치, 피자, 감자와 곁들여 사용

Murazzano
무라짜노

산지 및 특징 이태리 무라짜노 마을 주변 정해진 마을에서 만들어야 무라짜노 명칭을 사용할 수 있다. 양젖을 60% 사용하는 것이 의무화 되어있으며 양젖 특유의 세련된 단맛이 나는 치즈이다. 숙성은 10일 정도하고 직경이 10~15cm, 높이가 3~4cm, 무게는 300~400g 유지방은 최저 50%이다.

용도 뷔페플레이트치즈로 사용한다.

Neufchatel
뇌샤텔

산지 및 특징 프랑스 노르망디 북쪽에 있는 페이 드 브레이(Pays de Bray)에 있는 뇌샤텔이라는 지방의 수도원에서 만들기 시작하였다. 10일 정도면 숙성되지만 보통 3주 정도 숙성시키며, 아주 연한 조직과 부드러운 맛을 가지고 있다. 지방함량은 약 45% 정도이고 크기와 모양에 따라 6개의 종류가 있다.

용도 카나페, 스프레드, 샐러드, 드레싱 등 디저트식품에 사용

Pont Leveque
뽕 레비큐

산지 및 특징 17세기 노르망디 지방에서 처음 만들어진 치즈로, 숙성이 진행될수록 껍질이 딱딱해지고 붉은색을 띠며, 속살에는 작은 구멍이 생긴다. 더 익으면 지방분 때문에 반짝거리며 달콤한 맛이 오래가는 것이 특징이다. 숙성은 보통 2주 동안 하지만, 완숙은 6주 이상 한다. 완숙된 것은 강한 향과 맛을 내고 45~50% 지방 함유

용도 뷔페치즈, 와인 안주 등으로 사용

Quartirolo Rombardo
쿠아티로로 롬바르도

`산지 및 특징` 이태리 치즈로 외관은 탈레지오와 비슷하지만 틀에 넣은 후 따뜻하게 하여 산도를 높이는 시간이 긴 것이 탈레지오와 다르다. 부분 탈지한 소젖으로 만들고 숙성은 5~30일 정도하고 직경이 18~22cm, 높이가 4~8cm, 무게는 1.5~3.5kg 유지방은 최저 30%이다.

`용도` 샐러드, 파스타, 등 요리용으로 사용

Reblochon
르블로숑

`산지 및 특징` 프랑스 치즈로 가축에게서 두 번째로 받아낸 젖을 의미하는 Savonard라는 사투리에서 유래된 이름이지만 원래 농부들이 낮에 우유짜기를 마친 후에 자신들이 사용하기 위해 몰래 가져온 우유로 만들었다고 한다. 이 치즈는 빨리 숙성되며, 지방함량은 45~50%로 껍질은 분홍색이 도는 회색이다.

`용도` 디저트, 뷔페치즈 등으로 사용

Ricotta
리코타

`산지 및 특징` 이탈리아산 소젖 또는 양젖을 원료로 한 비숙성 연질치즈로, 지방함량은 20~30%로 비교적 적으며 입에 닿는 감촉이 코티지 치즈와 유사하다. 치즈를 만드는 과정에서 나오는 훼이(whey)에 신선한 밀크나 크림을 첨가해 한번 더 데워서 만드는 '훼이 재활용' 소프트 치즈이다.

`용도` 라비올리, 카넬로니, 과자, 디저트로 사용

Roccamadour & Cabecou
로카마두 & 카바쿠

`산지 및 특징` Cabecou는 이 지방의 고어로서 작은 염소란 뜻이다. 이 치즈는 작고 숙성을 빨리 시켜 껍질이 얇고 우유와 곰팡이 냄새가 어우러진 부드러운 맛을 가지고 있다. 뒷맛 역시 상큼하고 달콤하고 헤즐넛향이 풍긴다. 4주 이상 숙성시킨다.

`용도` 뷔페, 디저트, 와인 안주에 사용

Saint Albray
생딸브라이

산지 및 특징 프랑스산으로 1976년에 처음으로 만들었고 원반형으로 크기는 대략 2kg 정도로 만들어졌다. 약간 붉은색을 띤 갈색의 외피를 가지고 있으며 외피는 흰색 곰팡이로 덮여 있다. 숙성기간은 약 2주 정도로 짧은 편이며 부드러운 맛과 크리미한 지방의 고소함도 좋다. 조직이 탄력적이어서 질감도 뛰어나다.

용도 와인 안주, 디저트 치즈로 사용

Saint-Marcellin
생마르쉘랭

산지 및 특징 프랑스산 치즈로, 원래는 염소젖으로 만들지만 현재는 소젖으로 만든다. 4~9월에 만든 것이 품질이 가장 좋으며 소형의 원반형에 껍질에는 청회색 곰팡이가 되어 있고 무게는 100g 정도 나간다. 이 치즈는 크림 성분이 많은 상태로 시식되며 약간 씁쓸한 맛이 난다.

용도 디저트, 뷔페용으로 사용

Saint-Maure
생모르

산지 및 특징 염소젖으로 만드는 프랑스산 치즈로 8~9세기 경에 만들어진 매우 부드럽고 연한 치즈이며 막대 모양이다. 45%의 지방함량을 가진다. 치즈 가운데를 가로지르고 있는 밀짚들은 이 치즈의 특징 중 하나로서, 모양이 긴 이 염소젖 치즈를 단단하게 해주며, 무게는 약 240그램 정도이다.

용도 샐러드, 뷔페용으로 사용

Scamorza
스카모르짜

산지 및 특징 이태리 남부 캄파니아,아부루조 지역에서 소젖 또는 소젖과 양젖을 혼합하여 만들어 지는 치즈다. 작은 공 모양으로 만들어지고 모짜렐라와 비슷하지만 더 건조하고 단단하다. 부드럽고 약간 짠맛이 난다. 무게는 300~700g, 15일 정도 숙성시킨다.

용도 뷔페플레이트 및 요리용으로 사용한다.

Selles Sur Cher
셀르 수 셰르

산지 및 특징　이 치즈를 생산하는 샹트르 지방 사람들은 곰팡이가 낀 치즈의 껍질까지 먹으면서 이것이 진짜 cheese의 맛이라고 생각한다. 처음에는 딱딱한 것 같지만 조금 지나면 촉촉하고 부드럽게 입 안에서 녹는다. 맛은 약간 시고 짜면서 달콤하며, 향은 염소젖 고유의 냄새와 어두운 지하실의 곰팡이 냄새가 섞여서 난다.

용도　뷔페, 디저트, 카나페, 와인 안주에 사용

Taleggio
탈레지오

산지 및 특징　11세기경부터 롬바르디아의 산과 골짜기에서 만들어져온 이탈리아의 대표적인 세척타입 치즈이다. 가열과 압착을 하지 않고 만든다. 고르곤졸라와 마찬가지로 추운 겨울을 피해 알프스의 방목장에서 평지로 이끌고 내려온 지친(stracco) 소들의 우유로 빚었던 데서 유래한 이름이었다. 세척해서 마무리하는 타입 치고는 자극적인 냄새가 심하지 않으며 과일 향이 은은하게 풍긴다. 크림처럼 부드러워서 나이프를 들이대면 끈적끈적 달라붙기도 한다. 잘라서 사과, 배 등의 과일과 같이 먹으면 더욱 좋으며, 깊은 맛의 레드와인과 함께 들면 입속에서 맛의 오묘한 조화를 느낄 수 있다.

용도　피자, 파스타 등 요리용으로 사용한다.

Tomme Au Raisin
도메오레이신

산지 및 특징　프랑스 알프스 산맥의 소젖으로 만들어지는 치즈로 백포도주에 담가 4~5주 숙성시킨다. 겉 표면은 와인 만들고 남은 포도를 건조하여 치즈표면에 압착하여 입힌다. 맛은 부드러우면서 독특한 향이 나며 온화하다.

용도　디저트 치즈, 뷔페플레이트에 사용한다.

Valencay
발랑세

산지 및 특징　염소젖 cheese의 명산지 Berry지방에서 나오는 명품치즈이다. Valencay는 원래 그 모양이 피라미드와 똑같이 생겼었는데, 나폴레옹이 이집트 원정을 다녀온 후, valencay 성에 머물다가 이 cheese를 보고 이집트 피라미드가 연상되어 칼을 꺼낸 뒤 윗부분을 잘라서 이런 모양이 되었다고 한다. 3주 정도 숙성

용도　뷔페, 카나페, 와인 안주에 사용

02 Semi Hard Cheese(반경질치즈)

반경질치즈는 세균숙성치즈와 곰팡이숙성치즈로 분류되며 수분함량은 40~45% 정도로 대부분 응유를 익히지 않고 압착하여 만든다.

Bitto
비토

산지 및 특징 이태리 롬바르디아주의 손드리오의 모든 지역과 베르가모의 일부지역에서 소젖 90%, 양젖 10% 정도를 혼합하여 만든다. 지름이 30~50, 높이 8~10cm, 무게는 8~25kg으로 생산환경과 숙성기간에 따라 크기와 무게가 다르다. 숙성기간은 최소 70일이고 1년이 지나면 가루로 만들어 사용한다. 전통방식대로 만들어지며 6월 1일에서 9월 30일 사이에 생산된다.

용도 뷔페플레이트, 요리용으로 사용한다.

Bleu d'Auvergne
블뢰 도 베르뉴

산지 및 특징 프랑스 오베르뉴 지방의 한 농부가 1845년에 자신이 만든 치즈에 먹다 남은 빵에 핀 푸른곰팡이를 넣었다. 여기서 Bleu d'Auvergne라는 명칭이 유래되었다. 이 소젖으로 만든 블루치즈는 이름이 말해주듯이 프랑스 동남부에서 생산된다. 깊게 숙성될수록 맛이 좋다.

용도 샐러드, 뷔페에 사용

Bleu de Bresse
블뢰 드 브레스

산지 및 특징 프랑스산 치즈로 생산지는 대부분 Jura이며 이 치즈는 부드러운 맛을 지녔고, 버섯향, 우유향, 사철쑥류의 향이 난다. 이 치즈가 다른 블루치즈들과 확연히 다른 점은 맛이 확연히 구분될 정도로 깊으며, 향이 덜한 편이고, 약간 쓴맛이 난다. 삶은 감자와 함께 먹으면 좋다.

용도 디저트와 뷔페치즈로 사용

Bleu de gex
블뢰 드 젝스

산지 및 특징 해발 6,000피트의 쥐라산맥 기슭에서 전통적인 방법으로 만들어지는 치즈로 쥐라산맥에서 생산되는 향료와 꽃을 우유에 넣어 향이 들게 하여 만든다. 요즘에는 페니실린을 사용하여 대리석 모양의 연한 푸른색 곰팡이가 생기며 숙성기간은 1~3개월 정도이다.

용도 샐러드, 드레싱, 뷔페치즈로 사용

Blue Bavarian
블루 바바리안

산지 및 특징 독일 남동부에 위치한 바이에른(영어로 바라리안)지역에서 만들어 지는 치즈이다. 바이에른 알프스의 목초지에서 자란 최고품질의 소젖에 flavourful 푸른 곰팡이를 넣어 숙성시켜 만든다.

용도 테이블치즈, 와인 안주용으로 사용한다.

Blue Castello
블루 가스텔로

산지 및 특징 1960년대에 헨릭에 의해 만들어진 덴마크치즈로 우유로 만들어지며 세미하드치즈지만 매우 부드럽고 버터와 크림향이 나는 맛있는 치즈이다. 지방함량은 42%이다. 블루 가스텔로 치즈는 2001부터 2005까지 5년 연속 미국 조리사협회에서 실시한 블라인드 맛 테스트에서 가장 맛있는 치즈로 선정되었다.

용도 샐러드, 샌드위치, 와인안주 등 다양하게 많이 사용한다.

Blue Mycella
블루 미셀라

산지 및 특징 블루 미셀라는 덴마크 보른홀름(Bornholm)지역에서 저온살균 우유로 만들어지는 블루치즈이다. 형태는 껍질이 없는 둥근 원반형으로 엷은 담황색에 푸른색이 들어간 부드러운 질감과 연한 푸른곰팡이 향을 가지고 있다. 이 치즈는 고른곤졸라의 덴마크 버전 블루치즈라 할 수 있다. 지방함량은 약 50%이다.

용도 테이블 치즈, 요리용으로 사용한다.

Blue Shropshire
블루 쉬롭셔

산지 및 특징 영국 레스터 셔 지역에서 만들어지는 치즈로 2014 년 세계 치즈 어워드에서 실버 메달을 수상했다. 저온살균한 우유로 만들며 맛은 부드러우면서 조금 강한 향이 나는 치즈이다. 브루슈 롭셔 치즈 특유의 천연갈색 껍질과 노란색에 푸른색 줄무늬를 가지고 있으며 지방함량은 48%로 채소와 함께 먹으면 좋다. 블루 스튜어트, 슈롭셔 블루, 인버네스 – 샤이 블루치즈로 불리기도 한다.

용도 테이블 치즈, 와인 안주, 요리용으로 사용한다.

Bra
브라

산지 및 특징 이태리치즈로 14세기에 크오네현에서 산마을에서 조금씩 만들어지던 것이 20세기 초에 제노바에서 알려지기 시작하면서 지금은 피에몬테주에서 생산되는 치즈 중에 가장 많이 생산하고 있다. 소젖으로 압착하여 만들어 지며 최저 45일에서 6개월 숙성시킨다. 직경이 30~40cm, 높이가 7~9cm, 무게는 6~8kg 유지방은 최저 32%이다.

용도 리조또 등 요리용으로 사용한다.

Brick
브릭

산지 및 특징 미국산 치즈로, 1875년 위스콘신주에서 스위스 치즈 기술자 존 조시에 의해 처음 소젖으로 만들어졌다. 이 치즈의 이름은 벽돌 모양으로 만들어진 것에서 연유한다. 지방함량은 50% 정도이고 숙성기간은 2~3개월로 칼로 쉽게 잘리고 부드러운 맛과 향을 가지고 있다.

용도 뷔페, 요리용, 샐러드, 샌드위치 등으로 사용

Cabrales
가브알레스

산지 및 특징 스페인 가브알레스 지방에서 생산되는 치즈로 양젖과 염소우유를 혼합하여 쌀쌀하고 습한 석회암동굴에서 약 4개월 정도 숙성시키면 푸른곰팡이 치즈가 된다. 전통적으로 부드러운 회색껍질과 촉촉함을 유지하기 위해 단풍나무 잎으로 포장한다. 맛은 향기가 강하고 약간의 신맛과 짠맛이 난다.

용도 테이블 치즈, 요리용으로 사용한다.

Caciocavallo
카치오카발로

산지 및 특징 이태리 남부지방에서 우유로 만들어지는 매우 오래된 치즈이다. 현재는 이태리 전역에서 생산된다. 카치오는 '치즈', 카발로는 '말'을 의미하는 것으로 표주박형태의 치즈에 항상 줄을 매달려 있다. 질감은 딱딱하여 갈아서 사용하며 약간 매운맛이 난다.

용도 샐러드, 파스타 등 요리용으로 사용한다.

Caerphilly
케어필리

산지 및 특징 영국산 치즈로 사우스 웨스트 웨일즈의 영국의 국경근처인 케어필리에서 처음 만들어졌다. 흰색의 부서지기 쉬운 조직을 가졌다. 버터향이 나며 약간 짠맛과 신맛이 나고 부드러운 편이다. 지방함량은 48%이다.

용도 뷔페플레이트, 와인 안주용으로 사용한다.

Canestrato Pugliese
카네스트라오 푸글리에세

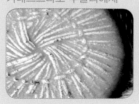

산지 및 특징 이태리 푸글리아 지방의 양유로 만들어진다. 갈대 바구니에서 숙성시킨 하드치즈로 부서지기 쉬운 노란색을 띠며 강한 풍미를 가지고 있다. 갈아서 Ragu요리나 파스타에 사용한다.

용도 파스타, 요리용으로 사용한다.

Casciotta d'Urbino
카시오타 디 우르비노

산지 및 특징 이태리 고대치즈로 미켈란젤로와 클레멘스 14세가 매우 좋아했던 치즈다. 이태리 중부 우르비노 지방에서 생산되며, 소젖 70~80%, 양젖 20~30% 섞어서 만든다.

용도 파스타, 요리용으로 사용한다.

Colby
콜비치즈

산지 및 특징　1874년 미국 위스콘신주 콜비 지방에서 처음 만들어진 오랜지 색이 나는 치즈로 체다치즈와 유사하지만 체다치즈보다 촉촉하고 부드움을 가지고 있다. 콜비치즈는 사각형과 원통형으로 만들어지는 롱혼이라 알려진 콜비치즈는 긴 원통형으로 만들어진 것이다.

용도　테이블치즈, 샌드위치, 샐러드용으로 사용한다.

Crottin de Chavignol
크로탱 드 샤비뇰

산지 및 특징　프랑스 상세르 지방에서 염소 전유로 만든 치즈로, 숙성되면서 단단해지고 갈색이 된다. 최소한 8일 이상 숙성시켜 먹으며 맛은 자극적이고 짜지만 이 자극적인 맛을 가지고 있을 때가 가장 신선하고 숙성이 잘 된 때이다. 35% 정도의 지방함량을 가진다.

용도　샐러드, 그릴요리, 뷔페치즈 등으로 사용

Double Gloucester
더블글로스터

산지 및 특징　영국 치즈로 글로스터 지방의 소젖으로 만들어지는 치즈다. 글로스터 치즈는 두 종류로 생산되는데 전유만 사용하여 만들어지는 더블 글로스터와 무지방 우유에 소량의 전유를 넣어 만드는 싱글 글로스터 치즈가 있다.
강한 풍미를 내는 더블 글로스터치즈는 싱글글러스터보다 숙성 기간이 길며 단단한 편이다. 두 종류 모두 둥근 형태로 만들어지고 있으며 더블 글로스터가 크기가 약간 큰 편이다.

용도　테이블치즈, 샌드위치, 와인 안주용으로 사용한다.

Dunlop
던롭

산지 및 특징　18세기 초 바바라 길모어에 의해 스코틀랜드 던롭 지방에서 처음 만들어 진 치즈이다. 맛은 달콤한 버터맛과 향이 나며 부드러운 질감을 가지고 있다. 던롭 치즈 특유의 고운 흰빛과 부드러운 맛을 내기 위해 6∼12개월 정도 숙성시켜야 한다.

용도　테이블치즈, 샌드위치, 요리용으로 사용한다.

Feta
페타

산지 및 특징 페타는 원래 목동들이 남은 우유를 저장하기 위한 목적으로 만든 그리스의 대표적인 치즈로 껍질이 없는 흰색으로 잘 부서지며 소금물 속에서 숙성시킨다. 맛은 자극성이 있고 간이 강하고 지방함량은 20~50%이다.

용도 주로 샐러드 등에 사용

Fontina
폰티나

산지 및 특징 이태리 치즈로 지름 33~38cm, 두께 7~10cm인 바퀴 모양의 폰티나는 단단하고 베이지색 나는 껍질을 갖고 있는데 때로 밀랍으로 겉을 바르기도 한다. 껍질 안쪽으로는 작은 구멍들이 나 있는 옅은 금빛의 속이 있다. 폰티나는 부드러우면서도 독특한 맛을 가지고 있다는 것이 특색이다. 유럽 경제공동체(EEC)는 폰티나라는 명칭을 보호하기 위해 발레다오스타 이외의 유럽 공동시장 내에서 생산되는 유사한 치즈에 '폰탈'(fontal)이라는 통칭을 사용하도록 하고 있다.

용도 샌드위치, 파스타, 뷔페플레이트에 사용한다.

Formai de mut
포르마이 드 뭍

산지 및 특징 리조트로 유명한 이태리 고모호의 동쪽에 위치한 브랜바나 지역 계곡에서 소젖으로 반가열 압착하여 만들어지고 있는 생산량이 적은 치즈이다. 숙성은 45일에서 6개월 정도하고 직경이 30~40cm, 높이가 8~10cm, 무게는 8~12kg, 유지방은 최저 45%이다. 이 지역 방언으로 포르마이는 치즈이다.

용도 요리용으로 사용한다.

Gjetost
예토스트

산지 및 특징 노르웨이의 대표적인 치즈로 소젖과 양젖을 혼합하여 만들며 우유를 연한 갈색이 날 때까지 끓여 만들기 때문에 치즈가 연한 갈색이며 단맛이 난다. 스키어들에게 최고로 인기 있는 치즈이다.

용도 테이블 치즈, 디저트, 요리용으로 사용

Gorgonzola
고르곤졸라

산지 및 특징　이탈리아산 치즈로, 원래 벽돌가루, 라드, 색소를 혼합하여 치즈 표면에 발라 붉은색 덮개로 보호하지만 요즘은 주석 박판으로 보호한다. 숙성이 지나치면 강한 향기가 나며 속은 부드러운 크림형태이다. 소젖으로 만들며 지방함량은 50% 정도이다.

용도　샐러드, 드레싱, 디저트, 뷔페치즈 등으로 사용

Jarlsberg
잘즈베르그

산지 및 특징　노르웨이 치즈로 우유로 만들어진다. 앤더스 라슨 바케에 의해 만들어진 가스공이 있는 치즈로 스위스 에멘탈과 매우 유사하다. 맛은 에멘탈보다 온화하며 단맛이 강한 편이다. 둥근 원반형으로 직경이 33cm, 두께 10cm로 무게는 약 10kg 정도 된다. 속은 노란색을 띠며 표면에 노란왁스가 입혀진다.

용도　테이블 치즈, 퐁듀, 샌드위치 등 요리용으로 많이 사용한다.

Lancashire cheese
랭커서 치즈

산지 및 특징　13세기 영국의 랭커서 지방에서 생산되는 잉여 우유로 처음 만들어졌던 치즈로 이당시 소비하고 남은 우유 보관을 고민하다 우유의 카제인을 응고하여 두부형태로 만들어 사용하다 만들어진 치즈다. 3가지 형대로 만들어지며 크림랭커서, 맛있는 랭커서, 부서지지 않는 랭커서로 만들어진다. 크림랭커서는 토스트에 발라 먹으면 맛이 환상적이다. 랭커서 카운티 의회의 직원인 조셉코날(joseph Cornall)이 랭커서 지방의 농장에서 생산되는 치즈가 일관성 있는 생산을 하기 위해 만드는 방법을 표준화하여 보급하고 지도하여 오늘날 랭커서 치즈가 유명하게 되었다. 맛은 매우 부드럽고 향기는 약간 강한편이다.

용도　토스트 스프레이드, 샐러드, 샌드위치, 뷔페, 요리용으로 사용한다.

Leiden & Leyden
레이덴

산지 및 특징　네덜란드 레이덴 지역의 우유로 만들어지는 치즈로 둥근 원반형으로 만들어지며 표면에 왁스가 입혀진다. 무게는 용도에 따라 3~9kg로 다르게 만들어 진다. 속은 노란색을 띠며 커민씨를 첨가하여 맛은 약간 얼얼하고 버터향이 난다. 지방함량은 30~40%로 낮은 편이다. 가압되어 만들어지며 조직은 약간 단단한 편으로 서늘하고 습한 곳에서 숙성시킨다.

용도　테이블 치즈, 요리용으로 사용한다.

Limburger
림버거

`산지 및 특징` 벨기에의 리에쥐에서 처음 만들어지고 림버거에서 판매되었다. 매우 강한 향기와 얼얼한 매운맛을 가지며 현재 독일과 미국에서 생산된다. 껍질은 황갈색이며 지방함량은 35% 정도이다.

`용도` 샐러드, 샌드위치, 뷔페치즈 등으로 사용

Manchego Cheese
만체고치즈

`산지 및 특징` 돈키호테의 고향인 스페인 라만차 지역에서 생산되는 만체고 치즈는 파스퇴르 공법으로 P.D.O 요구사항을 충족하는 양젖을 사용하여 만들고 60일에서 최대 2년까지 숙성시킨다. 치즈는 높이12cm, 직경 22cm로 무게는 크기에 따라 1.5~3kg 정도이며 원형몰드에 가압하여 만든다. 맛은 부드러운 크림 맛과 약간 톡쏘는 듯한 양유 특유의 맛이 난다.

`용도` 뷔페, 와인 안주, 샌드위치 등에 사용한다.

Monterey jack
몬테레이 잭

`산지 및 특징` 1840년 캘리포니아 몬테레이에서 스페인 선교사에 의해 소젖으로 처음 만들어진 치즈로 스코틀랜드인 데이비드 잭에 의해 1880년에 대량생산을 시작하였다. 다른 잭치즈와 구별하기 위해 지명과 자신의 이름을 따서 몬레이 잭이라 하였다. 지방함량은 40% 정도이며 부드러운 질감과 연노란색을 띤다.

`용도` 피자, 요리용으로 사용

Mozzarella
모차렐라

`산지 및 특징` 원래는 남부 이탈리아 지역의 물소젖으로 만들어진 치즈이나 현재는 소젖으로 만든다. 나폴리 지방에서 시작된 피자에 넣은 치즈가 모차렐라이며 흔히 '피자 치즈'로 많이 알려져 있다. 생 모차렐라는 주로 애피타이저나 샐러드에 사용하고 숙성시킨 것은 피자나 요리의 토핑용으로 사용한다.

`용도` 피자, 요리용으로 사용

Port du Salut
포르 뒤 살뤼

산지 및 특징 9세기 후반 프랑스의 Port du salut 수도원에서 처음 소젖으로 만들어진 것으로 약하게 압착하여 만든다. 직경 25cm, 두께 5cm 정도의 원판형이 일반적이다. 속은 노란 크림모양으로 탄력성이 있고 맛은 부드럽다. 지방함량은 45~50%이다.

용도 뷔페, 요리용으로 사용

Ragusano
라구자노

산지 및 특징 이태리 치즈로 신선한 사료를 먹여 사육한 소젖으로 만드는 치즈로 황금색 또는 갈색 같은 노란색을 띤다. 맛은 풍부하고 섬세한 맛을 가지고 있으며, 발효초기단계에서는 강한 맛이 나지 않지만 발효가 진행될수록 향이 강하게 난다. 지방함량은 40% 이하, 무게는 10~16kg 정도의 벽돌형으로 6개월 이상 숙성시킨다.

용도 뷔페플레이트, 요리용으로 사용

Raschera
라스케라

산지 및 특징 이태리 피에몬테주의 크네오현에 있는 라스케라 마을의 이름을 따서 붙여진 것이다. 신선한 것에서는 섬세한 맛이 나며 숙성에 따라 외피는 노란끼가 있는 회색으로 변하면서 붉은색이 돌며 맛과 향이 진해진다. 소젖으로 만드나 경우에 따라서는 산양젖을 섞어서 만든다. 숙성은 1~3개월 정도하고 직경이 35~40cm, 높이가 7~9cm, 무게는 7~9kg 유지방은 최저 32%이다.

용도 리조또, 뇨기 등 요리용으로 사용한다.

Red Leicester
레드레스터

산지 및 특징 레스터 치즈는 영국의 레스터 지방에서 17세기 처음 만들어졌으며 그 당시 존재감이 없던 관계로 다른 하드치즈들과 차별화를 하고자 붉은색 색소를 첨가하여 치즈를 만들었다. 스틸톤 치즈를 만들고 남은 우유로 만들었고, 유통기간이 길었다. 20세기 들어 색소사용이 금지되면서 레드 레스터 치즈의 생산이 급격히 줄어들었으나 2차 세계대전이 끝난 후 아나토색소를 첨가하여 만들기 시작했다. 황갈색으로 부서지기 쉬운 질감을 가지고 있으며 맛은 부드럽고 단맛이 난다.

용도 소스, 샐러드, 뷔페플레이트용으로 사용한다.

Roquefort
로크포르

산지 및 특징 프랑스산이며 양젖으로 만든 세계에서 가장 오래된 치즈로 2000년 전부터 있었다고 한다. 아비뇽 지역의 석회암 동굴이 있는 로크포르 마을에서 만들어졌으며 통풍이 잘되며 습기차고 서늘한 동굴환경이 특이한 맛과 부드럽고 말랑한 촉감을 만든다. 지방함량은 50%이고 최소한 3개월 숙성

용도 샐러드, 드레싱, 디저트 등으로 사용

Saint Nectaire
생 넥테르

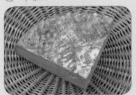

산지 및 특징 생 넥테르는 오베르뉴 지방의 대표적인 cheese로, 루이 14세의 식탁에 오른 것이라고 한다. 이 cheese는 충분히 숙성을 시켜야 제 맛이 나고, 숙성은 5~8주 시키는데, 이보다 숙성기간이 짧으면 고유의 맛과 향이 덜 난다. 속살은 비단같이 부드럽고 약간 신맛을 내면서 자극적인 맛을 나타낸다.

용도 디저트와 뷔페치즈로 주로 사용

Sapsago & Schabziger
삽사고 & 삽치거

산지 및 특징 8세기경 스위스 글 라루스 지방의 우유로 전통적으로 만들어지는 치즈이다. 단백질 함량이 높고 지방은 3% 미만으로 매우 낮으며 맛은 온화한 맛이 난다. 만들 때 파란 호로파(Trigonella caerulea)를 섞는데, 이 때문에 치즈색상이 엷은 녹색과 향미를 얻게 되며 모양은 특유의 원뿔형태로 만들어진다. Sapsago는 미국 판매명이다.

용도 샐러드, 파스타 등 요리용으로 사용한다.

Stilton
스틸턴

산지 및 특징 영국산 치즈로 18세기 중엽 스틸턴이라는 마을에서 처음으로 만들어졌다. 로크포르나 고르곤촐라보다 더 부드럽지만 약간 강한 맛을 내며 영양분이 많고 냄새가 좋다. 페니실린이라는 푸른곰팡이로 숙성시켜 대리석처럼 푸른 무늬가 있는 것이 특징이다. 소젖으로 만들며 지방함량은 48% 정도이다.

용도 디저트, 뷔페치즈, 드레싱 등으로 사용

03 Hard Cheese(경질치즈)

경질치즈는 쥐라나 알프스 산악인들이 그들의 겨울식량을 고산지대 목장에서 만들어낸 데서 유래되었다고 한다. 수분함량이 30~40%로 일반적으로 경질치즈는 제조과정에서 응유를 끓여 익힌 다음 세균을 첨가하여 3개월 이상 숙성시켜 만든다. 운반과정을 쉽게 하기 위해 일반적으로 큰 바퀴형태로 만들어진다.

Appenzell
아펜첼

산지 및 특징 스위스 치즈로 소젖으로 만든다. 8~9세기경 오스트리아 국경 근처 상가엔 지방의 산 이름을 따서 만들어진 치즈이다. 사과주나 백포도주에 담갔다가 숙성 중에 허브 등을 넣어 풍미를 낸다. 전통적인 아펜첼은 저온살균하지 않은 신선한 생유로 만들어진다.

용도 샌드위치, 뷔페치즈, 요리용으로 사용

Asiago
아시아고

산지 및 특징 이태리치즈로 무지방의 젖소 우유로 바퀴형태로 만들어지며 8~14kg의 무게로 판매된다. 2~3개월 정도 숙성시킨 것은 샌드위치와 샐러드에 많이 사용하고 9개월 이상 숙성시킨 것은 테이블 치즈, 또는 요리용으로 적합하다. 이 치즈는 파스타, 쌀, 피자, 또는 수프요리에 잘 어울린다. 또한 빵, 살라미, 또는 신선한 무화과이나 배 등 과일과 함께 제공되며, 레드 와인, 크랜베리 주스와 같은 다양한 음료와 함께 먹는다.

용도 샐러드, 샌드위치, 요리용으로 사용한다.

Cantal
캉탈

산지 및 특징 프랑스 오베르뉴 지방산으로 로마시대부터 생산된 오래된 치즈이다. 위가 약한 사람에게 좋아서 널리 애용되고 있다. 치즈의 외피에 원산지를 표시하는 작은 알루미늄 조각이 붙어 있다. 소젖으로 만들며 지방함량은 45% 정도이다.

용도 소스, 샌드위치, 디저트, 뷔페치즈 등으로 사용

Castelmagno
카스텔마노

[산지 및 특징] 이태리의 고대 기원치즈로 치즈금형에 압력을 3일간 가해 성형하고 틀을 제거하고 소금물에서 간이 들게하고 동굴이나 지하실에서 2~6개월간 숙성시킨다. 원통 바퀴형으로 5~15파운드 정도 크기로 만들어지며 붉은색을 띤다. 폴렌타, 빵과 함께 제공된다. 전통적으로 소젖과 양젖을 혼합하여 만든다. 유지방은 최저 34%이다.

[용도] 요리용으로 사용한다.

Cheddar
체더

[산지 및 특징] 영국 체더가 원산지이며 지름 37cm, 높이 30cm, 무게 약 35kg의 원통형이나 직육면체 치즈로 만들어진다. 숙성기간은 3~6개월로 부드러운 신맛이다. 현재는 특히 미국에서 많이 생산되고 있다. 맛은 순하고 부드러운·편이며 숙성이 진행될수록 색깔과 맛이 진해진다.

[용도] 샌드위치, 샐러드, 피자 등 요리용으로 사용

Cheshire
체셔

[산지 및 특징] 영국에 기원을 두고 있는 많은 고급치즈 중에 가장 오래된 것이다. 염분 함유량이 풍부한 체셔 지역 토양 위의 목초를 먹고 자란 암소의 젖으로 만들기 때문에 다른 곳에서는 모방할 수 없다. 소금기가 있고 흐물흐물한 감이 있지만 맛은 강하지 않다.

[용도] 샌드위치, 피자, 샐러드, 뷔페치즈 등으로 사용

Edam
에담

[산지 및 특징] 네덜란드 북부 에담이 원산지이고 소젖으로 만든 치즈로 고다치즈와 함께 네덜란드의 대표적인 치즈다. 수출용은 외부를 붉은색 코딩으로 제조한다. 맛은 부드럽고 약간 짠맛이 느껴지며 숙성할수록 맛이 강해진다. 편평한 공 모양이며 지름 15cm, 무게 약 2kg이고 숙성기간은 3~5개월이다.

[용도] 뷔페, 디저트, 요리용, 샌드위치 등

Emmental
에멘탈

산지 및 특징 스위스 에멘탈이 원산지로 이 나라의 대표적인 치즈다. 탄력 있는 조직을 가지고 있으며 호두 맛을 낸다. 지름 1m, 무게 100kg의 큰 원반형으로 세계 최대의 치즈이고, 숙성기간은 10~12개월이다. 숙성 중에 프로피온산균에 의한 가스 발포로 인해 치즈 내부에 체리만한 가스 공이 형성된다.

용도 샌드위치, 샐러드, 뷔페 등에 다양하게 사용

Gouda
고다

산지 및 특징 네덜란드 고다 지역에서 13세기경 처음 만들어졌으며 익히지 않고 압착시킨다. 처음에는 부드럽지만 숙성이 진행되면 독특하고 강한 맛이 난다. 지름 30~35cm, 높이 10~13cm, 무게 약 8kg의 원판형으로 숙성기간은 36개월이다.

용도 디저트, 뷔페, 요리용 등으로 사용

Gruyere
그뤼에르

산지 및 특징 스위스산 치즈로, 소젖으로 만든다. 작은 구멍이 전체에 흩어져 있으며 보다 긴 숙성기간 동안의 처리 때문에 향기가 더 강하고 맛이 짜며 감촉이 부드럽고 노란 호박색을 띠고 있다. 숙성기간은 4~6개월로 습하고 서늘한 지하 창고에서 숙성, 정규적으로 솔질을 하고 축축하게 적시는 과정이 필요

용도 퐁듀, 그라탱 등 요리용으로 사용

Montasio
몬타시오

산지 및 특징 이태리 치즈로 13세기 이후에 만들어진 치즈로 carnic 지방에 위치한 대수도원의 Moggio 수도승에 의해 처음 만들어졌다. 소젖으로 가열 압착하여 만들며 숙성기간은 최저 2~4개월로 보통 12개월 정도이다. 직경 30~40cm, 높이 6~10cm, 무게5~9kg, 지방함량은 최저 40%이다.

용도 요리용으로 사용한다.

Provolone
프로볼로네

산지 및 특징 이탈리아 남부 캄파니아 지방의 특산 치즈로, 속이 매끄럽고 크림빛을 띤 백색이며 숙성기간 중에 매달아 두었던 가느다란 끈의 자국이 있다. 훈제로 제조되기도 하며 모양은 다양하지만 전통적인 것은 소시지 형태이다. 지방함량은 44% 정도이다.

용도 요리용, 특히 피자파이에 주로 사용

Raclette
라클레테

산지 및 특징 스위스산 치즈로, 속은 연한 노란색으로 매우 부드럽고 작은 구멍이 조금 있고 껍질은 딱딱하며 회갈색이다. 원반형의 치즈를 반으로 잘라 열을 가해 녹으면 긁어서 야채, 빵, 피클, 감자 등과 먹는 데서 붙여진 이름이다. 부드럽고 시큼하며 호두 향 같은 맛난 향이 난다.

용도 요리용, 테이블 치즈로 사용

Sbrinz
스브린즈

산지 및 특징 매우 오래된 스위스 치즈로 우유로 만들어지며 18개월 이상 숙성시킨다. 이 치즈는 2002년부터 노란색을 띠며 강한 버터 향과 견과류 맛이 난다. 스위스요리에서 종종 파르메산 치즈 대용으로 사용되기도 하며 지방함량은 45%이다. 어떤 첨가물 없이 원유, 레닛, 소금을 사용하여 전통적으로 만들어지는 것을 인증하는 AOP 레이블을 획득하였다.

용도 테이블치즈, 파스타, 리조또, 그라탕 등 요리에 사용한다.

AOP(Appellation d'Origine Protegee – 원산지 통제명칭) : 특정지역에서 그 지역에서만의 경험과 노하우를 이용해 전통적으로 농축산제품들에 대해 그 탁월성을 인증하는 제도로 매달 엄격한 품질검사를 받고 있으며 생산시설에서부터 원재료까지의 생산 추적이 가능하다.

Spressa delle Giudicarie
스프레사 델레 쥬디카리에

산지 및 특징   북부 이태리 알프스 지방에서 만들지는 치즈 중 가장 오래된 치즈로 가난한 농민이 고가로 팔리는 버터를 만들고 난 후 탈지분유를 이용하여 가정용으로 만들어진 것이다. 숙성은 3~6개월 정도하고 직경이 30~35cm, 높이가 8~11cm, 무게는 5~7kg, 유지방은 29~39%이다.

용도   뷔페테이블, 요리용으로 사용한다.

Tete de Moine
테트 드 무안

산지 및 특징   스위스 치즈로, 어느 수도승에 의해 처음 만들어졌으며 전통적으로 여름에 생산된 우유로만 만들어지고 익히지 않고 압착시켜 만든다. 특별히 제작된 기구를 이용해 곱슬하게 꽃 모양으로 깎아서 커민이나 후추를 뿌려 먹기도 하고 견과류나 과일이 잘 어울린다. 지나치게 숙성되면 향이 강하다.

용도   디저트, 뷔페치즈 등으로 사용

Tilsit
틸지트

산지 및 특징   19세기 중엽 독일 틸지트 지역에서 처음 만들어졌으며 현재는 스위스, 스칸디나비아 등에서도 생산된다. 원반형으로 만들어지며 부드럽고 탄력성이 있다. 모양은 불규칙하고 작은 구멍이 있기도 하며 캘러웨이 씨를 넣어 만들기도 한다. 가벼운 신맛이 난다.

용도   샌드위치, 피자, 샐러드, 뷔페치즈 등으로 사용

Toma Piemontese
토마 삐에몬테제

산지 및 특징   이 치즈는 6세기경부터 소젖의 전유나 부분탈지유로 반 가열 압착하여 만들어진 치즈로 이태리 노바라, 토리노 등의 자연동굴 속 또는 숙성고에서 숙성도중에 껍질을 씻어내면서 최저 60일간 숙성시키며 만들어진다. 직경이 30~35cm, 높이가 5~12cm, 무게는 2~8kg, 유지방은 20~40%이다.

용도   뷔페테이블, 요리용으로 사용한다.

Valle d Aosta Fromadzo
발레 디오스타 프로마초

`산지 및 특징` 이태리 발레 디오스타 주에서 부분 탈지한 소젖으로 반 가열 압착하여 만들어 지고, 하루에 3~4회 정도 염수로 표면을 닦아주며 2~10개월 숙성시킨다. 치즈에서 식물의 향기가 난다. 직경이 15~30cm, 높이가 5~20cm, 무게는 1~7kg, 유지방은 최저 20%이다.

`용도` 리조또, 파스타, 송아지요리 등 요리용으로 사용한다.

Valtellina casera
발테리나 카제라

`산지 및 특징` 7세기부터 만들어지기 시작한 이 치즈는 이태리 북부 알프스 계곡에서 여름동안 방목한 소의 부분 탈지한 젖으로 가열 압착하여 만들어진다. 최저 60일 간 숙성시키며, 크기는 직경이 30~45cm, 높이 8~10cm로 무게 7~12kg이다.

`용도` 요리용으로 사용한다.

Wednsleydle
웬즐리들

`산지 및 특징` 영국산 치즈로, 요크주 웬즐리들에서 처음 만들어졌으며 압착하여 만든다. 흰색과 푸른색이 있는데 흰색은 부슬부슬하여 잘 부서지며 애플파이용으로 많이 쓰고 푸른색은 크림 모양으로 감칠맛이 나며 맥주와도 잘 어울린다. 지방함량은 48%이다.

`용도` 흰색은 애플파이, 푸른색은 맥주 안주 등으로 사용

Very Hard Cheese(초경질치즈)

초경질치즈는 수분함량이 25~30%로 매우 단단한 치즈로서 이탈리아의 대표적 치즈인 Parmesan과 Romano이다. 이것은 주로 분말 형태로 만들어서 샐러드나 피자, 스파게티 등 요리의 마무리 과정에 사용한다.

Grana Padano
그라나 파다노

산지 및 특징 이탈리아 에미리아 고마나 지방에서 우유로 만들어지는 치즈로 숙성기간이 매우 길다. 외피는 암색으로 아주 좋은 냄새가 나고 섬세한 맛을 가지고 있다. 이탈리아 요리에서 빠지지 않는 치즈로 그냥 먹으면 알갱이가 씹히면서 고아한 풍미를 느끼게 한다.

용도 안주, 식탁용 분말치즈로 가공하여 사용

Parmesan
파르메산

산지 및 특징 이탈리아 파르마시가 원산인 매우 딱딱한 치즈로서, 숙성도에 따라 얇게 자를 수도 있고 분말 치즈로도 만들 수 있다. 독특한 풍미가 있으며 자극적인 맛은 없다. 분말 치즈로 만들어 사용한다. 지름이 30~45cm, 높이 15~25cm, 무게 15~35kg의 원통형이며 숙성기간은 3~4년이다.

용도 샐러드, 피자 등과 요리의 마무리에 뿌려 먹는다.

Pecorino Romano
페코리노 로마노

산지 및 특징 로마시대부터 양젖을 가열하여 응고시킨 뒤 압착해 만드는 초경질치즈이다. 표면은 매끄럽고 외피는 진갈색 또는 백색이다. 짠맛이 강하고 매운맛이 특징이며 로마인들이 애호하는 치즈이다.

용도 안주, 식탁용 분말치즈로 가공하여 사용

05 Process Cheese(가공치즈)

　　가공치즈란, 우유를 응고·발효시켜 만든 치즈나 자연치즈 두 가지 이상을 혼합하거나 다른 재료를 혼합하여 유화제(乳化劑)와 함께 가열·용해하여 균질하게 가공한 치즈를 말한다.

　　탈지분유를 넣은 치즈 식품이나 수분이 많고 잘 퍼지는 치즈 스프레드 등도 가공치즈라 할 수 있다. 초기에는 불량 치즈의 재생법으로 이용되었다. 가공치즈의 특색은 가열처리되어 보존성이 좋고 경제적이며 원료 치즈의 배합에 따라 기호에 맞는 맛을 낼 수 있다는 것, 맛이 부드럽다는 것, 여러 가지 형태와 크기의 포장이 가능하므로 다채로운 상품화를 꾀할 수 있다는 점 등이다.

Boursin Cheese
부르생 치즈

산지 및 특징　프랑스산 치즈로 마늘 맛과 향신료 맛이 가미되어 짭짤하게 간이 된 매우 부드러운 치즈이다. 바게트 빵이나 샐러드와 함께 먹으면 좋다.

용도　뷔페, 애피타이저 치즈로 사용

Fondue Cheese
퐁듀 치즈

산지 및 특징　가정에서 쉽게 퐁듀 요리를 할 수 있게 에멘탈, 그뤼에르, 와인, 브랜드, 향신료를 혼합하여 만든 치즈이다.

용도　바게트, 삶은 새우, 야채 등을 찍어 먹는다.

Powder Cheese
분말치즈

산지 및 특징 파르메산(파머산), 페코리노 로마노, 그라나 파다노 치즈를 분말로 만들어 다양한 용도로 쓰이고 있다.

용도 스파게티, 피자, 샐러드, 드레싱, 요리용 등으로 사용

Slice Cheddar Cheese
슬라이스 체더 치즈

산지 및 특징 치즈를 보관하고 먹기 편리하게 얇게 썰어 만든 것으로 미국에서 대량생산되며 우리나라에서 피자치즈와 함께 가장 많이 소비되고 있다.

용도 뷔페, 요리용, 샌드위치, 피자, 샐러드 등에 사용

Smoked Cheese
훈제치즈

산지 및 특징 자연치즈를 훈연한 제품으로 햄처럼 훈연의 맛이 난다. 훈연의 냄새 때문에 자연치즈의 코린 냄새가 전혀 없으며 조직은 하드 치즈류에 속하기 때문에 약간 단단하지만 맛은 부드럽다.

용도 뷔페, 샐러드, 치즈냄새를 싫어하는 사람에게 좋다.

소고기(Beef)

약 1만 년 전부터 서부아시아인들은 소를 사육하기 시작했다고 한다. 우리나라의 재래종 소는 인도 계통이 조상이며, 현재의 것은 개량종이다. 중국의 유목민들에 의하여 전해진 것으로 보이며, 단군신화에도 소를 사육한 기록이 있다. 소고기를 이용한 우리나라의 전통 조리법은 서양의 직화열에 의한 구이중심 요리와는 다르다. 조리법은 문화에 따라, 육질과 조리할 부위에 따라 다르게 나타난다.

소 한 마리의 가식부는 대체적으로 35% 정도이다. 조리에 사용되는 가식부는 주로 골격근으로 구성되는 살코기를 말하지만 넓게 혀, 꼬리, 간과 같은 가식장기도 포함된다. 가식부는 주로 근육질인 골격 및 심근 등을 구성하는 횡문근, 그리고 소화관 등의 내장벽을 구성하는 평활근을 말한다.

소는 그 품종도 다양하여 우유용, 식육용, 사역용으로 나뉘고, 원산지, 뿔의 모양, 성별, 개량상황 등에 따라 분류하기도 한다. 소로부터 얻은 수육을 소고기라 하며, 이것은 우리 인간이 가장 많이 먹는 고기다. 예나 지금이나 소고기는 어떠한 다른 식육보다 인기가 많다. 성과 나이가 소고기의 맛과 질을 결정지으며, 가격의 차이로 반영되고 있다.

육질에 영향을 미치는 또 다른 요인 중의 하나는 사육 사료이다. 적어도 90일에서 1년 사이의 기간 동안 곡물로 사육한 소에서 얻은 고기는 최고급품인 최량급과 상등급으로 분류된다. 이들 지육들은 대부분 4월과 5월에 판매된다. 반면에 약간의 특수 곡물을 먹이거나 전혀 먹이지 않으면서 목초 위에서 사육한 소의 고기는 대부분 가을에 판매된다. 이러한 지육은 대부분 상급이나 표준급에 해당된다. 곡물사육 우육보다 목초사육 우육이 질기며, 맛과 향이 떨어진다.

돼지고기(Pork)

돼지고기의 주성분은 단백질과 지방질이며, 무기질과 비타민류가 소량 함유되어 있다. 연령과 부위에 따라 다르나 윤기가 나고 엷은 핑크빛을 띤 게 양질이다. 단백질과 지방이 많으며, 고기섬유가 가늘고 연하므로 소화율이 95%에 달한다. 지방은 육질 즉 고기 맛을 좌우한다. 지방은 희고 단단해야 육질이 좋다.

돼지고기는 소고기와 달리 보수력이 약하므로 상온에 방치해 두면 육즙이 쉽게 생겨서 조리시 양이 줄어 손실이 생기게 된다.

돼지고기의 부위는 안심, 등심, 볼깃살(뒷다리살), 어깨살, 삼겹살과 내장 그리고 족과 머리 등의 부산물로 분리된다. 돼지고기는 소시지, 햄, 베이컨 등으로 가공하여 저장하며 지방으로는 라드를 만들어 식용 또는 공업용으로 사용한다.

베이컨은 삼겹살을 절단한 다음 소금과 향신료에 절여 건조와 훈연을 한 것으로 지방이 많은 것이 특징이다. 햄은 허벅다리 살을 소금과 향신료 등으로 절여서 훈연한 것으로 지방이 적고 담백하다. 소시지는 돼지고기의 지육을 주로 사용하지만 소고기나 다른 육류를 섞어서 만들기도 한다. 소시지는 원료나 만드는 방법에 따라 여러 가지가 있는데 비엔나, 블러드, 리버, 살라미, 드라이 등이다.

돼지고기는 소고기와 같이 지방질이 마블링 형태로 골격근에 산재해 있는 것이 아니라, 따로따로 분리되어 있으므로 요리할 때에는 살코기 주위의 지방을 완전히 제거하지 말고 조금 남겨 조리한 후에 제거하는 것이 바람직하다. 지방을 남겨두고 조리하면 익은 고기가 파삭파삭하지 않고 부드럽고 연하게 유지된다. 또한 돼지고기는 기생충에 노출될 확률이 높으므로 충분히 익도록 조리하여야 한다.

송아지고기(Veal)

송아지고기 지육분류는 두 가지 요인, 즉 동물의 연령과 사료의 종류에 의해 결정된다. 송아지고기에는 세 가지 종류가 있다. Bob veal(어린 송아지고기), Special fed veal(특수사육 송아지고기), Veal calf(큰 송아지고기)로 나눈다.

밥빌(Bob veal)은 도축시 체중이 70kg 이하인 어린 송아지고기이다. 살코기는 밝은 핑크색이며 약간 부드러운 조직감을 가졌다. Special fed veal(특수사육 송아지고기)은 송아지가 160~220kg이 될 때까지 영양학적으로 완전한 성분을 지닌 사료를 급여하여 사육한 송아지의 고기이다. 그 결과 살코기는 부드러운 핑크색이며 고기는 단단하고 매끄럽고 부드러운 조직감을 지니게 된다. 수출시 가장 선호되는 미국산 송아지고기가 이 Special fed veal(특수사육 송아지고기)이다. 빌 캐프(Veal calf)는 대략 생후 5~12개월 사이일 때 판매된다. 이들 송아지는 건초, 곡물 및 기타 영양성분을 섞은 사료로 사육된다. 빌 캐프의 살코기는 어두운 핑크색이거나 적색이며, 마블링이 다소 있고 외부 지방이 있으며 조직감은 다소 단단하다.

양고기(Lamb)

양고기는 소고기보다 엷으나 돼지고기보다 진한 선홍색이다. 근섬유는 가늘고 조직이 약하기 때문에 소화가 잘 되고 특유의 향이 있다. 성숙한 양고기는 향이 강하며, 이 특유의 향을 약화시키기 위하여 조리할 때, 민트(박하)나 로즈메리를 많이 이용한다. 생후 1년 미만인 어린 양의 고기는 새끼양고기(lamb)라고 하며 생후 12~20개월의 고기는 이얼링머턴(yearling mutton)이라고 한다. 생후 6~10주 된 양고기는 보통 베이비램(baby lamb), 생후 5~6개월짜리는 스프링램(spring lamb)이라 한다.

염소(Goat)

가축화에 의해 전 세계적으로 분포하며 야생화되고 있다. 검정 또는 흰색이고 크기 120~160cm, 어깨높이 70~100cm, 뿔 길이 80~130cm, 몸무게 25~95kg이다. 매우 민첩하며 공격적인 성향이 있어 자기 먹이뿐 아니라 다른 가축의 먹이도 빼앗는다. 따라서 염소 무리들이 자연을 훼손하는 경우가 세계적으로 종종 발생한다. 발정기에는 뿔을 부딪쳐 싸운다. 험준한 산에서 서식하며 먹이는 나뭇잎·새싹·풀잎 등 식물이고, 사육하는 경우에도 거친 먹이에 잘 견딘다. 임신기간은 145~160일이며, 한배에 1~2마리의 새끼를 낳는다. 갓 태어난 새끼는 털이 있고, 눈을 떴으며, 며칠이 지나면 걸을 수 있다. 생후 3~4개월이면 번식이 가능하고 수명은 10~14년이다. 흑염소에는 지질의 함량이 적은 반면 단백질·칼슘·철분이 많다. 철분은 빈혈을 막고, 임산부가 태아에게 빼앗긴 칼슘을 보충하고 성장기의 어린이에게는 직접 필요한 영양소이다. 염소고기는 속을 덥게 하고 내장을 보하고 심장을 안정시키고 놀라는 것을 멈추게 한다. 염소의 허파는 폐를 보호하고, 기침을 그치게 하며, 콩팥은 신기허약을 보하고 정수를 늘린다. 쓸개는 청맹을 다스리고 눈을 밝게 하며, 간에 있는 비타민 A는 야맹증과 노년기의 시력 감퇴에 유효하다.

사슴(Deer / Venison)고기

사슴은 초식동물로서 풀·가지·나무껍질·줄기 등을 먹는다. 사슴은 전형적으로 날씬하며 다리가 길고, 모피는 갈색이다. 이들은 보통 집단을 형성하여 지내며 몇몇 종은 매년 긴 이주(移住)를 되풀이한다. 암컷은 일반적으로 1~2마리의 새끼를 낳는데, 태어났을 때 새끼는 흔히 반점을 가지고 있다. 사슴은 고기와 가죽, 뿔을 얻기 위해 사냥되는데, 뿔은 기념물로 보존되기도 하고 중국 등지에서는 오래전부터 약재로 사용되어 왔다. 순록이 가축으로 사육되는 지역도 있다. 영어로는 사슴과(科) 동물의 수컷을 대개 'buck' 또는 'stag', 암컷을 'doe', 젖이 안 떨어진 새끼는 'fawn'이라 부른다.

사슴고기는 담백하고 연하며 별다른 냄새도 나지 않으므로, 예로부터 식용으로 애용되어 왔다. 고기맛은 가을부터 초겨울에 걸쳐 포획한 것이 가장 좋다고 하며, 주로 불고기·로스구이·전골요리를 해서 먹는다. 사슴의 뿔, 특히 대각은 녹용(鹿茸)이라 하는데 혈액순환을 돕고, 심장을 강하게 한다고 하여 한방에서는 강장제로 귀중하게 쓰인다.

노루(Western Roe Deer)

높은 산 또는 야산과 같은 산림지대나 숲 가장자리에 서식하며, 다른 동물과 달리 겨울에도 양지보다 음지를 선택하여 서식하는 특성이 있다. 아침·저녁에 작은 무리를 지어 잡초나 나무의 어린 싹, 잎, 열매 등을 먹는다. 성격이 매우 온순한 편이며 겁이 많다. 빠른 질주력을 가지고 있으면서도 적이 보이지 않으면 정지하여 주위를 살피는 습관이 있어, 호랑이, 표범, 곰, 늑대, 독수리 등에게 자주 습격당한다. 몸길이 100~120cm, 어깨높이 60~75cm, 몸무게 15~30kg이다. 뿔은 수컷에게만 있으며, 3개의 가지가 있는데, 11~12월에 떨어지고 새로운 뿔은 5~6월에 완전히 나온다. 꼬리는 매우 짧다. 여름털은 노란빛이나 붉은빛을 띤 갈색이고, 겨울털은 올리브색 또는 점토색이다. 목과 볼기에는 흰색의 큰 얼룩무늬가 나타난다.

육질(肉質)이 연하고 냄새가 많이 나지 않아서 전골요리에도 좋고, 갖은 양념을 하여 구이를 해도 좋다. 노루고기로 곰국을 끓일 때는 하루 정도 고아야 뼈까지 노글노글해지면서 국물이 아주 진해진다. 이 국물을 받쳐서 식히면 묵처럼 응고되는데, 이것을 차가운 곳에 두고 하루에 1~2번 데워 먹으면 겨울철 보양식으로 좋다. 한국에서는 예로부터 검은 염소와 함께 노루는 약효를 겸한 건강식품으로 애용하였다.

⌣ 고라니(Chinese Water Deer)

중국과 한국이 원산지로, 갈대밭이나 관목이 우거진 곳에 서식하며, 건조한 곳을 좋아한다. 보통 2~4마리씩 지내지만 드물게 무리를 이루어 지내기도 하며, 갈대나 거친 풀, 사탕무 등을 먹는다. 털은 거칠고 굵다. 몸의 등쪽은 노란빛을 띤 갈색, 배쪽은 연한 노란색, 앞다리는 붉은색을 띤다. 얼굴 윗부분은 회색과 붉은빛을 띤 갈색, 턱과 목 윗부분은 흰빛을 띤 갈색이다. 유두가 4개 있는 것으로 보아 고대형 노루임을 알 수 있다. 몸길이 약 77.5~100cm, 어깨높이 약 50cm, 꼬리길이 6~7.5cm, 몸무게 9~11kg이다. 보노루·복작노루라고도 한다. 암수 모두 뿔이 없다. 위턱의 송곳니가 엄니 모양으로 발달하였는데, 수컷의 송곳니는 약 6cm 정도로 입 밖으로 나와 있으며, 번식기에 수컷끼리 싸울 때 쓰인다. 눈밑에 냄새를 분비하는 작은 샘이 있다. 번식기는 11~1월이고, 임신기간은 170~210일이며, 5~6월에 한배에 1~3마리를 낳는다. 한국의 금강산·오대산·설악

산·태백산 등을 포함하는 태백산맥과 소백산맥, 중국 북동부 등지에 분포한다.

토끼(Rabbit)

일반적으로 굴토끼는 길들인 사육토끼(집토끼) 를 가리킬 때가 많다. 토끼과는 일반적으로 굴토 끼류(rabbit)와 멧토끼류(hare)로 구분된다. 그러 나 이 두 무리는 구조상 크게 다르지 않다. 굴토끼 류는 태어날 때 털이 없고 눈을 뜨지 못하며 무력 하다. 그러나 멧토끼류는 태어날 때 이미 털이 많

으며, 태어난 지 얼마 지나지 않아도 뛸 수 있다. 또 굴토끼류는 군집성이고 멧토끼류 보다 작다(그러나 일부, 특히 많은 사육토끼 품종이 몸무게 7.5kg임). 멧토끼류는 단독 성이다. 그 밖에 굴토끼류는 귀가 길고 꼬리가 짧으며 뒷다리가 길다. 모피는 대개 회 색이나 갈색이다. 다산성(多産性)으로 한배에 2~8마리씩 1년에 몇 차례 새끼를 낳는 다. 지방질과 콜레스테롤이 적다. 모든 육류 중 단백질과 미네랄이 가장 많으며 인간 의 신경 퇴화를 막는 항체는 토끼에만 존재한다.

멧돼지(Wild Boar)

멧돼지는 작은 눈과 거친 털을 가진 힘센 동물로 주둥이 끝에는 먹이를 파기에 적 합한 1개의 둥근 연골판이 있다. 어떤 종들은 엄니를 가지고 있다. 멧돼지는 본래 초

식동물이었지만 토끼·들쥐 등 작은 짐승 부터 어류와 곤충에 이르기까지 아무것 이나 먹는 잡식성이며 무리를 지어서 행 동한다. 번식기는 12~1월이며, 이 시기에 는 수컷 여러 마리가 암컷 1마리의 뒤를 쫓는 쟁탈전이 벌어진다. 암컷은 4~5개 월의 임신 후에 2~14마리의 새끼를 낳는

다. 사육되는 돼지는 전 세계에서 볼 수 있으며, 야생종은 구대륙이 원산지이다. 몸길이 1.1~1.8m, 어깨높이 55~110cm, 몸무게 50~280kg이다. 몸은 굵고 길며, 네 다리는 비교적 짧아서 몸통과의 구별이 확실하지 않다. 주둥이는 매우 길며 원통형이다. 눈은 비교적 작고, 귓바퀴는 삼각형이다. 머리 위부터 어깨와 등면에 걸쳐서 긴 털이 많이 나 있다. 성숙한 개체의 털빛깔은 갈색 또는 검은색인데, 늙을수록 희끗희끗한 색을 띤 검은색 또는 갈색으로 퇴색되는 것처럼 보인다. 날카로운 송곳니가 있어서 부상을 당하면 상대를 가리지 않고 반격하는데, 송곳니는 질긴 나무뿌리를 자르거나 싸울 때 큰 무기가 된다. 늙은 수컷은 윗송곳니가 주둥이 밖으로 12cm나 나와 있다. 깊은 산, 특히 활엽수가 우거진 곳에서 사는 것을 좋아한다.

돼지고기보다 선홍빛이 강한 멧돼지고기는 혀에서 녹는 듯한 비계와 쫄깃한 살의 맛이 어우러져 감칠맛을 낸다. 지방의 질이 좋은데다, 고기 안에 퍼져 있는 지방의 분포와 양이 적당해 고소하면서도 담백한 맛을 낸다. 일반 돼지고기와는 전혀 다른 고급스러운 맛을 낸다고도 하며 당뇨병 환자들에게 좋아 일반 돼지고기나 소고기 대신 즐긴다.

근육조직(Muscular Tissue)

요리에 사용되는 것은 대부분이 근육조직으로 그 속에 포함되어 있는 결합조직의 양이 근육의 외관과 특성을 결정하고 특히 연도에 영향을 준다. 근육조직의 성분은 약 72%의 수분과 단백질 20%, 지방 7%, 기타 미네랄 등이 1%로 구성되어 있다. 근육조직의 섬유질이나 두께와 길이는 동물의 연령, 활동, 사육방법에 따라 차이가 난다. 활동량이 많은 동물일수록 근육섬유가 굵고 길며, 결합조직의 함량도 높게 나타난다.

결합조직(Connective Tissue)

하나의 근육은 여러 개의 근육섬유 묶음으로 이루어져 있고 결합조직과 지방조직에 개별적으로 싸여 있다. 근육조직을 잘라 단면을 보았을 때 결합조직의 포함상태가 어떠한 형식으로 존재하는가에 따라서 육류의 맛이 결정된다.

결합조직은 여러 개의 가닥이 모여서 하나의 커다란 묶음으로 나타나고 그 묶음은 다시 뼈와 연결되어 고정화하는 역할을 한다. 대부분의 결합조직은 단백질의 일종으로 아교질이 풍부한 콜라겐(Collagen)과 엘라스틴(Elastin)으로 구성되어 있다. 그중에서 콜라겐은 물과 함께 가열하면 젤라틴(Gelatin)으로 변하게 되지만 엘라스틴은 젤라틴화되지 않고 그대로 남아 있기 때문에 조리하기 전에 제거해 주는 것이 좋다.

결합조직은 동물체의 연령에 따라 근육 속에 포함도가 달라진다. 그러나 같은 상황의 동물체라 할지라도 부위별로 함유량이 다르게 나타난다. 즉 소고기를 예를 들면 등심(Sirloin)이나 안심(Tenderloin)보다는 어깻살(Chuck) 또는 다리살(Shank) 부분에 결합조직이 많이 함유되어 있다. 일반적으로 이렇게 질긴 육질부분의 향이 더 짙은 것이 특징인데, 서양요리에서는 향을 목적으로 하는 맑은 수프(Consomme)를 생산할 때 이러한 육질을 섞어서 사용한다.

지방(Fat)

육류의 지방 분포는 육질에 커다란 영향을 미친다. 지방은 전체적으로 부위에 따라서 큰 덩어리와 작은 덩어리로 산재해 있는데 특히 피하, 내장부분에 커다란 덩어리로 상당량 분포되어 있다. 일반적으로 지방의 분포정도(Marbling)에 따라서 육질을 평가하기도 하는데 그 이유는 지방이 근육 내에 존재하게 되면 상대적으로 결합조직의 입자가 가늘어지게 되고 근육조직 역시 연하기 때문이다. 그러나 최근 건강에 대한 관심이 높아지고 동물성 지방을 기피하는 현상이 확산되면서 육질이 다소 질기다 해도 지방분이 적게 함유된 육류를 선호하게 되었다. 식육 사이에 가끔씩 볼 수 있는 것으로 가늘게 망처럼 퍼져 있는 지방을 마블링(marbling)이라고 한다. 마블링이 있는 식육은 주로 피하지방이 두꺼운 지육에서 생산된다. 마블링은 가축이 나이가 들면서 발달된다. 소를 빠른 속도로 성장시켜 어린 나이에도 마블링이 잘 발달되도록 사료를 먹이면(예 : 축사 내에서) 마블링이 풍부한 소고기를 얻을 수 있다.

골격(Bones)

동물의 뼈는 나이가 들어갈수록 단단해지고 그 색상도 달라진다. 어린 동물일수록 뼈가 연하고 분홍색이 많이 분포되어 있고, 성숙한 동물일수록 흰색에 가깝다. 동물 뼈 속에는 골수(Yellow Marrow)가 들어 있는데 골수는 따로 분리하여 소스나 수프의 곁들임으로 사용하기도 한다.

⌣ 육류숙성(Meat Aging)

동물은 도살된 후 부드럽던 육질이 굳기 시작하는데 이것을 경직이라 한다. 동물의 사후경직은 동물의 종류, 몸집의 크기, 온도 등에 영향을 받지만 일반적으로 6~24시간 동안은 육안으로 볼 수 있을 정도로 심하게 경직이 일어나는데, 이때를 최대경직기라 한다. 그 후 48시간에서 72시간 동안 육안으로 확인이 안 될 정도의 미세한 경직이 계속되는데 이때를 휴지기(Rest Period)라 하며 주로 냉장상태에서 일어난다. 이렇게 미세한 경직이 일어날 때에는 육류를 그대로 두어 근육상태가 제대로 굳어지도록 두는 것이 좋다. 육류가 충분히 경직되지 않은 상태에서 냉동시키면 냉동되는 동안 급속 경직이 일어나면서 육류의 색이 푸른색으로 변하는 속칭 'Green Meat'현상이 발생하는데 이렇게 되면 조리를 해도 고기가 질기고 맛과 향이 떨어지게 된다.

⌣ 일반숙성(Wet Aging)

오늘날 냉장기술의 발달로 인하여 육류를 숙성시키는 기간도 매우 길어지고 숙성상태도 대단히 발전되어 보다 더 향기가 짙고 부드러운 고기를 맛볼 수 있게 되었다. 우리나라도 최근 들어 생고기(Fresh Meat)에 대한 수요가 늘어나고 이것만을 전문으로 하는 전문식당을 손쉽게 볼 수 있다.

육류를 숙성시키기 위해서는 숙성온도를 정확하게 제어해 줄 수 있는 냉장시설이 필요하다. 우선 요리목적에 적합하도록 작업된 육류를 플라스틱 포장재질로 진공포장한 다음 섭씨 −1~1도 사이에서 약 60일 정도 보관할 수 있다. 다만 온도에 따라 기간은 단축될 수 있다.

⤻ 건조숙성(Dry Aging)

건조숙성이란 육류를 매단 상태로 온도와 습도를 주위환경과 조절해 주고 공기를 순환시켜 줌으로써 약 6주 정도 숙성시키는 작업이다. 이 동안 육류 속에 포함되어 있는 자기소화분해효소가 결합조직을 분해하여 부드러움과 향을 발산하게 된다. 엄밀하게 말한다면 숙성이라고 하는 것은 근육 속에 포함되어 있는 자기소화효소의 분해작용과정이라 할 수 있다.

건조숙성을 하게 되면 육류무게가 5~20%까지 줄어들기도 하고 곰팡이 발생도 나타나지만 사용할 때 그 부분만 다듬으면 된다. 건조숙성에서 발생한 무게 손실과 곰팡이에 의한 손실은 숙성시킨 육류 질(Quality)로서 대체할 수밖에 없다.

⤻ 냉장 저장(Refrigeration)

육류를 저장하는 데는 무엇보다도 온도를 조절해 주는 것이 중요하다. 도살 직후 도체의 내부온도는 30~39℃이기 때문에 가급적 빠른 시간 내에 5℃ 이하로 냉각시켜야 한다. 소, 송아지, 돼지, 양의 도체는 −4~0℃의 예랭실(Chiller / Cooler)에서 냉각시킨다. 냉각속도는 도체의 크기, 비열, 피하지방의 두께, 예랭실의 온도 및 통풍속도 등에 의해 좌우된다. 냉장육은 섭씨 −1~2도 사이로 유지시켜 주며 적정습도는 85%를 유지하는 것이 바람직하다.

⤻ 냉동 저장(Freezing)

육류를 저장하는 데 냉동 저장이 좋은 이유는 육류의 색, 풍미, 냄새, 다즙성 등의 변화가 매우 적고 해동시 생기는 분리육즙(Drip) 속에 용해된 약간의 영양분 손실 외에 영양소 파괴가 없기 때문이다. 냉동 중에는 육식의 연화가 지속되지 않으므로 소고기나 양고기는 냉동 전에 충분히 숙성시켜야 한다. 고기를 얼릴 때는 급속냉동을 시키는 것이 좋다. 낮은 온도에서 냉동하면 세포 속 수분이 얼면서 결정이 커지게 되어 있어 세포막에 부피팽창을 가져옴으로써 세포파괴 결과를 초래한다. 따라서 이렇게 냉동된 육류는 해동과정에서 세포 속에 포함되어 있는 육즙과 영양분이 밖으로 빠져나오게 되므로 육질이 떨어짐은 물론이고 매우 질겨진다. 최근 유통되고 있는 냉동육류는 대부분 영하 40도 이하에서 급속냉동시킨 것으로 품질이 비교적 잘 유지된 상태로 공급된다.

01 소고기 조리방법에 따른 가공부위용어

(1) 소고기 오븐 로스트 (Beef − Oven Roasts)

오븐 로스트는 보통 최소 2인치 두께이다. 오븐의 Dry heat roasting은 만약 쇠고기가 너무 지나치게 오래 요리 되지 않았다면 맛과 부드러움을 더 강화시킬 것이다. 제일 좋은 오븐 로스트는 loin의 tender 덩어리와 갈비이다.

Rib−Eye Roast
립 아이 로스트

Rib eye roast는 rib eye muscle에서 남겨져 있다 제거된 6번째에서 12번째 뼈를 가지고 있는 것과 관련 있다. 이것은 부드럽고 맛도 좋고 비싸다.
Rib eye roast는 Delmonico roast라고 알고 있다.

Rib Roast
립 로스트

뼈를 포함하고 있는 rib roast 또한 standing rib roast로 알려져 있으며, first cut rib roast와 second cut rib roast로 두 부분으로 분리되어 팔리고 있다. First cut은 또한 small end rib roast로 불리며 loin primal 옆의 9 또는 10에서 12번 뼈까지를 포함하고 있다. 이것은 "Prime rib"이라 알려져 있다.

Rolled Rib Roast
롤드 립 로스트

Rib roast는 뼈가 있고 둥그렇게 말아져 있으며 rolled rib roast처럼 알고 있듯이 묶여 있다.

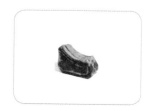

Tenderloin Roast
텐더로인 로스트

Tenderloin은 short loin의 안쪽 근육이다. 쇠고기의 가장 연하고 비싼 부위이다. 이것은 전체가 roasted 하거나 잘라서 구울 수 있다.

* Whole Filet   * Filet Mignon Roast
* Tenderloin Tip Roast

Top Loin Roast
탑 로인 로스트

Top loin은 Shot lion의 가장 큰 근육 이다. Top loin roast는 top loin에서 나온 덩어리이고 이것은 또한 밑에 나온 이름들과 같이 알려져 있다.

* New York Strip Roast   * Shell Roast
* Strip Loin Roast

Top Sirloin Butt Roast
탑 서로인 벗 로스트

Top butt는 sirloin의 메인 근육 중 하나이다. Top butt는 bottom butt 보다 약간 더 좋은 품질이고 지나치게만 요리하지 않는 다면 oven roasting이 제일 잘 어울린다.

Tri-Tip Roast
트리-트리 로스트

Tri-tip은 sirloin의 끝부분에 있는 삼각형 모양의 덩어리이고 sirloin의 나머지에 둘려 쌓여 있으며 원형이고 본래 옆구리 살이다. Oven roast로 사용 할 수 있거나 또는 steak로 자를 수 있다. 요리된 후까지 지방을 제거 하지 말아야 한다. 왜냐하면 그것은 육즙이 빠져 나가지 않게 도와주며 고기가 부드러움을 간직 할 수 있도록 도와준다. Tri-tip roast는 triangle roast라 알려져 있다.

(2) 소고기 폿 로스트(Beef − Pot Roasts)

Chunk에서부터 나온 덩어리들은 pot-roasting (braising)을 위해 가장 좋은 부위이다. 다량의 결합 조직을 가지고 있는데 그것들은 녹아서 고기를 pot-roasted 할 때 고기를 부드럽고 맛이 있게 해준다. Round와 brisket에서 나온 소고기 덩어리 또한 사용할 수 있다. Pot roast는 질긴 고기를 pot roasting의 습식 열로부터 고기를 부드럽게 하기 위한 조리방법이다.

7−Bone Roast
세븐−본 로스트

7−bone Roast는 shoulder blade의 cross cut roast이다. 그것은 뼈의 cross cut 모양이 '7'과 비슷하다 하여 얻어진 이름이다. 7−bone roast는 pot roasting으로 가장 인기 있는 것 중의 하나이다. 다음과 같은 이름으로도 불려진다.

* Center Cut Pot Roast   * Chuck Roast Center Cut

Arm Roast
암 로스트

Arm roast는 pot roasts로 가장 인기 있는 것 중 하나이다. 그것은 작은 덩어리로 축소 시킬 수 있고 arm steak로 알려져 있고 Swiss steak로도 알려져 있다. Arm roast는 다음과 같은 이름으로도 불려진다.

* Arm Pot Roast   * Arm Chuck Roast
* Round Bone Pot Roast

Boneless Chuck Eye Roast
본레스 척 아이 로스트

Chunk eye는 rib eye 고기의 연속이다. Chunk eye는 rib eye meat 처럼 부드럽지는 않지만 아직도 chunk roast의 가장 부드러운 것 중의 하나이다. Chunk eye roast는 대부분 braised 한다. 다음과 같은 이름으로도 불려진다.

* Boneless Chuck Fillet   * Boneless Chuck Roll
* Chuck Tender   * Scotch Tender

Boneless Shoulder Roast
본레스 쇼울더 로스트

뼈가 없는 shoulder roast는 English roast라 하고 arm roast 뒷부분에 위치하고 있다.

Mock Tender Roast
모카 텐더 로스트

Mock tender는 종종 roast용으로 팔리기도 하고 chunk primal에 top blade 옆에 cone 모양인 근육이다. "mock tender"의 이름은 잘못됐다. 왜냐하면 고기가 많이 부드럽지도 않으며 braised 할 때 최고 이다. 다음과 같은 이름으로도 불려진다.

* Medallion Pot Roast   * Fish Muscle
* Fillet Roast

Top Blade Roast
탑 블래드 로스트

Top blade roast는 shoulder blade 밑 부분에 위치하고 있으며 top blade roast로 알려져 있다. 대부분 braised로 이용
다음과 같은 이름으로도 불려진다.

* Flatiron Roast   * Top Chuck Roast
* Blade Roast   * Chuck Roast First Cut
* Lifter Roast   * Triangle Roast

Under Blade Roast
언더 블래드 로스트

Under blade는 shoulder blade 바로 밑에 위치 하고 뼈가 없는 under blade roast나 또는 under blade steaks로 팔리기도 한다. 다음과 같은 이름으로도 불려진다.

* Bottom Chuck Roast   * California Roast
* Inside Chuck Roast   * Boneless Roast Bottom Chuck

(3) 소고기 스테이크(Beef - Steaks)

  Steak는 신선한 쇠고기 덩어리 중에 가장 인기 있는 것이다. 부드러움에 의하여 최고의 steaks는 loin으로부터 이고, Filet mignon, Porterhouse, T-bone 그리고 top lion strip을 포함하고 있다. Steaks 덩어리로 chunk, round 그리고 flack은 덜 비싸고 덜 부드러우나 매우 맛이 있다.

7-Bone Steak
세븐-스테이크

7-bone steak는 어깨 부분의 십자형 절단으로 된 것이다. 이 이름은 뼈의 십자가 덩어리가 모양이 7처럼 생겨서 얻은 것 이다. 이것은 약간 질기고 braised 하기에 최고이다.

Arm Steak(Swiss Steak)
암 스테이크

Arm roast에서부터 나온 steak cut은 종종 Swiss steak라 불리 운다 (bottom round로 부터 나온 steak 처럼).
이러한 질긴 고기 덩어리를 위해 braising이 가장 최고의 요리 방법이다.

Bone-in Top Loin Steak
본 인 탑 스테이크

Bone-in top loin steak는 부드럽고 맛이 좋다. porterhouse 또는 T-bone으로 굉장히 좋으나 tenderloin부분은 없어진다. 가장 좋은 요리 방법은 grilling, broiling, sauteing이다. 이 steak은 어느 도시의 지역에서 구입하였는지에 따라 이름이 다른 것으로 알려져 있다.

* Club Steak   * Chip Club Steak
* Country Club Steak   * Delmonico Steak
* Shell Steak   * Strip Loin Steak

Boneless Chuck Shoulder Steak
본레스 척 쇼울더 스테이크

Boneless chunk shoulder steak는 larger boneless chunk shoulder roast에서부터 나온 덩어리이다. Braised 할 때 최고라 하나 만약 marinated를 먼저하고 지나치게 요리되어 지지 않았다면 grilled, broiled 도 좋다. 다음과 같은 이름으로도 불려진다.

* Shoulder Center Steak   * Cut Steak
* Shoulder Petite   * Chuck Clod Arm Steak

Boneless Top Loin Steak

Boneless top loin steak는 부드럽고 맛이 좋으며 grilling, broiling, sautening조리법 사용하면 최상의 품질을 얻는다. 이 steak는 어느 도시의 지역에서 구입하였는지에 따라 이름이 다른 것으로 알려져 있다.

* Strip Loin Steak   * New York Strip Steak
* Kansas City Steak   * Ambassador Steak
* Boneless Club Steak   * Hotel Style Steak
* Veiny Steak

Bottom Round Steak
보톰 라운드 스테이크

Bottom round steak는 종종 Swiss steak라고 부른다.(chuck arm steak 처럼) Braising은 이 질긴 덩어리를 위해 가장 좋은 요리 방법이다. 다음과 같은 이름으로도 불려진다.

* Griller Steak   * Outside Round
* Western Steak

Chuck Eye Steak
척 아이 스테이크

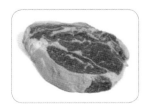

Chunk eye steak는 chunk eye roast에서 나온 작은 덩어리이다. 그것은 braised할 때가 최상이나 만약 지나치게 요리 하지 않는다면 grilled 또는 broiled 할 수 있다. 다음과 같은 이름으로도 불려진다.

* Boneless Chuck Slices   * Boneless Chuck Fillet Steak

Eye Round Steak
아이 라운드 스테이크

뼈가 없는 eye round steak는 eye round roast에서부터 가지고 있는 작은 덩어리이다. 지방이 적은 살코기이고 질겨 최상의 결과를 위하여 braised 하여야 한다.

Flank Steak
플랭크 스테이크

Flank steak는 소의 배 쪽 부위에 있는 살로 매우 지방이 적은 살코기이고 맛이 풍부하다. 요리하기 전에 marinated를 하는 것이 최상이다. 다음과 같은 이름으로도 불려진다.

* London broil
* Jiffy Steak
* Flank Steak Fillet

Hanger Steak
행거 스테이크

Hanger steak 또는 hanging tenderloin은 뼈의 안쪽에 자리잡고 있는 고기의 두꺼운 strip이고 마지막 lib과 loin 사이에 매달려 있다. grilling 또는 broiling과 같은 건습 열 방법을 사용한다면 marinated를 먼저 해야만 한다. 다음과 같은 이름으로도 불려진다.

* Hanging Tenderloin
* Hanging Tender
* Butcher's Steak

Mock Tender Steak
모카 텐더 스테이크

Mock tender는 종종 roast로 팔리고 chunk primal에 top blade 옆에 cone 모양 덩어리이다. "mock tender" 이름은 잘못 됐다. 왜냐하면 고기가 다소 질기고 braised 할 때 최상이다. 다음과 같은 이름으로도 불려진다.

* Fish Steak
* Chuck Fillet Steak
* Chuck Tender Steak
* Shoulder Tender
* Petite Filet
* Tender Medallions
* Chuck Clod Tender
* Shoulder Petite Tender

Porterhouse Steak
포터하우스 스테이크

Porterhouse steak는 T 모양의 뼈를 가지고 서로 나뉘어져 있는 tenderloin부분과 top lion 부분을 포함하고 있는 cross cut steak이다. T-bone 과 비슷하나 안심 부분이 30~40%, 등심부분이 60~70% 정도의 비율로 되어있다. 가장 좋은 요리 방법은 grilling, broiling, sauteing 그리고 pan-frying이다.

Rib Steak
립 스테이크

Rib steak는 rib roast에서부터 나온 덩어리이다. 이것은 뼈를 포함하고 있는 것을 제외하고는 rib eye와 같은 steak이다. Grilled 또는 broiled 할 때 최고의 요리를 낸다. 프랑스식 이름은 Entrecote이며, ribs의 9번째에서 11번째로부터 나온 rib eye 또는 rib steak 덩어리라 불린다.

Rib-Eye Steak
립 아이 스테이크

Rib eye steak는 rib eye roast에서 나온 덩어리이다. 이것은 맛이 있고 부드럽고 상당히 비싼 것이다. 그것은 grilled 또는 broiled 하는 것이 최고다. 다음과 같은 이름으로도 불려진다.

* Delmonico Steak   * Beauty Steak
* Market Steak   * Spencer Steak
* Entrecote (French name)

Round Steak
라운드 스테이크

Round steak는 종종 top round roast에서부터 나온 덩어리인 thin steak이라고 부른다. Round steak는 약간 질기므로 braise 하는 것이 최상이다. Round steak는 eye, top, 그리고 bottom round 부분을 포함하는 round에서부터 나온 cross cut steak라고 또한 부르다.

Round Tip Steak
라운드 트리 스테이크

Round tip steak는 손질하지 않은 round tip steak에서부터 나온 것이다. marinated를 먼저 한다면 Grilled 또는 broiled 할 때 상당히 좋다. 다음과 같은 이름으로도 불려진다.

* Sirloin Tip Steak   * Breakfast Steak
* Knuckle Steak   * Tip Center Steak
* Round Knuckle Peeled

Sirloin Bone-in Steaks
서로인 본인 스테이크

pin bone steak는 엉덩이의 앞쪽 부분에서 나온 cross cut이고 porterhouse 옆에 있다. 이것은 부드럽고 풍미가 있으며 grilled, broiled, sauteed 또는 pan fried로 할 수 있다. 결과물로는 marinated를 먼저 하는 것이 훨씬 낫다.

Skirt Steak
스커트 스테이크

Skirt steak는 flank steak보다 더 많은 마블링을 가지고 있어 육즙이 더 많고 매우 맛이 있다. Skirt steak는 요리방법이 가능하나 만약 grilling 또는 broiling과 같은 건습 열 방법을 사용한다면 marinated를 먼저 해야만 한다. 다음과 같은 이름으로도 불려진다.

* Outside Skirt Steak   * Inside Skirt Steak
* Philadelphia Steak

T-bone Steak
티-본 스테이크

Porterhouse와 같이 T-bone steak도 tenderloin 부분과 top loin부분을 포함하고 있는 crosscut steak이다. Porterhous와 비슷하나 보통 안심 부분이 20~30%, 등심부분이 80~70% 정도의 비율로 되어있다. T-bone steak는 grilled, broiled, sauteed, 또는 pan-fried 될 때 가장 최상의 방법이다.

Tenderloin Steak
텐더로인 스테이크

Tenderloin으로로부터 나온 덩어리는 가장 부드러운 부분이다. 다듬어진 tenderloin은 훌륭한 roast를 만들거나 steaks로 자를 수 있다. Grilling, broiling 그리고 sauteing은 tenderloin steaks 요리를 위해 가장 좋은 방법이다. 다음과 같은 이름으로도 불려진다.
* Filet Mignon   * Tournedos
* Filet Steak   * Chateaubriand

Top Blade Steak
탑 블래드 스테이크

Top blade steak는 top blade roast에서부터 나온 작은 덩어리이고 flatiron steak로 알려져 있다. 다음과 같은 이름으로도 불려진다.
* Top Boneless Chuck Steak   * Petite Steak
* Lifter Steak   * Book Steak
* Butler Steak   * Shoulder Top Blade Steak
* Chuck Clod Top Blade   * Triangle Steak

Top Boneless Sirloin Steak
탑 본레스 서로인 스테이크

Boneless sirloin은 풍미가 있고 sirloin의 top butt 근육으로부터 tender steak를 가지고 있다. 그것은 grilled, broiled, sauteed, 또는 pan-fried 할 수 있고 marinated를 먼저 하는 것이 훨씬 낫다.

Top Round Steak
탑 라운드 스테이크

Top round steak는 top round roast에서 나온 덩어리인 두꺼운 steak이다. Top round steak에서 나온 thinner steak cut은 알기 쉽게 round steak라 불린다. Top round는 맛이 있고 다른 round cuts보다 약간 더 부드러우나 만약 grilled 또는 broiled를 하려면 marinated를 먼저 해야만 한다. 때로는 London broil이라 알고 있고 또한 flank steak라고도 알고 있다.

Tri-Tip Steak
트리-트리 스테이크

Tri-tip은 sirloin의 끝부분의 삼각형 모양이고 sirloin, round 그리고 flank primals에 의해 둘려 쌓여 있다. Tri tip steak는 grilled 또는 broiled 할 때 최상이나 만약 지나치게 오래 요리 하였다면 쉽게 매우 질겨질 것이다. 다음과 같은 이름으로도 불려진다.

* Triangle Steak   * Culotte Stea

Under Blade Steak
언더 블래드 스테이크

Under blade는 shoulder blade에 바로 밑에 있으며 steak로 자를 수 있다. 이것은 grilling 또는 broiling을 위해 적합하지 않으나 braised 할 때는 상당히 좋다.

(4) 소고기 갈비(Beef – Ribs)

Beef carcass는 ribs의 13쌍을 가지고 있으나 rib primal cute에 모든 ribs가 포함되어 있는 것은 아니다. 처음 5 ribs는 동물의 앞부분인 chunk cut의 부분이다. 13번째 rib은 loin의 부분이다. Rib primal은 6개에서 12개의 ribs를 포함하고 있다.

Short rib은 rib의 작은 덩어리들에서 갈비뼈가 손질 됐을 때 메인 부분으로부터 정리되어진 작은 조각으로 부른다. Short ribs는 chunk에서부터 나왔고 plate primals 그리고 back ribs는 rib primal 으로부터 나온 것이다.

뼈에서부터 평행으로 자른 short ribs는 English 스타일 short ribs로 알고 있다. 이것은 약간의 뼈를 포함하거나 뼈 없이 판매 될 수 있다. 갈비뼈에서 가로질러 자른 Short ribs flanken 으로 알고 있다.

Back Ribs
백 립스
Back ribs는 rib roast를 뼈를 발라낸 후 남은 일부분이다.
Full back ribs는 길고 많은 고기를 가지고 있지 않으나 이것은 부드럽고 grilled 할 때 맛이 좋다.

English Style Short Ribs
잉글리쉬 스타일 숏 립스
English style short ribs는 뼈에서부터 평행으로 자른다.
갈비 1번에서부터 5번까지 chunk primal에 위치하고 있다. 다량의 고기를 가지고 있으며 plate에서부터 나온 short ribs보다 지방을 덜 가지고 있다.

Flanken Style Short Ribs
플랭큰 스타일 숏 립스
flanken style short ribs는 뼈를 가로질러 자른다.
갈비 1번에서부터 5번까지 chunk primal에 위치하고 있다. 다량의 고기를 가지고 있으며 plate에서부터 나온 short ribs보다 지방을 덜 가지고 있다.

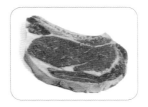

Short Ribs(Plate)
숏 립스

6번째의 마지막에서부터 12번째까지 갈비는 plate primal cut 안쪽에 들어있다. Plate short ribs는 보통 6번째의 flat 끝에서부터 9번째까지 가지고 있고 단지 근소한 인치 정도를 자른다. 10번째의 마지막에서부터 12번째까지 지방보다 고기를 더 가지고 있다.

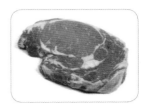

(5) 소고기 부속물(Beef – Variety Meats)

다양한 고기들은 몇몇의 내장과 사지를 포함하고 있다. 몇몇의 다양한 고기들은 식료품점에서 즉시 구입 할 수 있으며 대부분 정육점에서 또는 특별한 고기 가게에서 구입할 수 있으나 특별한 주문이 필요할 것이다. 이것들은 굉장히 부패하기 쉬어 만약 구입 24 시간 이내에 이용하지 않는 다면 즉시 냉동시켜야 할 것이다.

Heart
하트

심장은 맛이 풍부하고 braising 또는 stewing과 함께 준비되는 것이 최상인데 그 이유는 고기의 질김 때문이다.

Kidneys
키드니

쇠고기의 신장은 질기고 약간 쓴 맛 이다. 신장 또한 간처럼 마찬가지로 콜레스테롤이 높다.

Liver
리버

쇠고기 간은 비싸고 굉장히 맛이 있으나 콜레스테롤이 높다.

Oxtail
옥스테일

쇠꼬리는 강렬한 맛을 가지고 종종 질을 높이기 위해 수프 또는 스튜로 사용되어지곤 한다.

Suet
슈엇

Suet는 하얗고 쇠고기의 콩팥 주변에 둘러싸여진 부분의 고체지방이다. 전통적인 영국 푸딩을 위해 사용 되어지곤 하고 스테이크처럼 그리고 콩팥 푸딩으로 사용 되어지곤 한다.

이것은 또한 쇠기름 양초 제조에도 사용되어진다. 포화지방산과 함께 연관되어 건강 문제의 인식이 증가함에 따라 오늘날 드물게 사용되고 있다. Suet는 큰 덩어리 또는 작은 다발로 된 조각 형태로 팔린다.

Tongue
텅거

혀는 종종 poached 또는 braised를 하고 잘게 자르거나 얇게 썰어 샌드위치로 제공 될 수 있다. 혀는 신선하고 보존처리 또는 훈제 할 수 있다.

Tripe
트라입

창자는 식용할 수 있는 위의 줄이다. 이것은 대부분이 가축의 네 개 위 부분의 첫 번째 세 번째가 포함되어있다. rumen, reticulum 그리고 omasum. Abomasum인 네 번째 위는 또한 사용 되지만 자주는 아니다. Rumen은 편편하며, 부드럽다.

(6) 다양하게 자른 소고기(Beef - Miscellaneous Cuts)

신선한 쇠고기 덩어리나 한 조각 들은 잘게 부스거나 말거나 연하게 하거나 사각형 (입방 꼴)모양이나 또는 얇게 썰어 식료품점이나 육류 상점에서 다양한 형태로 있어 고객을 위한 편리함을 더 해준다.

Beef Strips
비프 스트립

쇠고기는 stir-fry 레시피를 사용 하도록 편리함을 위해 긴 조각으로 잘 라져 있는 것을 구입 할 수 있다.

Ground Beef, Bulk Packages
그라운드 비프

잘게 저민 쇠고기의 포장 라벨은 ground chunk, ground sirloin 또 는 고기를 포함하고 있는 것으로부터 동물의 일부분에 의하여 ground round라 말할 수 있을 것이다. 포장된 것은 단순히 ground beef라 불 리고 잔여물의 많은 부분으로부터 가져온 고기 일 것이다.

Ground Beef, Patties
그라운드 비프 패티

Ground beef 또한 patties 그리고 포장되어진 형태로 다양하게 많이 있다. Patties는 종종 얼려서 판다.

Kabobs
케밥

준비된 쇠고기 케밥은 marinated 한 쇠고기 조각과 야채가 교차하여 꼬챙이에 끼워져 있고 다양한 많은 양으로 포장되어진 것으로 구입 할 수 있다.

Minute Steak
미니트 스테이크

Minute steak는 뼈가 없고 매우 얇으며 부드럽게 하기 위해 두드린다. 다양한 덩어리는 minute steak를 하기 위해 사용할 수 있으나 대부분 이것들은 뼈가 없는 sirloin의 얇게 썬 조각이나 Beef ground이다.

Rolled Steak
롤드 스테이크

큰 스테이크는 때때로 돌돌 말거나 묶어서 oven roast로 사용되어진다. 때때로 채우는 것은 그것을 말기 전에 스테이크 위에 놓는다. Roasting 후에 스테이크는 매듭을 풀은 후 얇게 썬다.

Stew Meat
스튜 밑

케밥을 위한 쇠고기는 미리 적당한 사이즈 덩어리로 잘라 놓아 꼬챙이에 꼽을 수 있도록 준비되어진 것으로 구입 할 수 있다.

02 양고기 조리방법에 따른 가공부위용어

(1) 오븐 로스트용 양고기(Lamb - Oven Roasts)

양고기 덩어리를 보통은 최소한 2인치 두께로 오븐에서 구워지는 것이 적절하다. 만약 지나치게 굽지 않았다면 오븐 굽기의 건조 열은 양고기의 맛과 부드러움을 강화 시켜준다. 제일 최상의 오븐 굽기에는 허리고기의 부드러운 덩어리, 갈비살과 다리살이다. 보통 braised를 할 때 최고로 쓰이는 어깨 부분의 덩어리는 만약 어린 동물의 덩어리라면 오븐에 굽는 용으로 구입하고 그것은 최상의 품질이다.

Crown Roast
크라운 로스트

두 개 또는 세 개의 어린양 갈비는 끝과 끝이 결합될 수 있으며 둥그런 원 모양으로 보관하여 왕관 구이를 만들 수 있다. 새끼 양 갈비구이의 특별한 준비이며 특별한 주문 없이 몇몇의 정육점에서 이용할 수 있으며 또는 집에서도 만들 수 있다. 왕관 구이를 만들려고 시도하기 전에 등뼈가 제거 되어 있는지 확실히 해야 한다.

Guard of Honor
가드 오브 오너

양고기 두 개의 뼈끝을 교차 할 수 있으며 그 다음은 의장대 형태로 묶는다. 왕관 구이처럼 이것도 새끼 양 갈비구이의 특별한 방법이다.

Rib Roast or Rack of Lamb
립 로스트 랙 오브 램

갈비살 구이 전체 또는 새끼양의 갈비는 7개 또는 8개의 갈비를 가지고 있다. 새끼 양의 갈비 한 개로 대부분 세 사람에게 충분히 제공되어진다. 갈비구이는 가장 부드러운 것 중 하나이고 양고기의 즙이 많은 덩어리 부분이며 또한 가장 비싼 것 중의 하나이다. 굽기가 갈비구이에 제일 좋은 방법이지만 절대로 지나치게 굽지 말아야 한다. 그 이유는 갈비의 부드러움을 잃기 때문이다.

Sirloin Half of Leg Roast, Boneless
본 레스

다리 후부의 sirloin 반쪽은 뼈를 발라내고 둥그렇게 말았을 때 네 명분
의 이상적인 사이즈(약 2파운드)를 만들어 낼 수 있다.

Sirloin Half of Leg Roast, Bone-in
서로인 하프 오브 레그 로스트 본 인

Sirloin(다리의 윗부분, 엉덩이 부분)은 살코기가 많고 정강이 반쪽보다
부드러우며 그리고 오븐 로스트용으로 아주 훌륭하다. Sirloin은 일반적
으로 무게가 3에서 4파운드 정도 한다.

Whole Leg, Bone-in
홀 레그 본 인

뼈가 있는 다리의 전체 무게는 5에서 9파운드이며, 미국 스타일(정강이
뼈가 없는 것)과 프랑스 스타일(정강이 뼈가 있는 것)이 있다.

(2) 브래이징용 양고기(Lamb – Roasts for Braising)

콜라겐(결합조직)을 대량으로 포함하고 있는 양고기의 질긴 부분 덩어리는 braising 하기에는 이상적인 후보이다. 오랜 시간 천천히 요리되는 braising은 곁들어지는 것 같이 사용되어 콜라겐을 녹이고 맛을 풍부하게 만들고 소스를 부드럽게 한다. 양고기를 제일 좋은 결과를 내기 위해 braising 또는 stewing을 필요로 하는 약간의 덩어리만 남겨 놓고 잔해의 대부분이 dry heat cooking 방법을 위해 충분히 부드럽다.

Rear Leg Shank
리어 레그 생크

양고기의 정강이는 일반적으로 앞다리의 윗부분으로 언급되지만 이것은 혼돈 될 수 있다. 왜냐하면 후부 다리의 하단부분을 양고기의 정강이라고 알고 있기 때문이다. 더 혼동 되도록 하기 위해 후부 다리의 전체 하단 반쪽을 정강이 반쪽이라 언급하나 이 덩어리는 양고기의 정강이보다 더 크고 다리 중앙의 부분을 포함하고 있다. 앞다리와 후부 다리 정강이는 족으로 언급 될 수 있다. 이것들은 전체가 braised 되거나 stew 하기 위해 얇게 뼈를 가로질러 자른다. 정강이는 부드러운 고기를 위해 braised 또는 stewed 되어야만 한다.

Shank Half of Leg Roast, Bone-in
생크 하프 오브 로스트 본 인

다리에 정강이 반쪽은 sirloin 반쪽보다 기름기가 없으나 질기고 잘 씹히지 않으며 뼈가 있을 높은 퍼센트를 가지고 있다. 알맞게 준비된 Moist heat cooking 방법을 사용할 때 다리에 정강이 반쪽은 부드럽고 육즙이 많아질 것이다. 이것은 일반적으로 3에서 4파운드 정도 한다. 다리에 정강이 반쪽은 종종 수시로 앞다리 윗부분으로 언급되는 양고기 정강이와 혼돈 되기도 하지만 또한 뒷부분 다리의 정강이 반쪽에 하단 부분도 언급 될 수 있다.

Shank Half of Leg Roast, Boneless
본 레스

뒷부분 다리의 정강이 반쪽은 뼈를 발라내고 돌돌 말수 있고 braising 을 하기 위해 적당한 로스트용의 형태로 묶을 수 있다.

(3) 램 찹(Lamb − Chops)

Chops로 가장 인기 있는 것 중 하나는 신선한 양고기 덩어리이다. 가장 부드럽고 비싼 chops는 loin 과 rib 부분으로부터 나온 덩어리이다. 값이 좀 덜 비싼 양고기 chop 은 다리와 어깨 부분으로부터 나온 덩어리이다.

Blade Chop
블래드 찹

Blade chop은 rib에서부터 나온 덩어리 이거나 어깨에 blade 부분의 뒤쪽에서 나온다. 그것은 간결하고 맛이 좋으며 arm chop보다 약간 더 부드럽다. 일반적으로 좋은 결과를 위해 gilled broiled 또는 pan fired를 한다.

Leg(Sirloin) Chop
레그 찹

Chops는 다리의 허리 끝 부분에서부터 나오고 steaks는 다리의 중간 부분에서 나온다. Chops와 steaks 둘 다 고기 내부의 둥그런 다리뼈의 가로로 벤 부분으로부터 동일함을 증명 할 수 있다. Sirloin chops는 매우 고기 맛이 좋고 크게 만들 수 있으며 갈비 또는 loin chops 둘 다 보다 economical chop 하나 대부분 부드럽다. Grilled 또는 broiled 할 때 최고 이다.

Loin Chop
로인 찹

Loin roast는 개개의 chop으로 가로로 얇게 썰 수 있다. Loin chop은 가장 부드럽고 지방이 적은 살코기이며 다양한 종류의 양고기 chop이 가장 비싸고 "T-bone"이라고 동일하게 취급 될 수 있다. Loin chop 은 때때로 양고기 T-bone chop이라 불리 운다. 만약 backbone의 양쪽 사이드로부터 나온 덩어리라면 그것은 double chops 또는 English chops라고 불리 운다. Loin Chops는 일반적으로 고기에 부드러움과 풍미를 남기기 위해 grilled 또는 broiled 된다.

Rib Chop
립 찹

Rib chop은 loin chop과 같이 매우 prized 하고 가장 부드럽고 맛있는 양고기 덩어리이다. Rib chop은 loin chop보다 약간 더 비계를 가지고 있고 그러므로 약간의 풍미가 더 있다. 만약 고기가 뼈의 마지막으로부터 긁혀 있다면 chop은 프랑스식 양고기 chop 또는 프랑스의 양고기 chop이다.

(4) 램 스테이크(Lamb - Steaks)

양고기 스테이크는 일반적으로 다리에서 나온 덩어리이다. 작고, 비싼 스테이크는 loin에서 나온 덩어리로 medallions 또는 noisettes라고 알려져 있다.

Leg Steak
레그 스테이크
다리 스테이크는 다리의 중앙을 포함하고 있다. 이것은 고기 내부의 둥근 다리 뼈 부분을 가로로 벤 부분으로부터 동일함을 증명하고 있다. Grilling, broiling 그리고 pan frying이 요리 방법으로 적당하다.

(5) 양고기 부속물(Lamb - Variety Meats)

다양한 종류의 고기들은 기관지들과 사지들을 포함하고 있다. 몇 가지 다양한 종류의 양고기는 음식 상점에서 얻을 수 있으나 대부분은 정육점에서 얻을 수 있고 또는 특별한 주문에 의해 요구 되어 질 수 있다. 다양한 종류의 고기들은 매우 부패하기 쉽기 때문에 만약 구입 후 24시간 이내에 사용하지 않을 거라면 곧장 냉장고에 넣어 놓아야 한다.

Heart
하트
심장은 braising 또는 stewing과 함께 준비되는 것이 제일 좋은데 그것을 하는 이유는 고기의 질김 때문이다.

Kidneys
키드니

양고기의 콩팥은 양고기의 부드러움과 마일드한 맛을 내는데 가치가 있다. 제일 좋은 결과를 위해 콩팥을 grilled하거나 roasted해야 하나 그것을 너무 지나치게 요리하면 안 된다. 양고기 콩팥은 낮은 지방이나 매우 높은 콜레스테롤을 가지고 있다.

Liver
리버

양고기의 간은 쇠고기 또는 돼지고기의 간보다 순하고 달지만, 양고기 간은 여전히 독특한 간의 맛을 가지고 있다. 양고기의 간은 종종 제일 좋은 결과를 얻기 위해 pan fried를 한다. 양고기의 간은 비타민과 무기질 그리고 풍부한 철의 원천이 있으나 양고기의 간도 매우 높은 콜레스테롤을 가지고 있다.

Tongue
텅거

혓바닥 고기는 일반적으로 고기의 부드럽게 하기 위해 긴 시간 동안 braised를 한다. 혓바닥 고기는 얇게 썰어질 수 있고 braising의 결과에 따라 제품에 양념 소스로 덮거나 샌드위치를 위해 차갑게 하여 자를 수 있다.

03 돼지고기로 만드는 가공육용어

(1) 익힌 햄(Cooked Ham)

　돼지다리를 삶거나 또는 훈제한 덩어리를 햄이라 하고, 햄은 Dry cured(컨츄리 햄) 또는 wet cured(도시 햄)으로 나눈다. Dry cured 햄은 소금기가 있고 강한 맛을 지니며 질감이 wet cured 햄보다 결이 거칠다.

　햄 전체의 무게는 4.5kg에서 9kg 정도이고, 또는 더 나가나 보통은 2등분씩 나뉘어 판매 한다. 햄은 보통 지방함량이 낮으나 높은 나트륨이 있으며 뼈가 있고 뼈가 반만 있다거나 또는 뼈가 없는 것이 있다.

Butt Ham
벗 햄

다리의 위쪽 절반 부분에서 가공한 덩어리이다. Butte의 마지막부분은 고기 같으나 전체 햄의 정강이 마지막부분 보다 지방이 더 많이 포함되어 있고 썰기가 더 힘든데 이유는 엉덩이와 골반 뼈를 포함하고 있기 때문이다.

Center Ham Slice
센터 햄 슬라이스

햄의 가운데 덩어리를 스테이크라 불리는데 이 덩어리는 대략 ½에서 1인치 두께이고 다리 부분의 중간에서 얇게 썬다. 이것은 신선한 고기처럼 사용할 수 있고 또는 보관되거나 훈제될 수 있다. 햄의 가운데 부분을 얇게 썬 것은 뼈가 없는 것을 볼 수 있으며 또한 작은 원형 뼈가 있는 것을 볼 수 있다. 이것은 또한 음식이 다되어서 제공할 준비가 된 것을 볼 수 있다.

Shank Ham
생크 햄

다리의 아래쪽 절반 부분에서 가공한 덩어리이다. 정강이 마지막 부분은 지방을 덜 포함하고 있고 butt의 마지막 부분만큼 고기 같지 않지만 오직 하나의 다리뼈만 포함하고 있어 썰기에는 쉬운 조건이다. 이 햄은 약간 단맛을 가지고 있다.

Spiral Sliced Ham
스파이럴 슬라이스 햄

미리 조리된 햄은 편리를 위하여 나선형 모양으로 미리 썰어 놓아져 있다. 나선형 모양 썰기는 햄의 주위를 한번에 끊임없이 자르며 한쪽 끝에서 시작하여 반대 끝 쪽으로 일치하게 움직여서 같은 굵기로 얇게 썰어 만드는 것이다. 나선형 슬라이스 햄은 4일에서 5일 안에 사용하여야만 하고 반드시 냉동시킨다. 그 이유는 미리 얇게 썰어 놓은 조각들이 겉부분이 빠르게 건조해지는 경향이 있기 때문이다. 건조 저장한 햄은 보통 나선형으로 얇게 썰지 않는다. 왜냐하면 얇게 써는 것이 충분하지 않고 빨리 건조되기 때문이다.

Whole Ham
홀 햄

Bone In Ham

Boneless Ham

다리에서부터 butt ham과 shank ham이 포함되어 가공된 덩어리이다. 전체 햄의 무게는 10lbs에서 20lbs 또는 좀 더 나간다. 이 햄은 뼈가 있기도 하며 뼈가 없는 것도 있다.

(2) 생 햄(Raw Ham)

요리가 되지 않고 건조 저장된 햄은 햄을 날것으로 먹기 위한 목적으로 처리된 방법이다. 소금은 매달아서 숙성시키는 것과 같이 햄의 수분을 빼주는 보존 처리 방법으로 사용된다. 햄은 시원하고 건조한 공기에 노출 되어 자연적인 공기의 보전 처리 방법을 거친다.

공기 보전 처리는 고기에서 뽑아내듯이 수분을 빼며, 햄이 탈수증을 통해 보존 되는 결과 인 것이다. 보존 처리 되는 과정 중에 햄은 여러 번의 압착하는 과정을 거친다. 이러한 Raw 햄은 보통 얇게 썰어 날것으로 먹는다. 전체적인 맛을 보여주기 위하여 먹기 전에 10분에서 15분 동안 실내 온도에 방치 해야만 한다.

Black Forest
블랙 퍼리스트

수분기 있는 독일 햄은 공기 건조하고 소금에 절여 보관하고 강렬한 맛을 주기 위해 솔나무 또는 전나무 재목 위에서 훈제 한다. Black Forest 햄을 만들려면 독일의 black Forest에서 생산되어야만 한다. 이 햄은 외부 표면에 검은색을 주는 소고기 피와 함께 전통적으로 곁들인다. 지금은 일반적으로 외부를 검게 하는 것은 향료를 넣는 것과 훈제하는 과정의 결과 이다. Black Forest 햄은 파스타 요리에 들어가 강렬한 맛을 주고 얇게 썰어서 들어가고 치즈, 빵과 함께 제공 되어진다.

Capocolla
캐포콜라

이탈리아 햄은 뼈를 발라낸 얇게 저민 돼지 어깨살로부터 만든다. 그것은 약간 건조 저장 하고 매운 고추나 단 고추와 또한 소금과 설탕도 함께 양념한다. 이 햄은 자연적 포장으로 넣거나 공기로 건조한다.

Coppa
코파

이탈리아 햄 제조는 돼지 어깨와 다리의 뒷부분 보다는 돼지의 목 부분으로 만들어진다. 이것은 소금에 절였으며 양념하고 오랜 시간동안 건조 보관한다. 원통모양으로 만드는 것은 껍질을 사용한다. 얇게 썰 때 빨간 색상과 함께 지방부분이 햄을 가로질러 있다. Prociutto 보다 더 많은 지방부분을 가지고 있고 덜 비싸다. 이 햄은 마일드한 향과 단맛을 가지고 있다.

Jamon Serrano Ham
잼본 세라노 햄

Spain의 남부지방에서 자라고 도토리의 식품을 먹인 Dry cured spanish 햄은 하얀 돼지로부터 나온다. 이 햄은 시원한 곳, 높은 지대와 적어도 9개월의 숙성기간으로 저장되어야 한다. 이 햄은 훈제되지 않지만 강렬하지는 않고 부드러운 맛을 가지고 있으며 기분 좋은 향내와 질감을 가지고 있다. Jamo Serrano는 단맛이 나는 햄 중의 하나로 명성이 나 있다. 이것은 얇게 썬 날것이나 prosciutto와 비슷하게 제공된다.

Pancetta
판세타

소금과 향료로 처리한 이탈리아식 베이컨이나 훈제하지 않은 약간 말린 베이컨이다.

Parma ham
파마 햄

이것은 진짜 prosciutto 햄으로, 파마산 치즈로 유명한 이탈리아의 북쪽 지방인 parma 지방에서 생산되는 햄이다. 특히 밤과 유장을 먹여 사육한 파마 지방의 돼지는 최상의 육질의 고기를 가지며 파마 햄은 양념을 해서 소금 처리를 한 다음 공기에 처리하며 훈제는 하지 않는다. 파마 지방의 돼지고기는 붉은 갈색을 띠며 단단하고 밀도가 조밀하다. 최상의 파마 햄은 파마시에 있는 작은 마을인 Langhirano란 곳에서 생산되는 것이다. 파마 햄은 주로 얇게 썰어 애피타이저로 제공된다. 햄의 껍질은 수프의 맛을 내는 데 쓰이기도 한다.

Prosciutto Ham
프로슈토 햄

이탈리아 dry cured ham 은 소금, 설탕과 향료와 함께 9개월이나 또는 더 많이 보관 되지만 훈제는 아니다. 그러한 저장기간 부분을 통하여 햄은 촘촘하고 단단한 질감으로 만들어지도록 중요성을 더한다. 이 햄은 또한 평평한 모양을 가진다. 이태리에서는 prosciutto crudo는 날것의 햄으로 사용되어 지고 prosciutto cotto는 요리되어진 햄으로 사용되지만 이태리의 외곽에서는 prosciutto는 날것의 햄이 사용되어지고 있다. 최고이며 가장 인기있는 prosciutto는 parma에서 만든 prosciutto di parma(or parma ham)이며 양방풍나물에서 자란 돼지가 있는 이태리와 유장이 parmesan cheese가 만들어지는 것으로부터 나온다. Prosciutto 풍미, 짠맛을 가지고 종이 얇기로 잘라서 제공 되어 져야만 한다.

Westphalian Ham
웨스트팔리안 햄

독일 햄은 도토리를 먹이고 독일의 Westphalia 숲에서 키운 돼지로 만들어 진다. 햄은 dry cured와 너도밤나무 재목과 향나무 위에서 천천히 구워진 햄이 있다. 천천히 굽는 방법은 dark golden pink 색과 mild smoky 맛을 가진 결이 촘촘한 햄을 만들어 낸다. Westphalian 햄은 최고 중의 하나이고 은근히 비싸다. 이 햄은 대부분 얇게 썬 슬라이스나 날것으로 제공된다.

(3) 특별하게 만들어진 햄(Specialty Hams)

　다양한 종류의 햄들은 독특한 맛을 제공하기 위하여 저장하거나 훈제, 요리를 하는 특별한 과정을 거친다. 특별한 햄은 대부분 dry cured country 햄들이 있으며 1년 또는 이상의 기간을 걸쳐 더 진한 맛을 내기 위해 몇몇의 특별한 햄은 소금에 절여져 보관된 Irish 햄과 같은 것이 있으나 대부분이 dry cured이다. 대부분의 특별한 햄의 종류는 유럽국가에서부터 수입되어진다. 이 대부분의 햄은 독특하게 기른 돼지나 또는 돼지에게 특별한 음식을 먹인 돼지들로 제조된다. 나무의 종류들은 특별한 맛을 내는 것의 원인이 되며 햄을 훈제하는데 사용되어진다.

Black Forest Ham(Brine Cured)
블랙 퍼리스트 햄

특별한 햄은 소금물에 저장되거나 독특한 맛을 제조하기 위해 훈제 되어진다. dry salt cured black forest ham과 비슷한 감칠맛을 내는 이 햄은 외부 표면은 검은색을 지니고 있으나 진짜 black forest ham과 헷갈리면 안 된다.

Kentucky Ham
켄터키 햄

돼지의 다리 뒤쪽으로 만들어진 미국의 dry cured country ham은 도토리 식품, 콩, 클로버와 곡물로 키웠다. 이 햄은 풍미 있는 맛과 virginia 햄보다 약간 건조하다. Kentucky ham은 옥수수열매의 불, 히코리 재목, 사과 재목 위에서 훈제된다. 이 햄은 보관되어지고 나서 일년 정도 숙성되어진다.

Tasso Ham
타소 햄

지방이 적은 살코기나 많이 양념된 돼지고기는 서부지역에서 제공되고 자주 cajun 요리와 함께 제공된다. 이 햄은 때때로 cajun햄 같이 양념한 햄으로 만들어지며 매운 겉 표면을 가지고 진하게 훈제 된다. Tasso 쇠고기 제품으로 만들어 지며 그것은 저장 하여 훈제 되어진다. Andouille, chorizo또는 liguica 소시지는 대용품으로 더 매운 맛을 강렬하게 더해주는 것으로 사용되나 이 세 가지 중의 어느 것도 tasso에 의하여 제공되어지는 훈제 맛의 깊이는 제공하지 않을 것이다. 비록 매우 맛있다 하여도 tasso는 어느 정도 연골질의 질감을 가지고 있다.

Chapter 4

어패류 용어
Terminology of Fish & Shell

01 어류 용어(Terminology of Cooking Fish)

프 프랑스어

연어 Salmon
프 Saumon / 소몽

특성　연어는 북부유럽의 노르웨이, 스칸디나비아, 알래스카, 홋카이도 등에서 많이 잡힌다. 민물에서 태어나 바다로 생활터전을 옮긴 다음 산란기에 민물로 돌아오는 회귀성 어종으로 불포화지방을 함유, 산란기는 10~12월이고 수컷보다 암컷이 좋다.

조리법　Poaching, Grilling, Smoking, Canning, etc.

농어 Bass & Perch
프 Bar / 바르

특성　농어는 전국적으로 분포하며, 일본, 동중국해, 대만, 러시아 등에도 서식한다. 연안지대에 살고 주로 여름에 기수나 담수에 올라오며 수온이 내려가면 바다로 간다. 지방의 함량이 아주 많으며 단백질도 높다. 비타민 A와 B군, 칼슘, 인, 철이 골고루 함유되었다.

조리법　Poaching, Steaming, Grilling, Frying, etc.

송어 Trout
📘 Truite / 트루트

특성 송어는 우리나라 울진 이북의 동해로 유입되는 하천에 서식하며 일본, 알래스카, 러시아에 분포한다. 바다에서 산란기 때 강으로 올라온다. 맑고 자갈이 깔려 있는 여울에서 산란. EPA 및 DHA의 조성비가 높다.

조리법 Boiling, Smoking, Meuniere, Pan Frying, etc.

잉어 Carp
📘 Carpe / 까르쁘

특성 잉어목 잉어과의 민물고기. 전체 길이가 50cm 내외이나 1m 이상 되는 것도 있다. 몸은 길고 옆으로 납작하다. 비늘은 크고 기와처럼 배열되어 있다. 입은 주둥이 밑에 있고 입수염은 두 쌍, 뒤의 한 쌍이 있다. 위턱의 뒤쪽 끝은 뒤콧구멍 밑에 닿는다. 등지느러미는 머리의 길이보다 길다. 풍부한 단백질과 높은 비율의 불포화지방산으로 이루어진 지질을 함유하고 있다.

조리법 Boiling, Stewing, etc.

철갑상어 Sturgeon

특성 철갑상어목 철갑상어과 물고기. 전체길이 100cm. 몸은 긴 원통모양으로 주둥이가 길고 뾰족하다. 몸은 5열의 세로줄 판모양인 단단한 비늘에 싸여 있다. 입은 아래쪽에 있고 촉수가 4개 있다. 양쪽 턱에는 이가 없다. 산란기는 5~9월 무렵이며, 난소란의 염장품을 캐비아라 하며 카스피해산으로 만든 것을 최고급품으로 친다.

조리법 Poaching, Smoking, Frying, etc.

메기 Catfish

특성 잉어목 메기과의 담수어. 머리는 크고 세로로 편평하며, 몸은 가늘고 길며 납작하다. 비늘은 없다. 입은 크고 위턱과 아래턱에 각 1쌍씩의 수염이 있는데, 유어기에는 아래턱에 또 1쌍의 수염이 있다. 등지느러미는 작고, 뒷지느러미는 밑바탕이 길고, 뒤끝은 꼬리지느러미에 연결된다. 성어는 몸길이 약 30cm이나, 큰 강에는 100cm 이상인 것도 있다. 상당히 신경질적이며 사육 초기에는 먹이에 잘 접근하지 않는다.

조리법 Poaching, Smoking, Frying, etc.

뱀장어 Eel
프 Anguille / 앙귀이여

특성　따뜻한 민물에서 살며, 육식성으로 게, 새우, 곤충, 실지렁이, 어린 물고기 등을 잡아먹는다. 낮에는 돌 틈이나 풀, 진흙 속에 숨어 있다가 주로 밤에 움직이는 야행성이다. 물의 온도가 낮아지면 굴이나 진흙 속에 들어가 겨울을 보내고 이듬해 봄에 다시 활동한다. 수컷은 3~4년, 암컷은 4~5년 정도 지나면 짝짓기가 가능해지고, 8~10월에 짝을 짓기 위해 바다로 내려간다. 장어는 단백질이 풍부해 담백하고 맛이 좋다. 뱀장어 구이가 가장 유명하며 찜이나 스튜를 만들어 먹기도 한다.

조리법　Smoking, Sauteing, Frying, etc.

참치 Tuna
프 Thon / 통

특성　참치는 전 세계에 7종류이며 일반적으로 북반구와 남반구로 나뉘어 서식, 고속으로 무리지어 바다를 유영하는 습성을 지님. 고단백이면서 저지방, 저칼로리 어종으로 DHA, EPA, 셀레늄 등을 함유하여 뇌세포활성 기능이 있다. 고등어과로 육식성이며 큰 것은 무게가 500kg 정도이다.

조리법　Sauteing, Smoking, Deep fat frying, Canning, etc.

청어 Herring
프 Hareng / 아헹

특성　한해성 어종으로 우리나라 동·서해 일본 북부, 발해만, 북태평양에 분포하며, 냉수성으로 수온이 2~10℃로 유지되는 저층냉수대에서 서식. 산란기인 봄에 연안으로 떼를 지어 해조류 등에 산란. 불포화지방산 다량 함유. 성인병 예방에 좋다. 형태는 은색비늘에 푸른색 등이고 배 쪽 부분은 은백색으로 몸통은 얄팍하다.

조리법　Marined, Deep fat frying, Canning, etc.

도미 Snapper
프 Daurade / 도라드

특성　제주도 남방해역에서 월동을 하고 봄이 되면 중국연안과 한국의 서해안으로 이동한다. 주로 자갈, 암초해역에서 서식하므로 낚시어업에 의해 다량어획. 도미의 눈은 비타민 B$_1$의 보급원으로 유명하며, 미네랄성분이 많아 간과 신장 기능을 향상시킨다.

조리법　Sauteing, Grilling, Poaching, etc.

대구 Cod
프 Cabillaud / 까비요

특성 대구는 북쪽의 한랭한 깊은 바다에 군집하며 산란기인 12~2월에 우리나라 영일만과 진해만 연안까지 남하했다가 봄이 되면 북쪽해역으로 회유. 비타민 A와 B성분이 많아 산모의 젖을 잘 나오게 한다. 육식성으로 육질은 회백색이며 익으면 잘 부서진다.

조리법 Boiling, Poaching, etc.

복어 Puffer

특성 복어는 전 세계에 120여 종이 있고 우리나라에는 18종이 서식. 간장과 내장에 테트로도톡신이라는 맹독이 있다. 저칼로리 고단백 저지방과 각종 무기질 및 비타민이 있어 알코올 해독은 물론 콜레스테롤 감소에 탁월한 효과가 있다.

조리법 Boiling, Stewing, Poaching, etc.

아구 Monk fish

특성 우리나라 서해, 남해, 동해남부, 일본 홋카이도 이남해역, 동중국해, 서태평양에 분포하며 산란기인 4~5월이 되면 중국연안으로 이동. 비타민 A가 많이 들어 있어 피부미용에 좋다. 지방이 없어 비린내가 나지 않고 소화가 잘된다.

조리법 Sauteing, Grilling, Poaching, etc.

멸치 Anchovy
프 Anchois / 앙소아

특성 청어목 멸치과 바닷물고기. 몸길이 15cm 정도. 몸은 가늘고 길며 약간 납작하다. 연안성 회유어(沿岸性回游魚)이며 플랑크톤을 주식으로 한다. 산란기는 거의 1년 내내 계속되지만 성기(盛期)는 봄부터 여름과 가을의 2회이며, 북방에서는 산란기가 늦고 성기도 1회이다.

조리법 Dry, Marined, Deep fat frying, etc.

정어리 Sardine
프 Sardin / 사르댕

특성 청어목 청어과의 바닷물고기. 몸길이는 25cm 정도이다. 몸의 등이 푸른색이고 옆구리와 배 쪽은 은백색이다. 옆구리에는 7개 내외의 흑청색 점이 1줄로 늘어서 있고, 때로는 그 위쪽에 여러 개의 점이 있다. 등지느러미 밑바닥에는 3개의 점이 있다. 12~7월경, 수온이 20℃이면 2~3일 만에 부화하는데, 다른 어류에 비해 특히 번식력이 강하다. 단백질이 풍부하고 지방을 많이 함유하고 있다.

조리법 Sauteing, Grilling, Canning, etc.

고등어 Mackerel
프 Maquereau / 마크로

특성 농어목 고등어과의 바닷물고기. 몸길이 40cm 정도. 고도어(古刀魚 · 古道魚)라고도 한다. 몸이 방추형으로 양옆이 조금 납작하며 가로로 자르면 타원형이다. 포란수(抱卵數)는 10~30만 개이고, 알의 지름은 약 1mm이다. 10~22℃ 내외의 물에서 살며, 15~16℃의 수계(水系)가 가장 적합한 서식장소이다. 육식성으로 육질은 붉은색이며, 살의 조직력이 부드럽고 맛이 좋다.

조리법 Sauteing, Deep fat frying, Canning, etc.

병어 Butter fish

특성 우리나라의 남해와 서해를 비롯하여 일본의 중부이남, 동중국해 인도양 등에 분포한다. 수심 5~110m의 바닥이 진흙으로 된 연안에 무리를 지어 서식한다. 흰살 생선인 병어는 살이 연하고, 지방이 적어 맛이 담백하고 비린내가 나지 않는다.

조리법 Poaching, Sauteing, Braising, etc.

붕장어 / 아나고 Congereel
프 Congre / 꽁그르

특성 속명인 Conger는 그리스어로 '구멍을 뚫는 고기'란 뜻의 'gongros'에서 유래하였다. 완전히 자라기까지 8년이 걸린다. 성장함에 따라 서식장소도 바뀌는데 어릴수록 얕은 내만에 서식하다가 4년생 이상은 먼 바다로 나간다. 어획량의 90% 정도가 10~4월에 잡힌다. 필수아미노산을 고루 함유하고 있으며 EPA와 DHA가 풍부하다.

조리법 Sauteing, Braising, Grilling, Frying, etc.

$\mathit{02}$ 연체류 용어(Terminology of Mollusks)

전복 Abalone
프 Ormeau / 오르모

특성 한국 등 세계적으로 약 100여 종. 섬, 해조가 많이 번식하는 간조선에 서식하며 4～5월에 산란. 이 시기에는 전복내장에 독성이 있으므로 익혀먹는 것이 좋다. 비타민과 칼슘, 인 등의 미네랄이 풍부. 아르기닌이 월등히 많아 병후 회복과 성력발현에 좋다.

조리법 Sauteing, Boiling, etc.

소라 Conch

특성 소라는 제주도를 비롯하여 남부 연안과 일본의 남부 연안에 분포하며 파도가 많이 치는 곳에 주로 서식한다. 5～8월에 산란. 무기질과 비타민의 보고이다.

조리법 Sauteing, Boiling, etc.

달팽이 Snail
프 Escargot / 에스카르고

특성 달팽이는 서식지에 따라 수상종, 지하종, 지상종의 세 가지 형으로 나뉜다. 고단백, 칼슘이 풍부하고 지방이 적어 성인병 예방에 좋으며 끈끈한 점액에는 '뮤신'이 들어 있어 노화방지 효과가 있다.

조리법 Sauteing, Boiling, Canning, etc.

조개 Clam
프 **Meretrice** / 메레뜨리스

특성　열대지방에서 극지방에 이르는 바다. 해발고도 7,000m인 고지대, 연못, 호수, 강이나 시냇물 등에 서식. 조개에는 필수아미노산이 풍부하며, 특히 타우린 성분이 다량 함유. 강장, 강정작용이 뛰어남

조리법　Sauteing, Boiling, Blanching, etc.

홍합 Mussel
프 **Moule** / 물

특성　한국, 일본, 중국 북부 지역에 분포하며 조간대에서 수심 20m 사이의 바위에 붙어산다. 비타민 A, B, B2, C, E, 칼슘, 인, 철분과 단백질, 타우린이 풍부하게 함유

조리법　Sauteing, Boiling, Canning, etc.

굴 Oyster
프 **Huitres** / 위트르

특성　전 세계적으로 520여 종에 달하며 한국에서도 30여 종이 알려져 있다. 한대에서 온대에 걸쳐 분포하며, 1,000m 이상의 심해에서 서식. 산란시기는 대개 겨울철이다. 필수아미노산인 리신이나 트레오닌 등의 단백질 함유

조리법　Grilling, Poaching, Deep fat frying, etc.

관자 Scallop
프 **Saint-Jacque** / 생자크

특성　조간대의 저조선에서 수심 10~50m의 암초지대 또는 모래, 자갈 바닥에 산다. 곡류 제한 아미노산인 라이신, 스테오닌 등의 함량이 높아 영양균형 측면에서 의의가 있다.

조리법　Sauteing, Boiling, Poaching, etc.

오징어 Squid / Cuttle Fis
프 Calmar / 깔마르

특성 연안에서 심해까지 살고 있으며 생식 시기는 대부분이 4~6월이다. 천해의 종류는 근육질로 몸 빛깔을 변화시키고 심해의 종류는 몸이 유연하고 발광하는 것이 적지 않다. 칼로리가 거의 없고, 불포화지방산이 많다. 또한 오징어의 먹물은 항균, 항암 작용을 하는 것으로 잘 알려져 있다. 12~1월에 가장 맛이 좋다.

조리법 Sauteing, Boiling, Blanching, etc.

문어 Octopus

특성 문어는 한국, 일본, 베링해, 알래스카만, 북아메리카, 캘리포니아만에 분포하며, 연안수심 100~200m의 깊은 곳에 있는 바위틈이나 구멍에 서식한다. 수명은 3~4년으로 산란 후 약 6개월간 알을 보호하고 죽는다. 타우린이 풍부하게 함유되어 있다.

조리법 Sauteing, Boiling, Blanching, etc.

낙지 Octopus Minor

특성 연체동물 중 체제가 가장 발달한 무리 가운데 하나이다. 체장은 보통 70cm 내외이며 머리는 둥글고 좌우대칭으로 흡반(吸盤)이 달린 8개의 발을 갖고 있다. 주로 내만의 펄 속에 서식하며 발로 게류, 새우류, 어류, 갯지렁이 등을 잡아먹는다. 우리나라 서해안과 일본 각지에 분포하며, 식용으로 널리 쓰인다.

조리법 Sauteing, Poaching, etc.

꼴뚜기 Beka Squid

특성 몸길이 약 70mm, 외투막 나비 약 22mm이다. 외투막은 원통 모양이고 끝쪽으로 가늘어져 뾰족하다. 등의 좌우 양쪽에 마름모꼴의 지느러미가 있다. 바다에 서식한다. 산란기는 3월로, 4~5월에 집어등(集魚燈)으로 모아 그물로 잡는다. 식용으로 흔히 젓갈을 담가 먹는다. 볼품없는 모습 때문에 보잘것없는 것의 비유로 '어물전 망신은 꼴뚜기가 시킨다'는 속담이 있다. 한국, 일본, 중국, 유럽 등지에 분포한다.

조리법 Poaching, Sauteing, Frying, etc.

03 갑각류 용어(Terminology of Crustaceans)

게 Crab
Crabe / 끄라브

특성　약 4,500여 종으로 광범위하게 분포하여, 세계 대부분의 바닷가에서 발견되며, 배부분을 보고 암수를 구분할 수 있다. 고단백 저칼로리로 필수아미노산이 많고 게살에는 타우린과 비타민 A, B, C, E 등이 다량 함유되어 있다.

조리법　Boiling, Deep fat frying, etc.

바닷가재 Lobster
Langouste / 랑구스뜨

특성　태평양, 인도양, 대서양 연근해 등에 분포하며 육지와 가까운 바다 밑에 서식한다. 낮에는 굴 속이나 바위 밑에 숨어 지내다가 밤이 되면 활동한다. 수명은 약 15~100년으로 콜레스테롤과 지방함량이 적고 비타민과 미네랄을 공급해 준다.

조리법　Sauteing, Grilling, Deep fat frying, etc.

새우 Shrimp & Prawn
Crevette / 크레베뜨

특성　전 세계 2,500여 종. 담수, 기수, 바닷물 모두 분포하지만 대부분 바닷물에 산다. 무리를 지어 사는 습성이 있으며, 연안을 비롯한 대륙붕 또는 강어귀에 서식한다. 키토산, 칼슘, 타우린 등을 많이 함유하고 있다.

조리법　Sauteing, Grilling, Boiling, Deep fat frying, etc.

크레이 피시 Crayfish
Ecrevisse / 에크러비스

특성　함북, 함남, 평북, 울릉도, 제주를 제외한 한국, 중국 동북부에 분포하며 1급수의 오염되지 않은 계류나 냇물에서만 산다. 디스토마의 중간숙주 역할을 한다. 간에 열을 내리며 눈을 밝게 하는 기능이 있고 침을 잘 흘리는 아이에게 좋다.

조리법　Boiling, Deep fat frying, etc.

04 극피동물 용어(Terminology of Echinoderm)

해삼 Sea Cucumber
Tripang / 뜨리빵

특성 약효가 인삼과 같다고 하여 이름 지어졌다. 일본에서는 야행성으로서 쥐와 닮았다 하여 바다 쥐란 뜻의 나마코라 불린다. 경북에서는 홍삼, 목삼이라 불리기도 한다. 몸은 앞뒤로 긴 원통 모양이고, 등에 혹 모양의 돌기가 여러 개 나 있다. 외부에서 자극을 받으면 장(腸)을 끊어서 항문 밖으로 내보내는데, 재생력이 강해서 다시 생긴다. 가을부터 맛이 좋아지기 시작하여, 동지 전후에 가장 맛이 좋다.

조리법 Boiling, Sauteing, Stewing, etc.

성게 Sea-Urchin
Oursin / 우르생

특성 섬게라고도 한다. 옛 문헌에서는 해구(海毬)·해위(海蝟)라 하였다. 우리말로는 밤송이조개라고 한다. 전 세계에 약 900종이 분포하며 한국에서는 약 30종이 산다. 나팔성게, 흰수염성게 등은 몸 표면에 독주머니가 달린 가시가 있어 사람의 피부에 박히면 잘 부러지고 잘 빠지지 않아 고통을 받는다. 한국의 동해안에는 보라성게가 많이 서식하여 주요 수산자원이 되고 있다.

조리법 Poaching, Smoking, Canning, etc.

05 기타 용어

멍게 / 우러쉥이 Sea Squirt

특성 우렁쉥이라고도 한다. 큰 것은 몸길이 18cm, 둘레 26cm에 이르나 보통은 그보다 작다. 몸빛깔은 보통 붉은색 또는 오렌지색이나, 가끔 어두운 갈색이나 흰색도 있다. 몸통 아래쪽에는 뿌리 모양 돌기가 나 있는데, 이 돌기를 이용하여 다른 물체에 달라붙어 산다. 한국과 일본에 널리 분포하며 한국에서는 동해안의 초도리에서 제주도의 성산포에 이르는 지역에 널리 분포한다. 식용으로 양식을 하는 곳도 있다.

조리법 Poaching, 생식, etc.

개구리 다리 Frog Leg
Grenouille / 그래뉴이에

특성 개구리는 한자어로 와(蛙)라고 한다. 무당개구리 · 두꺼비 · 청개구리 · 맹꽁이 · 개구리 등의 각 과가 이에 포함된다. 19세기 초까지는 어류나 파충류의 무리로 취급되었는데, 이것은 어류와 파충류로 진화하는 도중에 있다는 것을 의미한다. 고생대 쥐라기에 출현하였으며, 그 조상형은 석탄기와 트라이아스기에 볼 수 있다. 서양에서는 식용 개구리를 사육하여 뒷다리 부분을 튀기거나 볶거나, 삶아서 먹는다.

조리법 Boiling, Smoking, Meuniere, Pan Frying, etc.

06 캐비아(Caviar)

철갑상어의 알을 소금에 절인 것. 갓 잡은 생선에서 떼어 낸 알 덩어리를 정교한 체에 조심스럽게 걸러 알로부터 기타 조직과 지방을 제거한다. 동시에 4~6%의 소금을 뿌리고 조미한다. 이란에서는 질이 떨어지는 것만을 소금에 절인 다. 질이 우수한 캐비아는 말로솔(malosol : 러시아어로 '소금을 약간만 친 것'이라는 뜻)이라고 분류한다. 신선한 캐비아는 1~3℃ 정도에서 저장해야 하는데, 그렇지 않으면 품질이 급속히 떨어지게 된다. 저온살균은 보다 효과가 좋은 저장법이다. 진품은 러시아와 이란에서 생산되는 것으로, 카스피해와 흑해에서 잡은 상어알로 만든다. 캐비아는 알의 크기와 가공처리법에 따라 품질의 등급이 결정된다. 등급명은 알을 얻는 철갑상어의 종류에 따른다. 가장 큰 알은 벨루가로 검은색이나 회색이다. 그보다 조금 작은 알인 오세트라는 회백색, 회록색, 갈색을 띤다. 가장 작은 알인 세브루가는 초록빛이 도는 검은색이다. 가장 희귀한 캐비아는 카스피해에서 잡은 작은 철갑상어의 황금빛 알로 만든 것으로, 옛날에는 차르의 식탁에만 오를 수 있었다. 등급이 더 낮은 캐비아는 깨지거나 미성숙된 알로 만들며 소금을 많이 쳐서 압축한다. 파우스나야라고 하는 이러한 캐비아는 진한 풍미 때문에 선호되기도 한다. 연어의 붉은 알과 다른 생선들의 알도 때로 캐비아란 이름으로 판매되고 있다.

벨루가(Beluga Caviar)

2~4m의 크기로 200~400kg의 철갑상어에서 채취하는 알로 굵으며 회색에서 진한 회색을 띤다.

오세트라(Osetra Caviar)

길이가 2m 정도이고 무게는 50~80kg의 철갑상어에서 채취하며 알은 연한 브라운, 브라운, 진한 브라운색을 띤다.

세브루가(Sevruga Caviar)

1~1.5m 크기의 철갑상어로 무게는 8~15kg으로 몸집이 비교적 적고 알의 크기도 작고 회색을 띤다.

말로솔(Malosol Caviar)

러시아산으로 Malosol은 적은 염분을 함유하고 있다는 뜻으로 염분함량은 3~4%로 보존기간이 짧고 가격이 매우 비싼 편이다.

파우스나야(Pausnaya Caviar)

러시아산으로 Caviar에 압력을 가한다는 뜻으로 1kg의 Pressed Caviar를 얻기 위해서는 5kg의 Fresh Caviar가 필요하다.

01 가금류 용어(Terminology of Poultry)

Duck
오리

산지 및 특징   오리고기의 일반 성분은 단백질의 아미노산이 우수한 것이 특징으로 되어 있고, 여러 가지 아미노산을 골고루 가지고 있으며 지질을 구성하는 지방산 조성이 다른 육류와는 크게 다르다. 포화지방산이 20% 정도인데 불포화지방산이 70% 이상이다. 포화지방산인 팔미트산의 함량이 다른 육류에 비해 적다. 또한 콜레스테롤 함량도 적은 편이다.

용도   로스트, 브레이징, 훈제, 샐러드 등 다양하게 사용

Goose
거위

산지 및 특징   오리고기와 비슷하다. 강 알칼리성으로 인체에 필요한 지방산인 리놀산이나 리놀레인산을 함유하고 있다. 거위 간에는 양질의 단백질, 지질, 비타민 A, E, 철, 구리, 코발트, 망간, 인, 칼슘 등 빈혈이나 스태미나 증강에 필요한 성분이 풍부하다.

용도   로스트, 보일링, 특히 간을 이용한 요리가 유명하다.

Hen
암탉

산지 및 특징 닭고기는 수육에 비해 연하고 맛과 풍미가 담백하며 조리하기 쉽고 영양가도 높아 전 세계적으로 폭넓게 요리에 사용된다. 닭고기 성분에는 소고기보다 단백질이 많아 100g 중 20.7g이고, 지방질은 4.8g이며, 126kcal의 열량을 내는데, 비타민 B$_2$가 특히 많다. 또한 닭고기가 맛있는 것은 글루탐산(酸)이 있기 때문이며, 여기에 여러 가지 아미노산과 핵산 맛 성분이 들어 있어 강하면서도 산뜻한 맛을 낸다.

용도 갤런틴, 테린, 샐러드, 튀김, 로스팅, 소테 등에 다양하게 사용

Rooster
수탉

산지 및 특징 수탉은 암탉보다 보기에 화려하고, 특히 벼슬이 곧게 뻗어 섰으며, 꼬리의 색도 현란하다. 덩치도 더 크며, 날렵하게 생겼고 새벽녘에 우는 닭이 수탉이다. 거세한 수탉은 육질이 부드럽고 육즙이 풍부하여 일반 닭보다 맛이 좋다. 닭고기의 성분은 소고기보다 단백질이 많아 100g 중 20.7g이고, 지방질은 4.8g이며, 126kcal의 열량을 내는데, 비타민 B$_2$가 특히 많다. 또한 닭고기가 맛있는 것은 글루탐산(酸)이 있기 때문이다.

용도 갤런틴, 테린, 샐러드, 튀김, 그릴링, 소테 등에 다양하게 사용

Silky / Black Chicken
오골계

산지 및 특징 원산지가 동남아시아인 닭의 한 품종으로 체형과 자세는 닭 품종인 코친(cochin)을 닮아서 둥글고 몸매가 미끈하다. 영어로는 실키(silky)라고 부르며 다리는 짧고 바깥쪽에 깃털이 나 있다. 피부, 고기, 뼈 등이 모두 어두운 보라색을 띠고 뒷발가락 위쪽에 또 하나의 긴 발가락이 있어 발가락이 모두 5개인 점이 특징이다. 성질이 온순하나 체질은 허약하고 알을 낳는 개수도 적다. 고기는 민간에서 호흡기 질환과 간장과 신장을 튼튼하게 하는 효과가 있다고 하여 약용으로 쓰인다. 몸이 작아서 암컷은 0.6~1.1kg, 수컷은 1.5kg 안팎이다. 한국에서는 충청남도 논산시 연산면 화악리(가축천연기념물 265호, 1980.4.1)를 비롯한 각지에서 사육하고 있다. 오골계는 살과 뼈가 검다고 해서 한자로 '까마귀 오'자에 '뼈 골'자를 쓴다.

용도 테린, 로스팅, 삶아서 보신용으로 사용

Spring Chicken
어린 닭

산지 및 특징 몸무게 2.6㎏ 이하이고 부화된 후 10주 이내인 육용(肉用)의 어린 닭. 영어명인 브로일러는 식육용 영계를 의미하며, 원래 미국에서는 식용닭의 규격을 몸무게별로 로스터, 프라이어, 브로일러의 3단계로 나누어 취급하였으나 현재는 일괄하여 브로일러라 하고 있다.

용도 로스팅, 보일링, 테린, 샐러드로 사용

Turkey
칠면조

산지 및 특징 육류에 비해 단백질 함량이 많고 단백질 구성 요소인 아미노산으로 글루타민산, 아르기닌, 튜신, 타이신 등이 많다. 지방이 소고기처럼 근육 속에 섞여 있지 않기 때문에 맛이 담백하고 소화흡수가 잘 된다. 지방의 녹는점이 31~32℃로 낮은 온도에서도 흡수력이 좋다. 가금류, 축산류 중 콜레스테롤 함량이 가장 낮으며, 칠면조는 육류 중 칼로리 함량이 매우 낮은 식품이다. 리보플라빈, 나이아신, 칼슘의 함량이 매우 높다.

용도 로스팅, 그릴링, 소테, 샌드위치, 샐러드에 사용

⌣ 거위 간(Goose Liver & Foie Gras)

크리스마스와 연초에 프랑스에서 먹는 음식으로, 캐비아·트러플과 함께 고급 전채요리이다. 그중 전채요리(오르되브르)의 대표적인 것이 바로 푸아그라이다. 프랑스에서도 알자스 지방이 대표적인 푸아그라의 산지이고 오래전에 알자스 지방으로 이주한 유대인이 거위와 오리를 키우다가 자연스럽게 만든 요리이다.

푸아그라(foie-gras)는 '비대한 간'이란 뜻으로 거위나 오리에 강제로 사료를 먹여 간을 크게 만드는 것으로 일반 거위와는 사육방법이 조금 다르다. 프랑스의 거위 사육농가에서는 보통 4~5개월까지는 자유로이 놀 수 있는 실외에서 방치하여 사육한다. 이후부터는 거위가 움직이지 못하도록 컴컴하고 따뜻한 방에 가두어 두면 비대해

진다. 거위의 인후(咽喉)에 무리하게 강제로 먹이를 밀어 넣어 기형적으로 간을 비대하게 만드는 방법이 가바주(gavage)이다.

이 방법을 활용하면 거위의 간이 체중의 1/7~1/8 정도까지 비대해진다. 가바주를 생산하기 위해 거위 한 마리에게 약 1개월간 25kg의 옥수수를 무리하여 억지로 먹이는 것이다. 사료는 옥수수를 찐 다음 여기에 거위고기 기름과 소금을 혼합한 것으

로 1일 3회 주어진다. 이렇게 만들어진 푸아그라는 700~900g의 중량이 되어야 상급으로 분류되며, 진공팩을 하기 전에 품질을 등급별로 분류하며, 보통 등급은 4등급으로 분류되나 50% 정도가 1급으로 분류된다. 푸아그라의 등급은 최상급(extra), 1급(premier), 2급(deuxieme), 퓌레(purée)로 나누어진다.

거위 간에는 양질의 단백질, 지질, 비타민 A, E, 철, 구리, 코발트, 망간, 인, 칼슘 등 빈혈이나 스태미나 증강에 필요한 성분이 풍부하다. 그러나 독특한 냄새가 있어 싫어하는 사람이 많다. 적당한 향신료를 쓰고 포도주에 담갔다 조리하는 것이 프랑스 요리의 비결이다. 거위 간은 프랑스 남부지방과 알자스 지방에서 생산된 것을 최고급으로 친다. 모든 간은 각종 효소가 많아 쉽게 변질되므로 신경을 써야 한다. 전채요리, 수프요리, 육류요리에 쓰이는데 블랙베리버섯, 코냑, 포트와인, 젤리 등과 각종 향신료를 가미하여 굽거나 찌고 튀기는 방법 등이 있다.

캔으로 만든 거위 간 무스(Mousse)

통째로 익힌 거위 간

용기에 담은 거위 간 무스(Mousse)

02 야생조류(Terminology of Wild Fowls)

Ostrich
타조

산지 및 특징 현재 살아 있는 조류 가운데 가장 크며, 머리 높이 약 2.4m, 등높이 약 1.4m, 몸무게 약 155kg이다. 수컷의 몸은 검은색이다. 날개깃은 16개, 꽁지깃은 50~60개이며 모두 장식으로 다는 술 모양에 흰색이다. 암컷은 몸이 갈색이고 술 모양의 깃털도 희지 않다. 날개는 퇴화하여 날지 못하지만 달리는 속도가 빨라 시속 90km까지 달릴 수 있다고 한다. 보통 수컷 1마리가 암컷 3~5마리를 거느리는데, 수컷이 모래 위에 만든 오목한 곳에 암컷이 6~8개의 알을 낳는다. 한 둥지에 여러 암컷이 15~30개, 때로는 60개까지 알을 낳는다. 알을 품는 것은 주로 수컷이고 기간은 40~42일이다. 부화한 새끼는 누런 갈색이며 목에 세로로 4개의 줄무늬가 있다. 암컷은 3년 반, 수컷은 4년이면 다 자란다. 알은 크림색에 껍질이 두껍고 지름 15cm, 무게는 1.6kg이나 나간다. 현지에서는 껍질을 컵으로 사용한다. 가죽은 고급 가방이나 핸드백 재료로 인기가 높아 아프리카 남부에서는 가죽용으로 기르기도 한다.

용도 로스팅, 소테, 샐러드 및 메인요리, 테린 등

Pheasant
꿩

산지 및 특징 꿩고기는 필수아미노산이 함유된 양질의 고단백과 저지방 식품이며 회분에는 뼈와 치아형성에 필요한 칼슘, 인, 철이 골고루 포함되어 있어 노약자는 물론 성장기의 청소년, 어린이에게도 훌륭한 식품이다. 꿩고기에 함유된 지방산은 특히 어류나 식물 등 기름에 많은 불포화지방산으로 오메가-3 지방산이 포함되어 있다.

용도 로스팅, 소테, 보일링

Pigeon
비둘기

산지 및 특징 수렵의 대상으로 식용되는 것은 멧비둘기이다. 고기는 적갈색이며 연하고 지방이 적다. 추울 때 잡은 것은 기름이 올라 맛이 좋다. 독특한 냄새가 있어 생강 등으로 양념한다. 요리는 고기경단, 꼬치구이, 로스트 등 다른 들새와 같다. 미국에서 특히 발달된 식용 비둘기는 닭고기처럼 각종 요리에 사용된다.

용도 로스팅, 소테

Quail
메추리

산지 및 특징 메추리는 꿩과에 속하는 작은 새로 세계 각지에 분포한다. 우리나라에서는 한때 가정에서 많이 사육한 바 있으며, 메추리고기는 수분 약 72.7%, 단백질 18.9~22.1%, 지질 약 4.0%이다. 맛은 담백하며 부드러워 닭의 육계(broiler)와 흡사하지만 지질은 그것보다 적다. 칼슘, 철은 broiler의 약 2배이며 비타민은 특히 B_2가 많다. 야생 메추리는 눈 온 계절에 지방이 붙어 있는 것이 맛있다. 내장은 모두 제거하고 조리한다. 구이된 것은 뼈까지 먹는다.

용도 로스팅, 소테, 스터핑한 요리

Swan
고니/백조

산지 및 특징 고니는 날개길이 49~55cm, 꽁지길이 14~17.5cm, 몸무게 4.2~4.6kg이다. 몸 빛깔은 암수가 같은 순백색이고, 부리는 시작 부분에서 콧구멍 뒤쪽까지가 노란색이다. 큰고니보다 노란색 부위가 적다. 아랫부리도 검은색이다. 홍채는 짙은 갈색이고 다리는 검은색이다. 5~6월에 3~5개의 알을 낳으며 먹이는 민물에 사는 수생식물의 뿌리나 육지에 사는 식물의 장과, 작은 동물, 곤충 등이다. 나뭇가지나 이끼류 등 다양한 재료를 사용하여 둥우리를 만든다. 한국에는 겨울새로 10월 하순에 왔다가 겨울을 나고 이듬해 4월에 돌아가며, 큰고니 · 흑고니와 함께 천연기념물 제201호(1968년 5월 30일)로 지정되었다. 러시아 북부의 툰드라와 시베리아에서 번식하고 한국 · 일본 · 중국 등지에서 겨울을 난다.

용도 로스팅

Wild Goose
기러기

산지 및 특징　기러기는 몸은 수컷이 암컷보다 크며, 몸 빛깔은 종류에 따라 다르나 암수의 빛깔은 같다. 목은 몸보다 짧다. 부리는 밑부분이 둥글고 끝으로 갈수록 가늘어지며 치판(齒板)을 가지고 있다. 다리는 오리보다 앞으로 나와 있어 빨리 걸을 수 있다. 땅 위에 간단한 둥우리를 틀고 짝지어 살며 한배에 3~12개의 알을 낳아 24~33일 동안 품는데, 암컷이 알을 품는 동안 수컷은 주위를 경계한다. 새끼는 여름까지 어미새의 보호를 받다가 가을이 되면 둥지를 떠난다. 갯벌·호수·습지·논밭 등지에서 무리지어 산다. 전 세계에 14종이 알려져 있으며 한국에는 흑기러기·회색기러기·쇠기러기·흰이마기러기·큰기러기·흰기러기·개리 등 7종이 찾아온다. 기러기 요리는 다른 육고기와 달리 불포화지방으로 구성되어 있으며 칼슘과 인이 다량 함유되어 있어 기력회복에 그만이다.

용도　로스팅, 소테, 그릴링 메인요리

03 닭의 손질부위용어(Trimming Parts of Chicken)

싱싱한, 냉동된, 조리되지 않은 혹은 조리된 그리고 여러 가지 데우기 만하면 되는 종류의 닭고기 제품들이 있다. 그 많은 제품들 중에는 빵을 넣고 가공되었거나 넣지 않고 가공되었거나 혹은 조미되었거나 또는 드레싱에 절여 있는 것이 있다. 또한 각 부위별로 잘라내어 너겟, 파이, 필렛 그리고 텐더 식으로 가공되기도 한다.

Chicken Breast Strips

Rib steak는 rib roast에서부터 나온 덩어리이다. 이것은 뼈를 포함하고 있는 것을 제외하고는 rib eye와 같은 steak이다. Grilled 또는 broiled 할 때 최고의 요리를 낸다. 프랑스식 이름은 Entrecote이며, ribs의 9번째에서 11번째로부터 나온 rib eye 또는 rib steak 덩어리라 불린다.

Chicken Breasts

하얀 고기로 분류되는 이 부위는 닭 가슴살 통째로, 반 혹은 네 등분한 상태로 생고기나 냉동된 상태로 판매되어진다. 그리고 각 부위별로 뼈가 있는 것 뼈가 없는 것, 닭 껍질이 있는 것, 닭 껍질이 없는 것, 요리되지 않은 날고기, 요리된 닭고기 혹은 빵을 넣거나 넣지 않은 것 등 여러 제품들을 찾을 수 있다.

Chicken Cutlets

Cutlets은 뼈가 없는 닭 가슴 또는 다리로 부드러움을 위해 두드리고 좀 더 일정한 두께인 고기의 조각을 제공하기 위해져 있으며 좀 더 고르게 요리 할 수 있도록 한다. Cutlets은 대부분 뼈가 없고 껍질이 없으며 breaded, unbreaded 또는 uncooked, fully cooked 그리고 다양한 향신료와 함께 양념 할 수 있다.

Chicken Fillets

고기의 fillets은 닭 가슴살에서 나오며 그것은 uncooked, fully cooked, breaded, ubreaded 그리고 BBQ mesquite, lemon pepper 그리고 Italian과 같은 향신료와 함께 양념 될 수 있다.

Chicken Tenders

닭 가슴은 길게 자르고 그것은 barbecue, gauncooked, fully cooked, breaded, unbreaded 될 수 있으며 바비큐, 마늘 그리고 허브, 데리야키, grilled, Southwestern 그리고 fajita와 같은 향신료와 함께 양념 될 수 있다. Strips는 다양한 폭으로 자른 것을 찾을 수 있다.

Chicken Thighs

넓적다리는 검은빛 고기를 포함하고 신선하고, 냉동, 뼈가 있거나, 뼈가 없고, 껍질이 있고, 껍질이 없고, uncooked, fully cooked, breaded 그리고 unbreaded 할 수 있다. 넓적다리는 양념하고 marinated 하는 것을 찾을 수 있다.

Chicken Wings

또 다른 인기 있는 부위 중 하나인 닭 날개는 여러 모양의 제품들이 있다. 흰 고기로 분류되는 닭 날개는 생고기, 요리되어지거나 빵 가루를 입히거나 안 입힌 것이 있다. 닭 날개는 마리네이드에 절인 것, 바비큐 된 것, 매운 양념에 꼬치로 조미된 것 등이 있다. 손으로 집어먹는 음식으로 유명한 버팔로 윙은 일반적으로 다양한 단계의 매운맛이 있으며, BBQ, Honey BBQ, Mexican BBQ, Honey Dijon, 오리엔탈 그리고 데리야키 등 많은 종류가 있다.

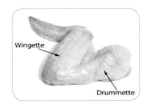

Drumstick

Drumstick은 무릎 관절 아래쪽에 다리의 밑바닥 부분이고 모두 검은 빛살을 포함하고 있다. Drumstick은 검은 빛 고기를 포함하고 신선하거나 또는 냉동에서 찾아 볼 수 있으며 대부분 껍질이 있다.

Giblets

닭의 내장에는 목, 간, 심장 그리고 창자가 포함되어 있다.

Whole Chicken Leg

닭의 다리는 모두 검은빛 고기이고 넓적다리와 drumstick의 두 부분을 포함하고 있다. 이것은 일반적으로 뼈가 있고 껍질이 있다. 닭다리는 신선하거나 또는 냉동으로 이용할 수 있다.

Whole Chickens

닭의 각 부위에는 닭다리, 넓적다리, 날개, 가슴살 등이 있다. 또한 닭다리는 네 등분 혹은 반으로 나뉜 부위가 있다. 닭 날개는 날개살과 봉으로 부위가 나뉜다. 닭고기 제품의 닭 가슴과 날개는 흰 고기로 분류되고, 다리와 넓적다리는 요리하면 검어지는 고기로 분류된다. 닭고기의 요리되지 않는 부위는 생고기와, 냉동된 제품이 있다. 또한 뼈 없는 다양한 부위별로는 요리되어진 것과 조미되어진 것이 있다.

Chapter 6

채소 용어
Terminology of Vegetable

01 잎(엽채류)채소(Leaves Vegetable)

엽채류(葉菜類)는 배추, 양배추, 상추, 시금치 등과 같이 잎을 이용하는 것

프 프랑스어

Arugula
아루굴라

특성 십자화과(배추과) 식물로 약간 씁쓸하고 향긋한 정통 이탈리아 야채이다.

용도 주로 샐러드나 생으로 곁들여 사용

Belgium Endive
벨지움 엔다이브

특성 배추속처럼 생긴 것으로 치커리 뿌리에서 새로 돋아난 싹인데 브뤼셀 근처에서 생산되었다고 하여 지어진 이름이다.
쌉싸래한 맛으로 입맛을 돋우며, 치콘의 배추보다 영양가가 높다.

용도 샐러드, 가니쉬로 이용

Bok Choy
청경채

특성 　중국이 원산지로 겨자과에 속하는 중국배추의 일종이다. 작은 배추모양으로 잎줄기가 청색인 것을 청경채, 백색인 것을 백경채라고 부르는 것에서 유래된 이름이다.

용도 　데쳐서 곁들임 야채나 볶음에 사용

Brussels Sprouts
브루셀 스프라우트

특성 　양배추의 일종으로 아주 작은 양배추로 1700년경부터 경작되었다. 이 야채는 줄기에 작은 덩어리가 빽빽하게 붙어 있는 모습이 마치 녹색 포도송이처럼 보인다. 자세히 보면 모두 하나같이 작은 양배추와 같은 완성된 모양으로 붙어 있다. 지름 2~4cm가 가장 좋은 상품이고 늦가을에 생산되는 것이 비교적 질이 좋다.

용도 　끓는 물에 데친 후 버터에 소테하여 사용

Cabbage 양배추
프 Chou / 슈

특성 　지중해 연안과 소아시아가 원산지이다. 겨자과 식물로 잎은 두껍고 털이 없으며 분처럼 흰빛이 돌고 가장자리에 불규칙한 톱니가 있으며 주름이 있어 서로 겹쳐지고 가장 안쪽에 있는 잎은 공처럼 둥글며 단단하다. 양배추는 칼슘과 비타민이 많이 들어 있어 샐러드로 많이 이용되고, 유럽에서는 양배추 수프를 전통 음식으로 즐기고 있다.

용도 　데치거나 볶기도 하며 주로 샐러드에 사용

Chicory 치커리
프 Chicoree / 쉬고레

특성 　북유럽이 원산지이다. 국화과에 속하는 식물로 쓴맛이 강하게 나는 특징이 있다. 잎은 식용하고 굵은 뿌리는 건조시켜 음료를 만드는 데 쓰인다.

용도 　주로 샐러드로 사용

Dandelion
단델리온

특성 원산지는 유럽으로 귀화식물로 서양의 민들레를 뜻함. 건위, 강장, 이뇨, 해열, 이담, 완화작용을 하고 황달, 담석증, 변비, 류머티즘, 노이로제, 야맹증, 천식거담, 오한, 발열, 배뇨곤란에 좋다. 유럽에서는 잎을 샐러드로 먹고, 뉴질랜드에서는 뿌리를 커피 대용으로 사용한다.

용도 샐러드나 차로 마심

Datsai & Green Vitamin
닷사이 & 그린 비타민

특성 닷사이의 어린 잎으로 각종 비타민이 풍부하고, 혈액순환 및 위를 튼튼하게 하는 효과가 있다.

용도 주로 샐러드로 사용

Lettuce 양상추
프 Laitue / 레뛰

특성 국화과의 식물로 결구상추 또는 통상추라고도 한다. 품종은 크게 크리습 헤드(Crisp head)류와 버터 헤드(Butter head)류로 나뉜다. 크리습 헤드는 현재 가장 많이 재배되는 종류로 잎 가장자리가 깊이 패어 들어간 모양이고 물결 모양을 이룬다. 버터 헤드는 반결구이고 유럽에서 주로 재배하며 잎 가장자리가 물결 모양이 아니다. 양상추는 샐러드로 많이 이용되며 수분이 전체의 94~95%를 차지하고, 그 밖에 탄수화물 · 조단백질 · 조섬유 · 비타민 C 등이 들어 있다. 양상추의 쓴맛은 락투세린(Lactucerin)과 락투신(Lactucin)이라는 알칼로이드 때문인데, 이것은 최면 · 진통 효과가 있어 양상추를 많이 먹으면 졸음이 온다.

용도 주로 샐러드로 많이 사용

Lolla Rossa
롤라로사

특성 국화과 식물로 이탈리아어로 장미처럼 붉다는 뜻으로 색이 고운 이탈리아 상추이다. 다 자라면 뿌리 바로 끝에서 잘라야 영양가 손실이 적다.

용도 주로 샐러드로 사용

Napa Cabbage
배추

특성 특성 원산지는 중국이며, 잎, 줄기, 뿌리를 다 먹을 수 있다. 푸른 부분에는 비타민, 니코틴산 등이 많으며, 배추 100g 중에는 비타민 A 33IU, 카로틴 100IU, 비타민 B_1 0.05mg, 비타민 B_2 0.05mg, 니코틴산 0.5mg, 비타민 C 40mg이 들어 있다. 연백(軟白)된 흰 부분에는 비타민 A가 없고 푸른 부분에 많다.

용도 생식하거나 김치를 담그는 데 이용

Radicchio
라디치오

특성 잎이 둥글고 백색의 잎줄기와 붉은색의 잎이 조화를 이뤄 아름다운 눈요기 채소이다. 레드치커리의 결구된 것을 일컫는데 제품 대부분이 국내에서 생산되지 않아 수입에 의존하고 있다. 쓴맛이 나는 이터빈이 들어 있어 소화를 촉진하고 혈관계를 강화시킨다.

용도 주로 샐러드로 이용

Romaine
로메인

특성 로마시대 때 로마인들이 즐겨 먹던 상추라고 하여 붙여진 이름이다. 에게해 코스섬 지방이 원산이어서 코스상추라고도 한다. 성질이 차고 쌉쌀한 맛이 있다.

용도 시저 샐러드 등 고급 샐러드에 사용

Spinach 시금치
프 Epinard / 에삐나르

특성 아시아 서남부가 원산지로 명아주과의 식물로 한국에는 조선 초기에 중국에서 전해진 것으로 보이며 흔히 채소로 가꾼다. 높이 약 50cm이다. 시금치 100g 중에는 철 33mg, 비타민 A 2,600IU, B_1 0.12mg, B_2 0.03mg, C 100mg과 비타민 K도 들어 있어, 중요한 보건식품이다.

용도 데치거나 볶아 곁들임 야채로 사용

02 줄기 채소(Stalks Vegetable)

아스파라거스 · 죽순과 같이 어린 줄기를 이용하는 것이 여기에 속한다.

Asparagus 아스파라거스
프 Asperge / 아스뻬르쥐

특성 백합과에 속하는 식물로 남유럽 원산으로서 기원전부터 재배하여 그리스, 로마시대부터 먹기 시작한 고급 채소이다. 아스파라긴과 아스파라긴산이 많은 것이 특징이며, 영양조성이 우수하다. 아미노산으로 잘 알려진 아스파라긴은 이 식물에서 처음 발견하였기 때문에 붙여진 이름이다. 어린 줄기를 연하게 만들어 식용한다.

용도 곁들임 야채나 볶음 등에 사용

Bamboo Shoot 죽순
프 Jeune Pousse de bambou
쥔느뿌쓰 드방브

특성 중국이 원산지로 대나무류의 땅속줄기에서 돋아나는 어리고 연한 싹이다. 성장한 대나무에서 볼 수 있는 형질을 다 갖추고 있다. 죽순은 4~5월에 나오며 보통 왕대 · 솜대 · 죽순대 등의 죽순을 식용하는데 죽순대의 죽순을 상품으로 꼽는다. 단백질 · 당질 · 지질 · 섬유 · 회분(灰分) 외에 칼슘 · 인 · 철 · 염분 등이 함유되어 있다.

용도 볶거나 굽는 등 다양한 조리법으로 사용

Celery 셀러리
프 Celeri / 셀르리

특성 미나리과에 속하며 남유럽, 북아프리카, 서아시아가 원산지이다. 본래 야생 셀러리는 쓴맛이 강하여 17세기 이후 이탈리아인들에 의해 품종이 개량되어 현재에 이르고 있다. 전체에 향이 있는 중요한 식재료이다.

용도 샐러드나 볶음, 생선이나 육류의 부향제로 사용

Fennel
펜넬

특성　　고대 로마시대부터 유래되었으며, 이탈리아에서 Finoccchio라고 불리는 플로렌스 펜넬과 주로 잎과 씨를 허브로 사용하는 펜넬의 두 종류가 있다. 서양요리에는 대부분 플로렌스 펜넬의 뿌리가 사용되며, 각종 수산물요리에 최고의 궁합을 자랑한다.

용도　　소스, 스튜 등과 생선이나 육류의 부향제로 사용

Garlic 마늘
프 Ail / 아이

특성　　백합과 식물이며 마늘의 어원은 몽골어 만끼르 (manggir)에서 유래하는 것으로 추측되고 있다. 연한 갈색의 껍질 같은 잎으로 싸여 있으며, 안쪽에 5~6개의 작은 비늘줄기가 들어 있다. 마늘은 곰팡이를 죽이고 대장균 · 포도상구균 등의 살균효과도 있음이 실험에 의해 밝혀졌다. 마늘의 냄새는 황화아릴이며 비타민 B를 많이 함유하고 있다.

용도　　굽거나 볶음, 향신료 등으로 사용

Kohlrabi
콜라비

특성　　품종은 아시아군과 서유럽군으로 분류되며, 비타민 C의 함유량이 상추나 치커리 등의 야채보다 4~5배 정도 많다. 아이들의 골격강화에 좋고, 치아를 튼튼하게 하며, 즙은 위산과다증에 효과가 있다.

용도　　샐러드, 즙으로도 이용 가능

Leek
릭

특성　　백합과 식물로 지중해 연안이 원산지이며 채소 또는 관상용으로 재배한다. 줄기는 파와 비슷해 굵고 연하며 희지만 길이가 짧다. 잎은 파보다 크지만 납작하고 중간이 꺾여서 늘어진다. 잎은 너비 5cm 정도이고 길이는 꽃줄기의 길이와 비슷하게 자란다.

용도　　감자수프, 생선요리, 육류요리에도 사용

Onion 양파
프 Oignon / 오뇽

특성　백합과 식물로 서아시아 또는 지중해 연안이 원산지라고 추측하고 있다. 양파는 주로 비늘줄기를 식용으로 하는데, 비늘줄기에서 나는 독특한 냄새는 이황화프로필·황화알릴 등의 화합물 때문이다. 이것은 생리적으로 소화액 분비를 촉진하고 흥분·발한·이뇨 등의 효과가 있다. 또한 비늘줄기에는 각종 비타민과 함께 칼슘·인산 등의 무기질이 들어 있어 혈액 중의 유해물질을 제거하는 작용이 있다. 비늘줄기는 샐러드나 수프, 고기요리에 많이 사용되며 각종 요리에 향신료 등으로 이용된다.

용도　샐러드, 수프, 고기요리와 향신료 등으로 사용

Rhubarb
루바브

특성　루바브(Rhubarb)는 마디풀과의 다년초 식물로 대황이라고 한다. 굵은 황색뿌리가 있고 추위에 강한데 비해 폭염과 습기에 약하다. 이용부위는 잎과 줄기이며, 잎은 유독성분을 함유하고 있어 바로 먹지 않는다. 담배의 향료로 이용되며 수산을 함유하고 있어 놋 제품을 닦는 데 이용된다. 산성식품으로 설사나 변비에 좋다. 신장염, 요도염이 있는 사람은 절대 먹지 않는 것이 좋다.

용도　줄기는 잼, 설탕절임, 파이, 푸딩, 케이크 등을 만든다.

Shallot
샬롯

특성　백합과 식물로 비늘줄기는 여러 개가 모여 달리며 양파껍질 같은 막질의 껍질로 싸여 있다. 높이 45cm 내외이며 비늘줄기는 길이 3cm 정도이고 여러 개가 모여 달리며 양파껍질 같은 막질의 껍질로 싸여 있다. 잎은 파의 잎처럼 속이 비어 있고 지름 5mm 정도이며 길이 15~30cm로 꽃대보다 짧다. 비늘줄기는 향신료로, 잎은 파처럼 식용으로 한다.

용도　주로 향신료 용도, 특히 프랑스 요리 소스 만들 때 많이 사용

03 꽃(화채류) 채소(Flowers Vegetable)

꽃양배추와 같이 꽃망울을 이용하는 것이다.

Artichoke 아티초크
프 Artichaut / 아흐알띠

특성 지중해 연안과 카나리 제도가 원산지이다. 엉겅퀴과에 속하는 식물로 꽃이 피기 전의 어린 꽃봉오리를 잘라 식용으로 사용하거나 통조림하여 사용한다.

용도 삶아서 곁들임 채소나 샐러드로 사용

Broccoli 브로콜리
프 Brocoli / 브로꼴리

특성 겨자과의 식물로 지중해 연안 또는 소아시아가 원산지이다. 양배추의 변종으로 중앙 축과 가지 끝에 녹색 꽃눈이 빽빽하게 난다. 영양가가 높고 맛이 좋다.

용도 샐러드나 수프, 데치거나 볶아 곁들임 채소로 사용

Cauliflower 콜리플라워
프 Chou-Fleur / 슈플뢰르

특성 겨자과의 식물로 지중해 연안이 원산지이다. 꽃은 4월에 보라색이나 흰색에서 노란색으로 변하고 꽃자루에 두툼한 꽃이 빽빽이 달려 하나의 덩어리를 이룬다. 이 노란색의 꽃봉오리를 식용한다.

용도 샐러드나 수프, 데치거나 볶아 곁들임 채소로 사용

Cucumber Flower
오이꽃

특성 박과의 한해살이 덩굴식물. 꽃은 양성화이며 5~6월에 노란색으로 피고 지름 3cm 내외이며 주름이 진다. 어린 열매에 가시 같은 돌기가 있고 노란 꽃으로 찬 요리의 가니쉬로 사용하면 요리의 부가가치를 높일 수 있다.

용도 찬 요리의 가니쉬로 사용

Rape Flower
유채꽃

특성 겨자과에 속하는 식물로 밭에서 재배하는 두해살이풀로 '평지'라고도 한다. 길쭉한 잎은 새깃 모양으로 갈라지기도 하며 봄에 피는 노란 꽃은 배추꽃과 비슷하다.

용도 찬 요리의 가니쉬로 사용

04 열매(과채류) 채소(Fruits Vegetable)

생식기관인 열매를 식용하는 채소들로써 오이, 호박, 참외 등의 박과(科) 채소, 고추, 토마토, 가지 등의 가지과 채소, 완두, 강낭콩 등의 콩과 채소와 이 밖에 딸기, 옥수수 등이 이에 속한다. 위와 같이 참외, 수박, 토마토, 멜론, 딸기 등은 과일로 생각하기 쉬운데 이것들이 바로 야채 중 과채류(과일 같은 채소)들이다.

Cucumber 오이
프 Concombre / 꽁꽁브르

특성 원산지는 인도의 북서부 히말라야 산계라고 하며 박과에 속하는 식물이다. 열매는 장과로 원추형이며 어릴 때는 가시 같은 돌기가 있고 녹색에서 짙은 황갈색으로 익는다. 오이는 중요한 식용작물의 하나이며 즙액은 뜨거운 물에 데었을 때 바르는 등 열을 식혀주는 기능도 한다. 많은 품종이 개발되어 있다.

용도 생으로 샐러드에 쓰거나 절여서 사용

Egg Plant 가지
프 Aubergine / 오베르진

특성 인도 원산이며 가지과의 식물로, 열대에서 온대에 걸쳐 재배하고 있다. 검은빛이 도는 짙은 보라색이고 모양은 품종에 따라 다르다. 열매의 모양은 달걀 모양, 공 모양, 긴 모양 등 품종에 따라 다양하며 한국에서는 주로 긴 모양의 긴 가지를 재배한다.

용도 굽거나 볶음, 곁들임 야채로 사용

Okra
오크라

특성   아프리카 북동부 원산이며 아욱과에 속하는 식물이다. 질감이 독특하고 자를 때 끈적끈적한 액체가 농화제와 함께 나오는데 수프와 스튜요리에 유용하다. 오크라는 많은 자양분이 있어 자양, 강장에 효과적이고 독특한 맛을 즐기는데, 연중 꽃이 피고 열매를 맺는다.

용도   스튜, 수프 등에 사용

Paprika
파프리카

특성   맵지 않은 붉은 고추의 일종으로 헝가리에서 많이 재배되어 헝가리고추라는 이름으로도 불린다. 빨강, 노랑, 오렌지, 보라색, 녹색 등의 다양한 색이 있으며, 특히 오렌지의 4배에 가까운 비타민 C를 함유하고 있다.

용도   곁들임 야채, 볶음 등에 다양하게 사용

Pumpkin 늙은 호박
Potiron / 뽀띠롱

특성   박과의 식물로 열대 및 남아메리카가 원산지이다. 과실은 크고 익으면 황색이 된다. 열매를 식용하고 어린 순도 먹는다. 다량의 비타민 A를 함유하고 약간의 비타민 B 및 C를 함유하여 비타민원으로서 매우 중요하다.

용도   굽거나 찌고 수프를 만드는 데 사용

String Beans 스트링 빈스
프 Haricot -Vert / 아리꼬뜨 베르

특성   껍질이 있는 스트링 빈스는 다 자라지 않은 어린 꼬투리를 수확하므로 대개가 부드럽고 향이 좋다. 하지만 꼬투리를 따라서 하나의 굵은 섬유질이 있으므로 조리를 하기 전에 제거하는 것이 좋다. 빈스는 통째로 조리할 수도 있지만 길이로 자르거나 엇비슷하게 잘라서 요리하기도 한다.

용도   샐러드나 데쳐서 버터에 소테하여 곁들임 야채로 사용

Tomato 토마토
프 Tomate / 또마뜨

특성   남아메리카 서부 고원지대가 원산지이다. 가지과의 식물이며 열매는 장과로서 6월부터 붉은빛으로 익는다. 리코펜 외에도 강력한 항암물질을 함유하고 있다. 열매를 식용하거나 민간에서 고혈압, 야맹증, 당뇨 등에 약으로 쓴다. 열매에는 비타민 A와 C가 많이 들어 있다.

용도   샐러드, 소스 등에 다양하게 사용

Zucchini / Squash 애호박
프 Courgette / 꾸르제뜨

특성   박과의 식물로 열대 및 남아메리카가 원산지이다. 주키니호박이라 불리며 덩굴이 거의 뻗지 않고 절성성(節成性)을 나타내는 페포계 호박이 애호박용으로 재배되었다.

용도   곁들임 야채, 굽거나 볶아서 사용

05 뿌리(근채류) 채소(Roots & Bulb Vegetable)

근채류(根菜類)는 무·당근·우엉 등과 같이 곧은 뿌리를 이용하는 것, 고구마·마 등과 같이 뿌리의 일부가 비대한 덩이뿌리[塊根]를 이용하는 것, 연근·감자 등과 같이 땅속줄기[地下莖]가 발달한 것을 이용하는 것이 있다.

Beet Root 비트(사탕무)
프 Betterave / 베뜨라브

특성   명아주과에 속하는 식물로 원산지는 아프리카 북부와 유럽 지역으로 알려져 있다. 비트의 빨간 색소는 베타시아닌이라고 하는 물질인데 이것을 추출하여 비트레드라는 식용색소로 이용기도 한다. 비트의 지상부는 어릴 땐 샐러드로 이용하고, 자라면 조리해서 먹는다. 녹색 부위가 뿌리보다 영양분이 더 많다.

용도   즙을 이용하거나 삶거나 생으로 샐러드에 사용

Burdock
우엉

특성　국화과에 속하며 지중해 연안에서 서부아시아에 이르는 지역이 원산지인 귀화식물이다. 뿌리를 식용한다. 뿌리에는 이눌린과 약간의 팔미트산이 들어 있다. 유럽에서는 이뇨제와 발한제로 쓰고 종자는 부기가 있을 때 이뇨제로 사용하며, 인후통과 독충(毒蟲)의 해독제로 쓴다.

용도　조림, 구이, 볶음 등에 사용

Carrot 당근
프 **Carotte** / 까로뜨

특성　미나리과 식물로 홍당무라고도 하며, 아프가니스탄이 원산지이다. 뿌리는 굵고 곧으며 황색·감색·붉은색을 띠며 뿌리부분을 채소로 식용하는데, 비타민 A와 비타민 C가 풍부하다. 한방에서는 뿌리를 학풍(鶴風)이라는 약재로 쓰는데, 이질·백일해·해수·복부팽만에 효과가 있고 구충제로도 사용한다.

용도　샐러드, 스튜 등에 다양하게 사용

Celeriac
셀러리액

특성　미나리과 식물로 밭에서 재배하며, 뿌리 셀러리 또는 셀러리액이라고도 한다. 줄기의 부풀어 오른 밑부분을 먹는데 떫은맛이 강해 생식보다는 살짝 데쳐 먹는다.

용도　채소로 먹고, 삶거나 수프, 스튜, 샐러드 등에 사용

Lotus 연근
프 **Lotus** / 로뛰스

특성　연의 땅속줄기로 원산지는 인도와 이집트이며 중국이 주 생산지이다. 주성분은 녹말이고 아삭아삭한 입의 촉감이 특징이다. 백색이고 구멍의 크기가 고른 것이 좋다. 비타민과 미네랄의 함량이 비교적 높아 생채나 그 밖의 요리에 많이 이용한다. 뿌리줄기와 열매는 약용으로 하고 부인병에 쓴다.

용도　볶거나 튀겨 사용

Parsnip
파스닙

특성 미나리과 식물로 설탕당근이라고도 한다. 유럽과 시베리아가 원산지이며 길가나 밭에서 자란다. 인삼처럼 생긴 곧은뿌리가 있으며 향기가 있다. 로마시대부터 식용하거나 약으로 사용한 것으로 보이며 채소로는 16세기에 보급되었다고 한다. 뿌리에 독특한 향기와 수크로오스가 들어 있으며 얇게 썰어 수프를 만든다. 추위에 강하여 서늘한 곳에서 잘 자란다.

용도 굽거나 얇게 썰어 샐러드나 수프에 사용

Platy Codon
도라지

특성 초롱꽃과 식물로 뿌리는 굵고 줄기는 곧게 자라며 자르면 흰색 즙액이 나온다. 뿌리줄기에는 사포닌(인삼, 더덕의 약효성분)이 들어 있는데, 달이거나 믹서기에 갈아서 꾸준히 복용하면 가래나 심한 기침에 상당한 효과가 있다. 최근에는 항암작용을 한다는 연구 보고가 있어 특히 주목을 받고 있다.

용도 생으로 먹거나 절임, 튀김 등에 사용

Turnip 무
프 Navet / 나베

특성 겨자과 식물이며 재배역사가 오래된 야채로, 그 발상지에 대해서는 여러 가지 설이 있으나, 일반적으로는 카프카스에서 팔레스타인 지대가 원산지로 추정된다. 형태는 둥근 모양에서 막대 모양까지 품종에 따라 각각 다르다. 한국에서도 삼국시대부터 재배되었던 듯하나, 문헌상으로는 고려시대에 중요한 채소로 취급된 기록이 있다.

용도 절임 또는 스튜 등에 사용

06 버섯(Mushroom)

균류(菌類) 중에서 눈으로 식별할 수 있는 크기의 자실체(子實體)를 형성하는 무리의 총칭. 산야에 널리 여러 가지 빛깔과 모양으로 발생하는 버섯들은 갑자기 나타났다가 쉽게 사라지기 때문에 옛날부터 사람의 눈길을 끌어 고대 사람들은 땅을 비옥하게 하는 '대지의 음식물(the provender of mother earth)' 또는 '요정(妖精)의 화신(化身)'으로 생각하였으며 수많은 민속학적 전설이 남아 있다. 고대 그리스와 로마인들은 버섯의 맛을 즐겨 '신(神)의 식품(the food of the gods)'이라 극찬하였다고 하며, 중국인들은 불로장수(不老長壽)의 영약(靈藥)으로 진중하게 이용하여 왔다.

Bottom Mushroom 양송이
프 Champignon / 쌍피농

특성 서양송이·머시룸이라고도 한다. 주름버섯목 주름버섯과의 버섯으로 표면은 백색이며 나중에 담황갈색을 띠게 된다. 살은 두껍고 백색이며 주름은 자루 끝에 붙어 있고 밀생하며 발육됨에 따라 흑갈색으로 된다. 자루는 백색이며 속이 꽉 차 있다.

용도 굽거나 볶음, 스튜 등에 사용

Enoki
팽이

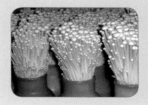

특성 팽나무버섯을 팽이버섯이라고 부른다. 갓이 희고 중심부가 담갈색이고 살이 두꺼운 것일수록 품질이 좋다. 신체 면역체계를 자극하여 각종 바이러스 감염으로부터 보호하며 암의 발생도 억제한다.

용도 주로 볶음에 사용

Morel
모렐

특성　원추형 갓 모양의 버섯으로 색은 어두운 갈색에 가까운 황토색이나 갈색이다. 그물버섯이라고도 하고 독특한 맛과 향기를 가지며 매우 고가품이다.

용도　각종 소스나 stuffing 재료로 사용

Oyster
느타리

특성　주름버섯목 느타리과의 버섯으로 표면은 어릴 때는 푸른빛을 띤 검은색이지만 차차 퇴색하여 잿빛에서 흰빛으로 되며 매끄럽고 습기가 있다. 살은 두텁고 탄력이 있으며 흰색이다. 삶아서 나물로 먹는 식용버섯이며, 인공 재배도 많이 한다.

용도　주로 삶거나 볶아서 샐러드나 곁들임으로 사용

Shiitake 표고
프 Cepe / 쎄쁘

특성　주름버섯목 느타리과의 버섯으로 갓의 표면은 다갈색이며 흑갈색의 가는 솜털 모양의 비늘조각이 덮여 있고 때로는 터져서 흰 살이 보이기도 한다. 처음에는 반구형이나 점차 펴져서 편평해진다.

용도　주로 볶거나 구워서 사용하며 샐러드나 가니쉬에 사용

송로버섯(Truffle / 트러플, Truffe / 트뤼프)

우리나라나 일본에서 최고로 치는 버섯은 가을의 상징이라 할 수 있는 송이다. 송이에서 풍기는 은은하고 아련한 솔향기를 맡기 위해 식도락가들은 거금 치르는 걸 마다하지 않는다. 프랑스나 이탈리아 사람들이 가장 좋아하는 버섯은 송로(松露)버섯이라고도 부르는 트러플(Truffle)이다. 흔히 프랑스의 3대 진미를 얘기할 때도 푸아그라나 달팽이에 앞서 가장 먼저 거론되는 게 트러플이다.

우리나라에서는 전혀 나지 않아 모두 수입한다. 호텔 등 고급 프랑스 식당에서 트러플을 넣은 소스 정도는 맛볼 수 있는데, 본격적인 트러플 요리는 없는 것 같다. 관세품목 분류상 송로버섯이라고 되어 있으나, 소나무와는 아무 관계가 없다. 떡갈나무 숲의 땅속에 자라는 이 버섯은 극히 못생겼고, 육안으로는 돌멩이인지 흙덩이인지 구분도 어렵다. 땅속에서 채취한다면 식물 뿌리로 생각하기 쉽지만, 엄연히 버섯류다. 종균은 5~30cm 땅속에서 자라며 더러는 1m 깊이에서까지 발견되는 수도 있다. 트러플 사냥

꾼은 개와 돼지다. 10월이 되면 채취를 시작한다. 훈련된 개들을 데리고 (과거에는 돼지가 이용되기도 했으나, 차에 싣고 다니기가 번잡하여 요즘에는 대부분 개가 쓰임) 한밤중 떡갈나무 숲으로 나간다. 후각 집중력이 밤에 더 발휘될 뿐 아니라, 다른 사람들에게 발견 장소를 알리지 않으려는 뜻에서다. 트러플이 있는 장소를 발견하면 개들은 갑자기 부산해지며 앞발로 땅을 파기 시작한다. 이때 주인은 개에게 다른 먹이를 던져주어 주의를 돌리고 고대 유물 발굴하듯 조심스럽게 손으로 땅을 파서 꺼낸다. 야성적 숲의 향기와 신선한 땅 내음을 지닌, 비밀스럽게 땅속에 숨겨진 이 버섯은 호두알만한 것부터 자그마한 사과 정도까지 다양

한 크기인데, 인공재배가 안 되고 생산량도 적어 희소성이 높다.

로마제국 시대부터 식용했고, 프랑스 국왕 루이 14세 식탁에도 즐겨 올려졌다. 모두 30여 종이 있는데 그중 프랑스 페리고르산 흑색 트러플(Tuber Melanosporum)과 이탈리아 피에몬테 지방의 흰색 트러플(Tuber Magnatum)을 최고로 친다. 프랑스 흑색 트러플은 물에 끓여 보관해도 향기를 잃지 않으나 이탈리아 흰색 트러플은 날것으로만 즐길 수 있다.

프랑스의 페리고르(Perigord) 지역에서 나는 검정 트러플은 겉과 속이 까맣고 견과류처럼 생겼는데 특유의 진한 향을 가지고 있다. 흰 트러플은 이탈리아의 알바(Alba)와 피에몬테 지방에서 나는 것을 최고로 치는데 '이탈리아의 자존심'으로 불릴 만큼 유명하다. 주로 날것으로 아주 얇게 썰어서 샐러드와 같은 요리에 이용하며, 이 흰 트러플은 강하고 우아하면서도 원초적인, 형용할 수 없는 냄새를 지녀 같은 크기의 검정 트러플에 비해 서너 배 높은 가격으로 팔린다. 또한 그 냄새와 가격으로 생기는 많은 사건들로 인해 이탈리아에서는 흰 트러플을 휴대하고 대중교통 수단을 이용하는 것을 법으로 금하고 있다.

프랑스 페리고르산 흑색 트러플
(Tuber Melanosporum)

이탈리아 피에몬테 지방의 흰색
트러플(Tuber Magnatum)

프랑스 트러플을 이용한 가장 전통적인 음식은 이를 넣은 거위 간 파테이며 수프, 송아지 고기나 바닷가재 요리에 넣기도 한다. 누보 퀴진(현대식 프랑스 음식)으로 각광받은 폴 보큐즈가 개발한 트러플 수프는 단순한 부용(국물)에 트러플과 거위 간을 얇게 썰어 넣은 것이었다. 날것으로 제맛을 내는 이탈리아 흰 트러플(실제는 엷은 갈색을 띰)은 샐러드를 만들거나 대패나 강판 같은 기구로 아주 얇게 켜서 음식 위에 뿌려 먹는다. 트러플을 넣어 먹을 요리는 그 맛이 단순한 것일수록 좋다. 그래야만 트러플 맛도 살고 요리 자체 맛도 살아나기 때문이다. 트러플은 애피타이저, 샐러드, 수프, 소스, 가니쉬로 사용한다.

Chapter 7

과일 용어
Terminology of Fruit

01 인과류(仁果類)

꽃턱이 발달하여 과육부(果肉部)를 형성한 것으로, 사과·배·비파 등이 이에 속한다.

Apple
사과

산지 및 특징 남·북반구 온대지역이 원산지이며 대표적인 생산국은 미국, 중국, 프랑스, 이탈리아 등이다. 한국에서도 10여 종을 재배 중이며, 알칼리성 식품으로서, 주성분은 탄수화물이며 단백질과 지방이 비교적 적고 비타민 C와 무기질이 풍부하다.

용도 생식, 잼, 주스, 파이, 타르트, 젤리, 무스, 셔벗 만들 때 사용

Chinese Quince
모과

산지 및 특징 원산지는 중국으로 우리나라에서는 전라남도, 충청남도, 경기도에서 많이 난다. 타닌 성분이 있어 떫은맛이 있고 유기산을 함유하고 있어 신맛도 낸다. 소화효소의 분비를 촉진하여 소화기능과 신진대사를 좋게 하여 숙취를 풀어준다.

용도 차나 술을 담그고 모과정과로 이용한다.

Japonica
비파

산지 및 특징 원산지가 중국과 일본의 남쪽 지방이다. 비파나무 열매에는 당분, 능금산, 펩신이 들어 있으며 비타민 A, 비타민 B, 비타민 C도 많이 들어 있다. 잎에는 진해, 거담, 청폐, 이수 등의 효능이 있어서 폐열해소, 기관지염, 구역, 애기 딸꾹질, 부종 등에 잎을 달여 마시기도 한다.

용도 생식하거나 술을 담그기도 한다.

Pear
배

산지 및 특징 서양배와, 중국배, 남방형 배로 나누어지며 세 가지 모두 맛과 생김새가 다르다. 열매 중 80% 정도를 먹을 수 있고, 수분이 85% 정도 되며 알칼리성 식품으로 주성분은 탄수화물이며 당분, 유기산, 섬유소, 지방 등을 함유하고 있다. 기관지 질환에 좋다.

용도 생식, 잼, 주스, 배숙, 고기를 연하게 할 때 이용

02 준인과류(準仁果類)

씨방이 발달하여 과육이 된 것으로 감, 감귤류가 이에 속한다.

Citron
유자

산지 및 특징 원산지는 중국 양쯔강 상류이며, 한국, 중국, 일본에서 생산되는데 한국산이 가장 향이 진하고 껍질이 두텁다. 종류에는 청유자, 황유자, 실유자가 있다. 비타민 C, 유기산을 함유하고 있으며, 모세혈관을 보호하는 헤스페리딘이 들어 있어 뇌혈관장애와 풍을 막아준다.

용도 차로 이용하거나 설탕절임, 씨앗으로는 오일을 만든다.

Grapefruit
자몽

산지 및 특징 감귤속(Citrus)에 속하는 Grapefruit의 열매이다. 원산지는 서인도제도의 자메이카로 여겨진다. 즙이 풍부하며 맛은 신맛, 단맛이 있으며 쓴맛도 조금 섞여 있다. 반 개만 먹어도 하루에 필요한 비타민 C를 섭취할 수 있으며, 감기예방, 피로회복, 숙취에 좋다.

용도 생식하거나 주스를 만들어 이용한다.

Kumquat
금귤(낑깡)

산지 및 특징 금감이라고도 하며 원산지는 중국이다. 껍질째 식용하며, 향기롭고 시면서 약간 쓴맛이 있다. 열매가 길쭉한 것을 긴알귤, 둥근 것을 둥근알귤 · 동굴귤이라고도 한다. 겨울철 기침에 좋다.

용도 잼으로 이용하거나 술을 담그기도 한다.

Lemon
레몬

산지 및 특징 쥐손이풀목 산초과 상록과수. 감귤류의 일종이다. 원산지는 인도의 히말라야산맥 동부의 산기슭이며 캘리포니아나 지중해 지방에서 많이 재배된다. 비타민 C의 효과가 크고, 시트르산을 많이 함유하고 있어, 어류나 육류요리에 넣으면 신선한 맛을 느낄 수 있다.

용도 주스로 사용하고, 과즙을 식초로 사용. 마멀레이드를 만든다.

Lime
라임

산지 및 특징 원산지는 인도 북동부에서 미얀마 북부와 말레이시아이며, 아열대, 열대지방에서 재배한다. 과육은 황록색으로 연하며 즙이 많고, 신맛이 나며 레몬보다 새콤하고 달다. 구연산의 함유를 통하여 신라임(Acid lime)과 단라임(Sweet lime)으로 구분된다.

용도 피클이나 처트니로 이용, 주스로도 이용된다.

Mandarin
귤

산지 및 특징　쥐손이풀목 운향과의 상록활엽교목. 한국, 중국, 일본, 동남아시아 등에 분포하며 한국에서는 제주도에서 많이 재배한다. 비타민 A, C의 함량이 높고 기호도가 비교적 높은 과일이며 감기예방에 좋다. 비타민 E도 많이 함유하고 있어, 동맥경화에 좋으며 소화 장애에도 효과가 있다.

용도　생식하거나 껍질을 말려 차를 끓여 먹기도 한다.

Orange
오렌지

산지 및 특징　인도 원산으로 세계 최대 생산국은 브라질이며, 미국·중국·에스파냐·멕시코 등지에서도 많이 생산한다. 상쾌한 맛이 나며 과육 100g 중 비타민 C가 40～60mg이 들어 있고 섬유질과 비타민 A도 풍부해서 감기예방과 피로회복, 피부미용 등에 좋다. 지방과 콜레스테롤이 전혀 없어서 성인병 예방에도 도움이 된다.

용도　껍질에서 짜낸 정유는 요리와 술의 향료나 방향제로 쓴다.

03 장과류(漿果類)

　꽃턱이 두꺼운 주머니 모양이고 육질이 부드러우며 즙이 많은 과일로, 포도 등이 이에 속한다.

Black Berry
블랙베리

산지 및 특징　아시아, 유럽, 아메리카, 아프리카에 널리 분포하며 종류가 다양하다. 비타민 C가 풍부하여 새콤달콤한 맛을 지니고 있다. 우리나라에서는 생과일을 구하기가 힘들어서 대개 통조림이나 냉동된 것을 이용하고 있다.

용도　주스로 이용하거나 파이에 이용한다.

Blue Berry
블루베리

산지 및 특징　북아메리카가 원산으로 한국에도 정금나무에 산앵두 나무가 있다. 이 열매 모두 식용할 수는 있으나 명칭은 블루베리가 아니다. 달콤하면서도 신맛이 나며, 비타민 A가 많이 들어있어 야맹증에 좋다. 비타민 C, E는 뇌기능에 좋아 기억력 향상에 도움을 주고 치매예방에 효과가 있다.

용도　잼, 아이스크림, 케이크, 타르트 등 여러 요리에 이용한다.

Cranberry
크랜베리

산지 및 특징　크랜베리에는 박테리아가 체내에 부착하는 것을 막아주는 효과가 있으며, 치주병, 위궤양 등에서 효과를 발휘한다. 안토시아닌 색소는 야맹증, 시력개선 등의 효과가 있으며, 간기능의 개선에도 효과가 있다.

용도　주스, 푸딩, 머핀 등 여러 가지 요리에 사용된다.

Currant
커런트

산지 및 특징　유럽 북서부가 원산지이며, 붉은색이 나므로 붉은 커런트라고 하기도 한다. 검은 커런트는 유럽 및 중앙아시아가 원산지이고, 두 종류 모두 즙이 많고 신맛이 강하다. 검은 커런트는 발효시켜서 약용으로 사용 가능하고, 비타민 C가 특히 많이 들어 있고, 칼슘, 인, 철 등도 포함되어 있다.

용도　생식하거나 잼, 주스 또는 젤리로 이용한다.

Fig
무화과

산지 및 특징　주로 유럽·아메리카 등지에서 재배하며, 다양한 모양이 있다. 주요 성분으로는 당분(포도당과 과당)이 약 10% 들어 있어 단맛이 강하다. 유기산으로는 사과산과 시트르산을 비롯하여 암 치료에 효과가 있는 벤즈알데히드와 단백질 분해효소인 피신이 들어 있다. 그 밖에 리파아제, 아밀라아제, 옥시다아제 등의 효소와 섬유질 및 단백질이 풍부하다.

용도　생식하거나, 건과로 이용하고 각종 요리재료로 쓰인다.

Gooseberry
구스베리

산지 및 특징 유럽·북아프리카·서남아시아 원산으로 세계 각처에서 재배하며, 양까치밥나무라고도 한다. 높이는 1m 정도이고 줄기는 가늘며 뭉쳐나고 잔가지의 잎 밑 부분에 가시가 있다. 열매는 붉은색·노란색·녹색으로 익으며 달고 신맛이 난다.

용도 생식하거나 잼을 만들어서 이용한다.

Grape
포도

산지 및 특징 코카서스 지방과 카스피해 연안이 원산지이다. 성분으로는 당분이 많이 들어 있어 피로회복에 좋고 비타민 A·B·B$_2$·C·D 등이 풍부해서 신진대사를 원활하게 하며, 무기질도 들어 있다. 근육과 뼈를 튼튼하게 하고 이뇨작용을 하며 생혈 및 조혈작용을 하여 빈혈에 좋고 충치를 예방하며, 항암 성분이 있어서 항암효과가 있다.

용도 생식하거나 건포도, 술, 잼, 주스 등으로 이용한다.

Persimmon
감

산지 및 특징 한국·중국·일본이 원산지이다. 주성분은 당질이고 떫은맛이 있다. 떫은맛은 타닌 성분 중 디오수프린인데 이는 수용성이기 때문에 쉽게 떫은맛을 나타낸다. 아세트알데히드가 타닌 성분과 결합하여 불용성이 되면 떫은맛이 사라진다. 비타민 A, B가 풍부하고 펙틴, 카로티노이드가 함유되어 있다.

용도 생식하거나 말려서 곶감으로 이용한다.

Pomegranate
석류

산지 및 특징 원산지는 서아시아와 인도 서북부 지역이며 한국에는 고려 초기에 중국에서 들어온 것으로 추정된다. 지름 6~8cm 정도의 둥근 모양이며, 단단하고 노르스름한 껍질이 감싸고 있다. 식용 가능한 부분이 약 20%인데, 과육은 새콤달콤한 맛이 나고 껍질은 약으로 쓴다. 종류는 단맛이 강한 감과와 신맛이 강한 산과로 나뉜다

용도 생식하거나 과일주, 애을 만들기도 한다.

Raspberry
라즈베리

산지 및 특징 대부분 유럽이나 북아메리카 등지에 분포하여 재배되고, 달콤하고 즙이 많으며, 색에 따라 세 가지 종류의 라즈베리로 분류된다. 향기를 맡으면 지방이 분해되고 식욕이 억제되는 효과가 있으며, 블랙 라즈베리의 경우 식도암 발생을 억제하는 효과가 있다.

용도 생식하거나 술, 파이, 잼, 아이스크림 등에 이용한다.

04 견과류(堅果類)

외피가 단단하고 식용부위는 곡류나 두류처럼 떡잎으로 된 것으로 밤, 호두, 잣 등이 이에 속한다.

Almond
아몬드

산지 및 특징 터키 원산이고 편도라고도 한다. 건조한 곳에서 자라며 과육이 얇고 익으면 갈라져서 복숭아처럼 먹을 수 없어서 안에 들어 있는 핵인을 식용한다. 인은 엷은 붉은빛을 띤 갈색 내피가 있으며 안에 노란빛을 띤 흰색의 배가 있다. 쓴 것은 아미그달린을 포함하고 있어 식용이 불가능하다.

용도 생식하거나 초콜릿, 과자, 아이스크림 등에 이용된다.

Chestnut
밤

산지 및 특징 아시아·유럽·북아메리카 등이 원산지이며, 율자라고도 한다.
탄수화물·단백질·기타 지방·칼슘·비타민 등이 풍부하여 발육과 성장에 좋다. 특히 비타민 C가 많이 들어 있어 피부미용과 감기예방 등에 효능이 있으며 생밤의 비타민 C 성분은 알코올의 산화를 도와준다. 당분에는 위장기능을 강화하는 효소가 들어 있으며 성인병 예방과 신장 보호에도 효과가 있다.

용도 생식하거나 삶거나 쪄서 먹는 등 여러 가지로 이용

Gingko nut
은행

산지 및 특징 탄수화물, 지방, 단백질을 함유하고 있으며, 그 외에 카로틴, 비타민 C 등을 함유하고 있다. 청산배당체를 함유하고 있어, 많이 먹으면 식중독을 일으킬 수 있으므로 주의해야 한다. 한방에서는 진해, 거담 등의 효과가 있다고 본다.

용도 생식하거나 볶아서 사용하고 여러 음식에 고명으로 이용

Hazelnut
헤즐넛

산지 및 특징 개암나무 열매로 주산지는 터키이다. 터키의 흑해 주변지역에서 전 세계 소비량의 70% 정도를 생산한다. 칼로리는 구운 헤즐넛 ¼컵에 약 180칼로리 정도이다. 헤즐넛에 있는 지방은 단순불포화지방으로 항암물질로 널리 사용되는 택솔(taxol)이 들어 있다.

용도 커피 향, 제과 제빵, 오일은 화장품이나 비누, 샴푸에 사용

Peanut
땅콩

산지 및 특징 브라질을 원산으로 널리 재배되고 있으며, 국내에서 육성한 땅콩 품종으로는 대립종에 서둔땅콩·영호땅콩이 있으며, 소립종으로는 올땅콩을 장려하고 있다. 땅콩 종자에는 45~50%의 지방과 20~30%의 단백질이 포함되어 있어 영양가가 매우 풍부한 식품에 속한다.

용도 생식하거나 땅콩버터, 과자용 등으로 널리 쓰인다.

Pine nut
잣

산지 및 특징 해송자·백자·송자·실백이라고도 한다. 속에 있는 흰 배젖은 향기와 맛이 좋으므로 식용하거나 약용한다. 성분은 지방유 74%, 단백질 15%를 함유하며 자양강장의 효과가 있으며, 올레산과 리놀레산으로 뇌기능을 보강해 주며, 설사증상이 있는 사람은 복용하지 않는 것이 좋다.

용도 각종 요리에 고명으로 사용되며, 죽을 끓여 먹기도 한다.

Pistachio
피스타치오

산지 및 특징　중서아시아가 원산이고 열매는 달걀모양 타원형이고 길이는 1.5cm 정도이며 붉은빛을 띤 노란색이다. 과육을 제거한 흰 내과피가 피스타치오이다. 독특한 향이 있으며, 지방, 철, 비타민 B가 풍부하다.

용도　생식하거나 과자, 아이스크림 등에 이용된다.

Walnut
호두

산지 및 특징　유럽이 원산지이나, 중국 및 아시아에 분포한다. 호두의 화학 성분은 지방유를 함유하고 그 주성분은 리놀레산의 글리세리드이다. 또한 단백질·비타민 B_2·비타민 B_1 등이 풍부하여 식용과 약용으로 많이 쓰인다. 소화기의 강화에도 효능이 있다.

용도　생식하거나 과자, 에로 이용한다.

05 핵과류(核果類)

내과피(內果皮)가 단단한 핵을 이루고 그 속에 씨가 들어 있으며, 중과피가 과육을 이루고 있는 것으로, 복숭아·매실·살구 등이 이에 속한다.

Apricot
살구

산지 및 특징　원산지는 아시아 동부이며, 한국에서도 생산하고 있다. 무기질 중 칼륨이 많이 들어 있고, 민간에서는 해소, 천식, 기관지염에 좋다고 하여 약으로 쓰고, 최근에는 항암물질도 발견되어 항암식품으로 인정받고 있으나, 독성이 있으므로 섭취에 주의해야 하며, 덜 익은 과육은 몸에 좋지 않다.

용도　건과, 잼, 통조림, 음료 등으로 이용한다.

Cherry
체리

산지 및 특징 북반구가 원산지이며, 가장 많이 자라는 곳은 아시아 동부이다. 모양은 심장형에서 거의 구형이며 노란색에서 붉은색 거의 검은색까지 열매의 색깔이 다양하다. 비타민 A가 들어 있으며 칼슘이나 인 같은 무기염류도 소량 함유하고 있다.

용도 생식하거나 잼, 통조림으로 이용한다.

Japanese Apricot
매실

산지 및 특징 원산지는 중국이며, 둥근 모양이며 매화나무의 열매이다. 과육의 85%는 수분, 10%는 당질, 무기질과 유기산이 풍부하고 카로틴도 들어 있다. 알칼리성 식품으로 피로회복에 좋고 체질개선에 효과가 있다. 해독작용이 뛰어나 배탈이나 식중독에 도움이 되며 최근 항암식품으로도 알려졌다.

용도 술로 이용하거나 잼, 절임, 주스나 건조시켜서 먹는다.

Korean Cherry
앵두

산지 및 특징 원산지는 중국으로 새콤달콤한 맛이 나며, 주요 성분은 단백질, 지방, 당질, 섬유소, 비타민 등이다. 붉은 빛깔은 안토시아닌계 색소이며, 혈액순환을 촉진하고 수분대사를 활발하게 하는 성분이 들어 있으며, 폐 기능을 도와주어 가래를 없애고, 소화기관을 튼튼하게 하여 혈색을 좋게 한다.

용도 생식하거나 잼, 주스, 앵두편, 화채, 주스로 이용한다.

Peach
복숭아

산지 및 특징 원산지는 중국이며, 과육색에 따라 백도와 황도로 나누어진다. 주요 생산국은 미국, 중국, 이탈리아 등이며 한국에서도 재배하고 있다. 유기산과 펙틴이 풍부하다. 아스파라긴산을 많이 함유하고 있으며, 껍질은 니코틴을 제거하며, 발암물질인 니트로소아민의 생성을 억제한다.

용도 생식하거나 통조림, 병조림, 주스, 잼으로 이용한다.

Plum
오얏(자두)

산지 및 특징 　유럽 또는 아시아가 원산지이며, 동양계 자두, 유럽계 자두, 미국 자두의 3종류가 경제적 재배가치를 인정받고 있다. 여름과일로 알려져 있으며 펙틴의 함량이 많고, 카로틴을 포함하고 있으며, 한방에서는 진통, 해소, 신장염의 처방으로 쓴다.

용도 　생식하거나 건과, 잼, 과실주로 이용한다.

06 과채류(果菜類)

　생식기관인 열매를 식용하는 채소들로서 수박, 참외, 머스크멜론, 딸기, 토마토 등이 이에 속한다.

Melon
참외

산지 및 특징 　박과 식물로 과대(瓜帶)라고도 한다. 영어로는 oriental melon이라고 한다. 인도 원산의 덩굴성 한해살이풀로 줄기는 길게 옆으로 뻗고, 털이 있으며, 잎겨드랑이에 덩굴손이 있다. 6~7월에 노란 꽃이 피고, 열매는 타원형으로 녹 · 황 · 백색으로 익으며, 단맛이 있다.

용도 　생식, 샐러드, 주스에 이용

Musk Melon
머스크 멜론

산지 및 특징 　북아프리카 · 중앙아시아 및 인도 등을 원산지로 보고 있으나 중동에도 야생형을 재배하고 있기 때문에 단정하기 어렵다.
당질의 함량이 높아 당도가 높은 편이며, 칼륨이 많이 함유되어 있어 칼륨이 배출되면서 각종 노폐물이 배출되어 건강에 좋으며, 고혈압, 뇌경색의 예방을 도와준다.

용도 　생식하거나 아이스크림, 주스에 이용

Strawberry
딸기

산지 및 특징 우리나라에서 재배되는 딸기의 종류도 매우 다양하다고 볼 수 있으며, 원산지는 북아메리카나 남아메리카로 보인다. 열매의 모양은 공모양, 타원형이 있으며, 주요성분으로는 탄수화물, 칼슘, 인, 카로틴 등이다. 비타민 중에서 비타민 C의 함량이 높다.

용도 생식, 주스, 잼, 케이크, 아이스크림 등 여러 가지로 이용

Tomato
토마토

산지 및 특징 남아메리카 서부 고원지대가 원산지이다. 가지과의 식물이며 열매는 장과로서 6월부터 붉은빛으로 익는다. 리코펜 외에도 강력한 항암물질을 함유하고 있다. 열매에는 비타민 A와 C가 많이 들어 있다.

용도 샐러드, 소스, 주스 등에 다양하게 사용

Water Melon
수박

산지 및 특징 현재 우리나라에서 재배하는 재래종 수박은 그 지방에 따라 국한되어 재배된다. 수박은 시원하고 독특한 맛이 있어 덥고 건조한 지역에서 많이 재배되며 비타민 A와 소량의 비타민 C를 함유하며, 이뇨작용이 있어 신장염에 효과가 있는 것으로 알려져 있다.

용도 생식하거나 주스, 화채로 이용

07 열대(熱帶)과일

주로 열대지방에서 생산되는 과일로 바나나, 파인애플, 파파야, 망고스틴, 망고 등이 이에 속한다.

Avocado
아보카도

산지 및 특징　멕시코와 남아메리카가 원산지이며, 악어의 등처럼 울퉁불퉁한 껍질 때문에 악어배라고도 한다. 열매를 식용하기 위하여 재배한다. 열매는 녹갈색, 자줏빛을 띤 검은색 등이고 둥글거나 타원 모양 또는 서양배같이 생기며 길이 10~15cm이다. 종자는 1개씩 들어 있으며 매우 크다.

용도　딥소스, 샐러드, 에 채취하는 데 이용

Banana
바나나

산지 및 특징　열대아시아가 원산지이며, 날것을 그대로 먹는 품종은 길이가 6~20cm, 지름이 3.5~5cm이다. 요리용 바나나는 길이가 30cm, 지름이 7cm이다. 열매의 색깔은 잿빛을 띤 흰색·노란색·굴색 등이 있고, 향기와 단맛 등에도 변화가 많다. 종자는 짙은 갈색이고, 편평한 둥근 모양이며, 지름이 5mm이다.

용도　생식하거나 파이, 푸딩, 머핀 등에 이용

Coconut
코코넛

산지 및 특징　연한 녹색의 열대과일로서 즙이 많아 음료로 마신다. 열매 안쪽의 젤리처럼 생긴 과육은 단맛과 고소한 맛이 나 그대로 먹거나 기름을 짠다. 맨 바깥은 섬세하고 얇은 섬유층이고 안쪽은 두께 2~5cm의 촘촘한 섬유층을 이룬다. 1년에 4회 정도 수확하는데, 나무 1그루당 50~60개의 열매가 달린다. 잘 익은 것에는 지방 26%, 단백질 4g이 들어 있다.

용도　기름은 요리의 소스, 식용유로 쓰고 비누, 화장품에 사용

Date
대추야자

산지 및 특징 원산지는 이집트이며, 열매는 길이 3~5cm의 원형 또는 긴 타원형이며 녹색에서 노란색을 거쳐 붉은색으로 익는다. 과육은 달며 영양분이 풍부하여 여행자에게는 중요한 식량으로 알려져 있다.

용도 열매로 시럽, 알코올, 식초, 술을 만든다.

Durian
두리안

산지 및 특징 원산지는 알려져 있지 않다. 과일 중의 왕자라는 별명을 지닌 크고 맛있는 열매를 생산하지만, 양파 썩은 냄새가 나므로 싫어하는 사람도 있다. 열매는 지름 20~25cm이고 타원형이거나 거의 둥글며 7~8월에 갈색으로 익고 굵은 가시가 있으며 술과 함께 먹는 것은 금지(고열량 때문)되어 있다. 인도ㆍ미얀마ㆍ말레이시아 등지에서 재배된다.

용도 생식하며 잼, 아이스크림, 주스 등을 만들기도 한다.

Kiwi
키위

산지 및 특징 중국과 타이완이 원산지이지만 지금은 뉴질랜드와 캘리포니아에서 상업적으로 재배한다. 달걀 모양의 키위는 껍질이 갈색을 띤 녹색으로 털이 나 있으며, 단단하고 투명한 과육의 가운데에 자줏빛이 도는 검은색의 식용 가능한 씨가 있다. 구스베리와 비슷한 약간 신맛이 난다.

용도 생식하거나 주스로 이용. 즙은 고기를 연화시키기도 한다.

Mango
망고

산지 및 특징 열매는 5~10월에 익으며 넓은 달걀 모양이고 길이 3~25cm, 너비 1.5~10cm인데, 품종마다 차이가 크다. 익으면 노란빛을 띤 녹색이거나 노란색 또는 붉은빛을 띠며 과육은 노란빛이고 즙이 많다. 종자는 1개 들어 있는데, 원기둥꼴의 양끝이 뾰족한 모양이며 약으로 쓰거나 갈아서 식용한다.

용도 생식, 샐러드 드레싱, 소스로 이용

Mangosteen
망고스틴

산지 및 특징 말레이시아가 원산지로 열매는 약간 납작한 공 모양으로 탁구공보다 조금 큰데, 지름 4~7cm이며 꽃이 핀 다음 5개월 뒤에 자줏빛을 띤 검은색으로 익고 꽃받침이 붙어 있다. 향기가 있고 새콤달콤하여 열매 중의 여왕이라고 할 정도로 맛이 뛰어나다.

용도 생식하며 얼렸다가 디저트 과일로 사용

Papaya
파파야

산지 및 특징 열대아프리카가 원산지이며, 열매는 공 모양 등 여러 가지가 있고, 빛깔은 녹색을 띤 노란색에서 붉은색을 띤 노란색으로 변하고, 과육은 짙은 노란색 또는 자줏빛을 띤 빨간색이며, 향기가 좋고 열매, 씨는 술이나 간장을 맑게 하는 데 쓰인다.

용도 생식하거나 설탕에 절인 과자로 만들어 먹기도 한다.

Passion Fruit
패션 프루트

산지 및 특징 열매는 둥글거나 타원형이며 크기는 5cm 정도이고 검은 자주색으로 익는 것과 노란색으로 익는 계통이 있다. 대개 탁구공보다 조금 크고 속에 젤라틴 상태의 과육과 종자가 많으며 매우 좋은 향기가 난다.

용도 생식하거나 주스, 잼을 만들어서 이용한다.

Pineapple
파인애플

산지 및 특징 중앙아프리카와 남아프리카 북부 원산으로서, 열매 모양은 원통 모양, 원뿔 모양, 달걀 모양 등이 있으며 익으면 주황색에서 노란색으로 되며 향기가 있다. 자당과 비타민 C, 칼슘 등의 영양소를 풍부하게 함유하고 있으며, 새콤달콤한 맛이 있다.

용도 생식하거나 연육효과가 있어 고기와 함께 쓰인다.

Rambutan
람부탄

산지 및 특징 말레이시아가 원산지이고, 열매는 타원 모양이며 10~12개씩 모여 달리고 작은 달걀만한 크기이며 7~8월에 붉은 색으로 익고 길고 부드러운 돌기로 덮여 있다. 람부탄이란 말레이시아어로 털이 있는 열매라는 뜻인데, 돌기로 덮인 모양 때문에 생긴 이름이다. 열대지방의 중요한 과일로서, 과육은 흰색이고 과즙이 많으며 달고 신맛이 있다.

용도 생식하며 디저트 과일로 사용

01 두류(Beans)

Chick Peas
이집트콩

이집트콩 또는 병아리콩이라고도 한다. 일반 콩보다 조금 크며, 모양이 불규칙하게 생겼다. 주로 지중해, 인도, 중앙아시아 지역의 요리에 쓰인다. 삶아 샐러드나 으깨서 퓌레로 사용한다.

CowPea
동부

보통 중국콩으로 알려져 있으며, 강두(豇豆)·광저기라고도 한다. 인도와 중동이 원산지로 여겨지나 중국에서도 오랜 옛날부터 심어왔다. 동부는 팥과 비슷하나 종자가 약간 길고 종자의 눈도 길어서 구별된다. 신장을 보호하고 위장을 튼튼히 하며 혈액순환을 촉진시킨다. 또한 당뇨병·구토·설사 등에도 효력이 있다.

Fava Bean
잠두

열대아시아 원산이며 식용으로 재배한다. 잎은 잎자루가 길고 3개의 작은 잎으로 된다. 꼬투리 끝이 굽어 있거나 갈고리 모양을 하고 있고 길이 20~30cm, 너비 5cm 내외이며 10개 내외의 콩이 들어 있으며, 콩은 3cm 정도이다. 치질·축농증·중이염·위염·대장염 등에 큰 효과가 있다. 열매가 작두같이 생겨서 작두콩 또는 잠두콩이라고 한다.

Garden Bean
완두콩

콩과에 속하는 1, 2년생 초본식물. 원산지는 지중해 동부로부터 남서아시아에 이르는 지방으로 우리나라에 전해진 지 오래된 작물은 아닌 것으로 추측된다.

Kidney Bean
강낭콩

한자어로는 채두(菜豆) 또는 운두(雲豆)라고도 한다. 원산지는 멕시코 중앙부에서 과테말라, 온두라스 일대이다. 유럽에는 아메리카 대륙 발견 이후 에스파냐 사람이 전파, 한국에는 중국 남쪽 지방에서 들어왔다고 하며, 일제강점기에 일본에서 여러 품종을 도입하여 식용으로 재배하였다. 줄기잎은 사료로 쓴다. 성분은 녹말 60%, 단백질 20% 정도를 함유한다. 어린 꼬투리는 채소로 쓰인다.

Lentil Bean
렌즈콩

단백질이 풍부하여 태곳적부터 식량으로 심어오던 식물 중의 하나이다. 유럽과 아시아, 북아프리카에서 널리 심고 있지만 그 기원에 대해서는 알 수 없으며 서반구에서는 거의 자라지 않는다. 씨는 주로 수프를 만드는 데 이용되고, 식물체는 사료용으로 쓰인다. 단백질, 비타민 B, 철, 인의 좋은 공급원이다.

Lima Bean
리마콩

중앙아메리카 원산인 종류 중 리마콩은 아메리카대륙 이외의 몇 나라에서만 상업적으로 중요하다. 미국에서는 성숙한 마른 리마콩이 전체 마른 콩 생산량의 약 2.5%를 차지한다. 리마콩은 씨껍질의 가는 능선이 독특해 쉽게 구별할 수 있는데, '눈'에서 방사상으로 뻗어 있다. 열대지역에서는 다년생으로 자라지만 그 밖의 지역에서는 보통 1년생으로 자란다.

Mung Bean
녹두

콩과에 속하는 일년생 초본식물. 일명 녹두(菉頭)·안두(安豆)·길두(吉豆)라고도 한다. 주성분은 전분(53%)이며 단백질의 함량이 25~26%에 이르러 영양가가 높다. 곡물의 전분을 녹말이라고 하는데, 이는 전분 중에서 대표적인 것이 녹두라는 사실에서 비롯되었다고 한다. 청포(녹두묵)·빈대떡·떡고물·녹두차·녹두죽·숙주나물 등으로 먹는다. 민간에서는 피부병을 치료하는 데 쓰며 해열·해독작용을 한다.

Peanut
땅콩

한자로는 땅속에서 열매를 맺는다고 하여 낙화생이라고도 하며, 원산지는 브라질을 중심으로 한 남미대륙이다. 한국은 1800~1845년 사이에 중국으로부터 들어온 것으로 추정된다. 땅콩은 지질 45%, 단백질 30% 이상을 함유하고 있으며 비타민 B_1·B_2도 들어 있어서 영양적으로 우수한 식품이다.

Small Red Bean
팥

원산지는 동양으로 오랜 재배역사를 가지고 있으며, 중국·한국·일본 등에서 재배되는 특이한 작물이다. 우리나라에서는 소두(小豆)라고도 불리며, 중국에서는 소두·적소두(赤小豆)·홍두(紅豆)·잔두(殘豆)·미두(眉豆) 등으로 불린다. 성분은 단백질 21%, 탄수화물 55%, 지질 0.7% 등이며, 비타민은 100g당 0.5mg을 함유한다.

Soy Bean
대두

콩과식물 중 가장 영양분이 많고 소화하기 쉬운 식량으로서 단백질이 가장 풍부하고 또 가장 값싸게 얻을 수 있는 단백질 공급원 중의 하나이다. 콩에는 수분 8.6%, 단백질 40%, 지방 18%, 섬유질 3.5%, 회분 4.6%, 펜토산 4.4%, 당분 7% 등이 함유되어 있다. 대두는 녹말이 없기 때문에 당뇨병환자들에게는 아주 좋은 단백질원이다. 동아시아에서는 흰색의 현탁액인 두유(豆乳)와 코티지치즈 비슷한 응유 모양의 식품인 두부형태로 널리 소비되고 있다.

02 잡곡(Grain Miscellaneous)

Adlai
율무

벼과에 속하는 1년생 초본식물이며, 중국 원산의 귀화식물로서 약료작물로 재배한다. 종자를 의이인(薏苡仁)이라고 하는데, 차 등으로 먹거나 이뇨 · 진통 · 진경 · 강장작용이 있으므로 부종 · 신경통 · 류머티즘 · 방광결석 등에 약재로 쓴다. 생잎은 차대용으로 쓰고 뿌리는 황달과 신경통에 쓴다.

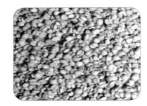

Barnyard Millet
피

아시아 원산으로 예로부터 한국 · 인도 · 중국 · 일본 · 유럽 등지에서 재배되었으며, 현재는 미국이나 아프리카에서도 재배된다. 옛날에는 구황작물로서 많이 재배하였다. 단백질 · 지방질 · 비타민 B$_1$ 등이 많이 함유되어 있어서, 영양가는 쌀이나 보리에 떨어지지 않지만 맛은 못하다. 장기간 저장하여도 맛이 변하지 않고, 비타민 B$_1$의 함량에 변화가 없는 장점이 있다.

Buckwheat
메밀

원산지는 동아시아 온대 북부의 바이칼호 · 만주 · 아무르강변 등에 걸친 지역이라고 알려져 있다. 7~9세기의 당나라 때 일반에 알려져서 10~13세기에 널리 보급되었다고 한다. 원산지에서 가까운 우리나라에는 꽤 일찍 들어왔을 것으로 추정된다. 종자의 열매는 메밀쌀을 만들어 밥을 지어 먹기도 한다. 녹말작물이면서도 단백질 함량이 높고 비타민 B$_1$ · B$_2$, 니코틴산 등을 함유하여 영양가와 밥맛이 좋다.

Corn
옥수수

옥수수는 볼리비아를 중심으로 한 남아메리카 북부의 안데스산맥의 저지대나 멕시코가 원산지인 것으로 추정되며 우리나라에는 16세기에 중국으로부터 전래되었다.1492년 콜럼버스가 옥수수 재배하는 것을 보고 종자를 에스파냐로 가지고 돌아간 후부터 30년 동안 전 유럽에 전파되었다. 소화율이나 칼로리가 쌀 · 보리에 뒤떨어지지 않으나 단백질이 적으므로 주식으로 하려면 콩과 섞어 먹거나 유럽에서처럼 우유 · 고기 · 달걀 등과 함께 먹는 것이 바람직하다.

Foxtail Millet
조

조의 원형은 강아지풀로 조와 교배가 용이하고 조와 동일한 발생지에 분포한다. 조가 세계적인 작물은 못 되지만 한국에서는 옛날부터 전국적으로 재배해 온 작물로서 한때는 보리 다음으로 많이 재배했던 밭작물이었다. 조는 쌀이나 보리와 함께 주식의 혼반용으로 이용되며 엿·떡·소주 및 견사용의 풀, 새의 사료 등으로 이용된다.

Millet
기장

원산지는 인도라는 설이 있었으나 요즈음에는 화북과 만주지방이라는 학설이 지배적이다. 주성분은 당질(糖質)이며, 쌀과 비교하면 조단백질의 95%는 순수 단백질이지만 분량에서 쌀보다 많고 소화율은 떨어진다. 단백질·지방질·비타민 A 등이 풍부하다.

Sorghum
수수

원산지는 열대 아프리카이며 인도와 유럽에서 재배되었다. 우리나라에서는 서기전 6~4세기경 함경북도 회령읍 오동의 청동기시대 유적지에서 수수가 출토되었다고 전해지나 확실하지 않다. 다만 중국을 통해서 전래되었을 것으로 추측된다. 수수는 크게 메수수와 찰수수로 분류되는데 찰수수는 밥에 섞어 먹거나 떡을 만들고 메수수는 사료나 양조용 곡물로 쓰인다.

Barley
보리

한자로는 대맥(大麥)이라고도 한다. 월년생 초본으로서 식량작물로는 가장 오래된 작물 중의 하나로 기원전 7000년 전에 야생종이 재배되었다. 보리에는 비타민 B_1과 비타민 B_2의 함량이 쌀보다 많아 각기병 등을 예방하는데 좋다. 또한 β-glucan이라는 식이섬유가 매우 풍부하여 당뇨병 환자나 과체중인 사람들의 건강식으로 매우 좋다.

Oat
귀리

재배종인 귀리의 원산지는 중앙아시아 아르메니아 지방이라고 하며 유럽에는 BC 2000~1300년경에 전파되었고, 중국에서는 600~900년경에 재배하였다고 한다. 한국에는 고려시대에 원(元)나라 군대의 말먹이로 가져온 것이 시초로 여겨진다. 귀리는 단백질·지질(脂質)의 함량이 높고 단백질의 아미노산 조성도 쌀과 비슷하여 곡류 가운데서는 영양가가 높은 편이다. 감자와 섞어서 밥을 짓거나 피와 섞어 죽을 쑤어 먹기도 한다.

Rye
호밀

벼과에 속하는 1년생 초본식물. 호맥(胡麥) 또는 흑맥(黑麥)이라고도 하며, 라이보리라고도 한다. 원산지는 서남아시아이며 우리나라에서는 1921년 강원도 난곡(蘭谷)의 독일인 농장에서 독일로부터 도입된 호밀이 처음 재배되었다고 한다. 호밀은 주로 빵·비스킷·호밀전분용으로 쓰이며, 사료용으로도 재배된다. 미국과 캐나다에서는 위스키 원료로도 쓰인다.

Wheat
밀

한자로 소맥(小麥)이라고 한다. 밀은 농업의 기원과 더불어 프랑스에서 재배된 가장 오랜 작물의 하나로 약 1만 년 전에 이미 재배되었던 것으로 추정된다. 원산지는 아프가니스탄·트랜스코카서스 및 아르메니아 지역이며 우리나라는 중국을 통하여 전래되었다. 밀은 동양에서 보조식량으로 쓰이지만 서양에서는 주식량이며, 쌀과 함께 세계의 2대 식량이다. 90% 이상이 제분되어 제면·제빵·제과·공업용으로 쓰인다.

04 미곡(Rice)

Black Rice
흑미

검은 쌀에는 항산화 · 항암 · 항궤양 효과가 있다고 알려진 안토시아닌이라는 수용성 색소가 있어 검은색을 띠게 된다. 검은쌀에는 안토시아닌이 검은콩보다 4배 이상 들어 있으며, 비타민 B군을 비롯하여 철 · 아연 · 셀레늄 등의 무기염류는 일반 쌀의 5배 이상 함유되어 있다. 이것은 노화와 여러 질병을 일으키는 체내의 활성산소를 효과적으로 중화시킬 뿐만 아니라 심장질병, 뇌졸중, 성인병, 암 예방에도 좋은 성분으로 알려져 있다.

Glutinous Rice
찹쌀

멥쌀과 대응되는 말로, 나미(糯米) 또는 점미(黏米)라고도 한다. 보통 밥을 짓는 멥쌀은 배젖이 반투명한데, 찹쌀은 유백색으로 불투명하므로 구별할 수 있다. 또 찹쌀의 녹말은 대부분 아밀로펙틴으로 이루어져 있으므로, 요오드 반응이 적갈색을 띠기 때문에 명백히 구별된다. 찹쌀은 차진 기운이 높고, 멥쌀보다 소화가 잘 된다.

Rice
쌀

세계적으로 보면 인도에서는 BC 7000~5000년대에, 중국에서는 BC 5000년경(神農時代)에 벼를 재배하였다고 한다. 한국에는 기원전 2000년경에 중국으로부터 들어온 것으로 알려져 있다. 밀 · 보리와 함께 세계 3대 곡물의 하나이다. 멥쌀과 찹쌀은 아밀로오스와 아밀로펙틴의 함량에서 차이가 있다. 멥쌀은 약 20%의 아밀로오스와 80% 내외의 아밀로펙틴을 함유한 반면, 찹쌀은 아밀로펙틴이 대부분을 차지하며 아밀로오스는 거의 들어 있지 않다.

Wild Rice
야생쌀

현재 세계에 약 20종이 알려져 있다. 아시아 · 아프리카 · 오세아니아 · 중앙아메리카 · 남아메리카의 열대와 아열대 지역에 널리 자생한다. 벼의 원산지에 대해서는 여러 가지 학설이 있지만, 인도와 동남아시아가 유력하다. 지금도 베트남의 메콩강(江) 삼각주의 습지에서는 야생벼가 자라는데, 농부들이 배를 타고 습지를 누비며 긴 장대 끝에 낫을 달고 벼를 거두어들인다.

05 서류

Cassava
카사바

아메리카 열대지역이 원산지이다. 카사바는 유카탄의 마야족이 처음 재배한 것으로 보인다. 원시인들은 복합 정제장치를 개발해 덩이줄기를 갈기·압착·가열을 거쳐 독을 없앴다. 독(히드로시안산)은 화살용으로 사용해 왔다. 열대 전역에서 덩이줄기를 얻기 위해 재배되는데, 덩이줄기로 카사바 가루, 빵, 타피오카를 만들며 알코올 음료도 만든다.

Potato
감자

감자는 1824~1825년 사이에 명천의 김씨가 북쪽에서 가지고 왔다는 설이 있다. 성분은 덩이줄기에 수분 75%, 녹말 13~20%, 단백질 1.5~2.6%, 무기질 0.6~1%, 환원당 0.03mg, 비타민 C 10~30mg이 들어 있다. 그리고 날감자 100g은 열량 80cal에 해당한다. 덩이줄기의 싹이 돋는 부분은 알칼로이드의 1종인 솔라닌(solanine)이 들어 있다. 이것에 독성이 있으므로 싹이 나거나 빛이 푸르게 변한 감자는 많이 먹지 않도록 주의해야 한다.

Sweet Potato
고구마

고구마는 메꽃과의 여러해살이풀로 감서, 남감저라고 한다. 고구마의 원산지는 멕시코에서 남아메리카 북부에 이르는 지역으로 추정되며 원종(原種)도 명백히 밝혀지지 않았다. 우리나라에서는 조선시대 영조 39년(1783)부터 고구마를 심기 시작했는데, 그 당시 일본에 사신으로 갔던 사람이 고구마를 들여온 것으로 알려지고 있다. 성분은 수분 69.39%, 당질 27.7%, 단백질 1.3% 등이며 주성분은 녹말이다.

Yacon
야콘

원산지는 남아메리카 안데스 지방의 볼리비아와 페루이며 원산지에서는 '땅속의 배'로 불린다. 한국에는 1985년에 들어와 강화군·상주시·괴산군 등에서 재배하며, 일본으로 수출도 한다. 덩이뿌리는 고구마와 모양이 비슷하고 땅 위로 나온 부분은 뚱딴지와 모양이 비슷하다. 덩이뿌리는 고구마처럼 단맛이 나고 배맛처럼 시원하며 수분이 많다. 샐러드 등에 넣어 날것으로 먹고 삶거나 구워 먹어도 좋다.

Yam
마

산우(山芋) · 서여(薯蕷)라고도 한다. 중국이 원산지이며 약초로 재배하고 산지에서 자생한다. 마에는 양질의 단백질과 만난이라는 당질이 함유되어 있으며, 각종 무기성분이 풍부한 알칼리성 식품이다. 또 아밀라아제 등 효소도 함유하고 있어 소화성이 좋은 강장식품으로 이용된다.

Chapter 9

파스타 용어
Terminology of Pasta

01 모양 파스타(Pasta-come le figure)

모양이 있는 파스타는 다양한 크기와 특이한 형태들이 많다. 모양이 있는 파스타는 일반적으로 건조시킨 것이다. 작은 크기의 파스타는 간단한 소스와 잘 어울리지만 모양이 있는 파스타는 대부분 덩어리가 있는 소스로 만들 수 있는데 이는 다른 재료들과 잘 섞이기 때문이다. 모양이 있는 파스타는 파스타 샐러드에 많이 사용된다.

Bumbola
붐볼라

파스타의 전체 모양이 벌과 비슷하다. 이것은 대략 1½인치 길이와 독특한 모양으로 되어 있어 뻥 뚫린 몸체 또는 파스타의 나선형은 파스타 위에 소스가 퍼져 있게 한다.
12~14분 정도 삶는다.

Campanelle
캄파넬레

물결 모양의 모서리를 가진 작은 콘 모양의 파스타이다. 또한 질리(gigli)라고도 한다.
7~10분 정도 삶는다.

Caserecci
카세레치

너비가 가로질러 말려 있는 짧은 길이의 파스타로, 각 사이드가 반대편 방향으로 말려 있다. 이 파스타는 맨 끝부분에서 볼 때 'S' 모양이다. 대략 2인치 길이이다.
10~12분 정도 삶는다.

Castellane
카스텔라네

Ridged shell pasta는 나선형의 긴 형태로 돌돌 말려 있다. 전체 모양은 이태리의 해변가를 찾은 작은 게와 닮았다 하여 paguri라 하였다가 그 후에 다시 castellane라고 했다.
10~13분 정도 삶는다.

Cavatelli
카바텔리

작은 조가비 모양의 파스타로 가장자리가 돌돌 말려 있다. Cavatelli는 casarecci 파스타와 모양이 비슷하지만 casarecci에 비해 길이가 약간 짧다.
13~16분 정도 삶는다.

Conchiglie
콘킬리에
(Pasta Shells)

중간 크기의 파스타 모양으로 conch와 비슷하다. 이것은 ridged 너비로 다양한 크기가 있다.
10~12분 정도 삶는다.

Conchiglioni
콘킬리오니
(Jumbo Shells)

Conch 외피 중에서 가장 큰 파스타이다. 이것은 종종 삶은 후에 채워 넣는 것으로 준비되고 오븐에서 굽는다.
11~14분 정도 삶는다.

Creste di Galli
크레스테 디 갈리
(Creste)

짧고 굴곡이 있으며 바깥 굴곡의 길이를 따라 물결 치는 관 모양의 파스타이다.
9~11분 정도 삶는다.

Croxetti
크록세티

얇은 원반 모양인 ligurian 파스타 한쪽은 손바닥으로 누르고 다른 한쪽은 야자수나 요트 같은 다른 디자인 문양의 틀로 누른다. 원반은 대략 1¾인치 너비이다.
15~17분 정도 삶는다.

Farfalle
파르팔레
(Bow Ties, Butterfly Pasta)

나비넥타이 또는 나비 모양의 파스타로 크기가 다양하다.
8~10분 정도 삶는다.

Farfallone
파르팔로네

Farfalle 파스타의 큰 모양이다.
10~12분 정도 삶는다.

Fiori
피오리

바퀴같이 둥그런 모양으로 보다 더 꽃 모양 같다는 것만 빼면 rotelle, ruote 와 모양이 비슷하다.
8~10분 정도 삶는다.

Fusilli
푸질리
(Low Carb)

탄수화물의 함량이 낮은 파스타로
fusilli 파스타와 같은 모양이다. 일반적
으로 파스타에는 약 25% 정도의 탄수
화물이 포함되어 있다.
7~10분 정도 삶는다.

Fusilli
푸질리
(Pasta Twists)

짧은 리본 파스타로 모양이 안으로 비
틀어져 있어 screw 또는 spring–like,
corkscrew와 비슷하다.
10~12분 정도 삶는다.

Fusilli bucati
푸질리 부카티

다양한 모양의 fusilli는 spring 모양
으로 중간에 구멍이 뚫려 있으며
bucatini와 비슷하다.
11~14분 정도 삶는다.

Gemelli
제멜리

두 개의 짧은 파스타를 나선형으로 비
튼 것이다.
8~10분 정도 삶는다.

Gigli
질리
(Ballerine,
Riccioli)

가장자리가 가늘고 긴 홈 모양을 한
조각 파스타는 원추형의 꽃 모양으로
돌돌 말린 것이다. 또한 campanelle
라고도 한다.
7~10분 정도 삶는다.

Gnocchetti
뇨케티

Gnocchi를 건조시킨 다양하고 작은
파스타이다.
6~8분 정도 삶는다.

Gnocchi
뇨키

감자, 밀가루, 달걀 또는 소맥분과 달
걀로 만든 작은 감자 덤플링에서 나온
이름이다.
갓 만들어진 것: 2~4분 정도 삶는다.
Gnocchi가 표면 위에 떠올랐을 때 건
진다.
건조된 것: 8~12분 정도 삶는다.

Gramigna
그라미냐

가운데 작은 구멍이 뚫린 얇고 짧으며
굽슬굽슬한 파스타이다. 한쪽 끝이 컬
모양으로 되어 반원과 닮았다.
6~9분 정도 삶는다.

Lumache
루마케

한쪽이 열려 있고 다른 한쪽은 거의
완전히 닫히도록 눌러 있는 것으로
snail 모양과 비슷하며 밖으로 구멍이
난 파스타이다.
11~13분 정도 삶는다.

Lumaconi
루마코니

Lumache의 큰 종류로 일반적으로 파스타를 삶아 소를 채워서 준비한 후 오븐에서 굽는다.
11~14분 정도 삶는다.

Malloreddus (Gnocchetti Sardi)
말로레두스
(뇨케티 사르디)

뇨케티와 비슷하게 생겼고 가끔은 사프란을 넣어 만들기도 한다.
7~10분 정도 삶는다.

Maltagliati
말탈리아티

납작하게 대충 자른 파스타 조각이다. Maltagliati는 또한 대각선으로 자른 조각으로 두껍고 짧은 파스타 튜브에서 나온 이름이다.
5~7분 정도 삶는다.

Medium Egg Noodle
미디엄 에그누들

중간 폭에 짧은 길이(대략 1/4인치)로 비틀어진 달걀 면이다. 달걀 면은 또한 넓게 할 수도 있고 여분의 폭이 가능하다.
6~8분 정도 삶는다.

Orecchiette
오레키에테

Conch 외피 모양에서 가장 큰 파스타이다. 이것은 종종 삶아서 채워 넣은 것으로 준비되고 오븐에서 굽는다.
9~12분 정도 삶는다.

Pipe
피페

속이 텅 비고 구부러진 파스타는 snail 파스타와 비슷하다. 한쪽은 폭이 넓고 다른 한쪽은 납작해서 거의 닫혀 있다. Lumache와 비슷하지만 모양이 더 작다.
9~11분 정도 삶는다.

Pipette
피페테

Pipe 파스타의 작은 형태이다. Pipette는 대략 5/8인치 길이이다.
8~10분 정도 삶는다.

Quadrefiore
콰드레피오레

두꺼운 사각형 모양 파스타는 길이로 잔물결 모양의 다양한 라인이 있다.
15~18분 정도 삶는다.

Radiatori
라디아토리

줄이 그어진 둥그렇고 짧으면서 큰 조각의 파스타이며 불판의 석쇠와 비슷하다.
10~13분 정도 삶는다.

Ricciolini
리치올리니

폭이 넓은 2인치 길이의 파스타 면이
고 살짝 비틀려 있다.
8~11분 정도 삶는다.

Rombi
롬비

납작한 3/4인치의 폭이 넓은 파스타
는 양쪽 가장자리가 물결 모양으로 되
어 있다. 이 파스타의 끝은 파스타의
재미를 더하기 위해 똑바로 자르는 대
신 대각선으로 잘랐다.
7~9분 정도 삶는다.

Rotelle
로텔레
(Twists)

비틀린 파스타로 rotini와 비슷하며 직
경만 더 크다.
10~12분 정도 삶는다.

Rotini
로티니
(Spirals, Twists)

짧고 비틀어진 나선형의 파스타이다.
10~13분 정도 삶는다.

Ruote
루오테
(Ruotine, Wagon
Wheels)

6개의 구멍이 나 있어 차바퀴와 모양
이 비슷하다.
9~12분 정도 삶는다.

Spiralini
스피랄리니

똬리를 튼 모양이 spring과 닮았
다. Fusilli bucati와 비슷하지만 단지
spiralini가 짧고 더 밀착되어 똬리가
틀어져 있다.
9~12분 정도 삶는다.

Strozzapreti
스트로차프레티

파스타의 조각이 각 사이드의 반대방
향으로 돌돌 말려 있다. 이 파스타는
casarecci나 umbricelli와 매우 비슷하
고 길이만 짧다. Strozzapreti는 대략
1¼인치 길이이다.
10~12분 정도 삶는다.

Torchio
토르키오

햇불 모양의 파스타로 소스를 채워 넣
기 좋다.
10~12분 정도 삶는다.

Trofie
트로피에

파스타의 길이가 둥그런 형태를 잡을
때까지 납작한 표면을 돌돌 만 조각
파스타로 끝은 점점 가늘어진다. 그
다음 마지막 모양이 비틀어진다.
11~13분 정도 삶는다.

Umbricelli
움브리첼리

짧은 길이의 파스타로 너비를 따라 돌돌 말리고 각 가장자리가 반대방향으로 말려 있다. 이것은 strozzapreti나 caserecci와 비슷하고 길이만 다르다. Umbricelli는 대략 1¾인치 길이이다. 10~12분 정도 삶는다.

Wide Egg Noodle
와이드 에그 누들

길이가 짧고 너비(대략 3/8인치)가 비틀린 달걀 면이다. 6~8분 정도 삶는다.

02 관 모양의 파스타(Pasta tubolare)

Tubolar pasta는 튜브 형태로 가운데 구멍이 뚫려 있다. 이것은 크기가 다양하여 어떤 튜브는 길고 좁은데 어떤 것은 짧고 넓다. 이것들은 부드럽고 외관에 줄이 가 있으며 끝은 곧게 잘려 있거나 각이 잡혀 잘려 있기도 하다.

파스타 튜브의 구멍이 잘 유지되는 것들은 종종 강하고 무거운 소스와 함께 제공되기도 한다. Tubolar pasta는 또한 샐러드나 삶는 요리에도 사용되곤 한다. 크게 열려 있는 곳에 고기와 치즈를 넣어 속을 채운 후에 요리한다.

Bocconcini
보콘치니

중간 크기의 튜브 파스타로 elicoidali나 tufoli와 비슷하다. 직경이 3/8인치이고 표면에 줄이 있는 bocconcini는 튜브를 둘러싸고 약간 구부러져 있다. 크기는 1⅜에서 1½인치이다. 9~10분 정도 삶는다.

Bucatini
부카티니

두꺼운 스파게티 모양 파스타로 가운데 구멍이 있으며 얇은 빨대와 비슷하다. 9~13분 정도 삶는다.

Calamarata
칼라마라타
(Calamari)

큰 원 모양의 폭이 넓은 관 모양의 파
스타이다.
9~11분 정도 삶는다.

Canneroni
칸네로니

Cannelloni의 짧은 형이다. 이 파스
타는 직경이 약 1/2인치이고 길이가
3/4인치이다.
6~8분 정도 삶는다.

Cannolicchi
카놀리치

관모양의 홈이 파인 작은 파스타이다.
9~11분 정도 삶는다.

Cavatappi
카바타피

짧은 S튜브 형태의 파스타이다.
9~10분 정도 삶는다.

Cellentani
첼렌타니

Corkscrew의 모양과 비슷한 것으로
비틀어진 파스타이다.
10~12분 정도 삶는다.

Elicoidali
엘리코이달리

Rigatoni와 비슷한 중간 크기의 파스
타이다. 이것은 약간 좁고 elicoidali의
표면에 있는 주름은 튜브 주변에 살짝
굴곡이 져 있다.
10~12분 정도 삶는다.

Garganelli
가르가넬리

달걀 파스타의 정사각형으로 통 모
양으로 돌돌 말려 있다. 한번 말면
penne 파스타와 비슷하지만 사실은
더 말린 모양이다.
8~10분 정도 삶는다.

Maccheroni Corti
마케로니 코르티
(짧은 마케로니)

마케로니는 좁고 짧은 통 모양 파스타
로 사용되곤 한다. 이 튜브는 일자로
생기거나 굴곡의 모양이 될 수 있으며
너비의 폭에 약간 차이가 있다.
8~12분 정도 삶는다.

Maccheroni del Gomito
마케로니 델 고미토

가장 일반적인 모양의 파스타이다. 이
것은 반원의 굴곡 모양으로 폭이 좁은
튜브로 길이가 대략 1인치 정도이다.
엘보(elbow)마케로니라고도 한다.
8~10분 정도 삶는다.

Maccheroni Lunghi
마케로니 룽기
(긴 마케로니)

두꺼운 튜브 파스타로 대략 1¾인치 길이이다. 이것은 또한 macaroni로 알고 있는 파스타의 짧은 버전이다. Maccheroni는 표면에 주름이 있다. 9~12분 정도 삶는다.

Maltagliati
말탈리아티

대각선으로 자른 짧고 너비가 넓은 튜브 파스타이다. 이 파스타는 파스타 조각이 마구잡이로 잘린 shaped 파스타와 이름이 같다. 10~12분 정도 삶는다.

Manicotti
마니코티

큰 튜브 파스타로 표면에 각진 주름이 있거나 표면이 부드러운 것이 있고 끝은 일자로 자르거나 대각선으로 자른 것이 있다. 7~10분 정도 삶는다.

Mezzani Rigati
메차니 리가티

약간 구부러진 튜브 파스타는 1⅜~ 1⅝인치 길이이고 직경 1/4인치이다. 이것은 표면에 각진 주름이 있으며 일자로 자른 것이다. 8~11분 정도 삶는다.

Mezze Penne
메체 펜네

대각선으로 자른 짧은 튜브 파스타이다. Penne의 작은 버전이다. 9~11분 정도 삶는다.

Mezzi Bombardoni
메치 봄바르도니

넓은 파스타 튜브로 직경 3/4~1인치 이고 2½~2¾인치 길이이다. 이 파스타의 끝은 대각선으로 잘렸다. 7~9분 정도 삶는다.

Mezzi Paccheri
메치 파케리

넓은 구멍이 나 있는 튜브의 파스타로 paccheri의 짧은 버전이다. 이것은 paccheri와 같은 직경이지만 단지 길이만 대략 1¼인치이다. 7~10분 정도 삶는다.

Mezzi Rigatoni
메치 리가토니

짧고 약간 구부러진 튜브 파스타로 대략 5/8인치 길이이고 직경은 1/2인치이다. 길이가 짧아서 약간 구부러진 것은 거의 눈에 띄지 않는다. 9~11분 정도 삶는다.

Mostaccioli
모스타치올리

대각선으로 자른 튜브 파스타로 penne와 비슷하지만 길이가 더 길다. Mostaccioli는 대략 2인치 길이이고 표면이 부드럽거나 각진 주름이 있다. 10~13분 정도 삶는다.

Paccheri
파케리

큰 튜브 파스타로 가운데 큰 구멍이
있고 대략 1인치 직경이다. Paccheri
길이는 1½~1¾인치이다.
7~10분 정도 삶는다.

Pasta al Ceppo
파스타 알 체포

파스타 반죽을 둘러싸고 얇고 긴 것
으로 덮어 만들어진 튜브 파스타이다.
Cinnamon stick과 모양이 비슷하다.
12~15분 정도 삶는다.

Penne Rigate
펜네 리가테

끝부분이 날카로운 대각선으로 되어
있어 긴 펜의 끝과 비슷한 얇은 튜브
파스타이다. Penne 파스타는 대략
1¼~1½인치 길이이다. Rigate라는
파스타 이름은 파스타 표면에 각진
주름이 있다는 것을 표시한다.
10~12분 정도 삶는다.

Pennette
펜네테

Penne rigate의 짧고 얇은 버전이다.
Pennette는 표면에 각진 주름이 있다.
9~11분 정도 삶는다.

Pennine Rigate
펜니네 리가테

끝부분이 날카로운 대각선으로 긴 펜
의 끝과 비슷한 얇은 튜브 파스타로
대략 1¼~1½인치 길이이다.
10~12분 정도 삶는다.

Pennoni
펜노니

Penne의 큰 버전이고 penne보다 직
경이 넓지만 길이는 대략 비슷하다.
Pennoni는 표면이 부드럽거나 각진
굴곡이 있다.
9~12분 정도 삶는다.

Perciatelli
페르차텔리

가운데 구멍이 있고 긴 튜브 파스타이다. Perciatelli는 대략 스파게티의 두 배
굵기이다.
10~12분 정도 삶는다.

Rigatoncini
리가톤치니

약간 구부러진 통 모양 파스타이고
penne rigate보다 크지만 rigatoni보다
작다. 표면에 각진 주름이 있고 일자
로 잘렸다.
10~12분 정도 삶는다.

Rigatoni
리가토니

크고 약간 구부러진 튜브 파스타로 대략 1½인치 길이이고 1/2인치 직경이다. 표면이 각진 굴곡이고 일자로 잘려 있다.
10~13분 정도 삶는다.

Sagne Incannulate
사네 인칸눌라테

긴 리본 파스타로 직경 3/4인치이고 길이 2½~2¾인치이다. 이 파스타의 끝은 대각선으로 잘렸다.
10~12분 정도 삶는다.

Trenne
트렌네

삼각형 모양의 짧은 길이 파스타로 중간에 구멍이 있다. Trenne 파스타는 2¼~2½인치 길이이다.
10~12분 정도 삶는다.

Trennette
트렌네테

Trenne의 작은 버전이다. 이것은 trenne보다 너비가 좁고 오직 1¾~2인치 길이만 있다.
9~12분 정도 삶는다.

Tufoli
투폴리

직경 3/8인치이며 약간 구부러져 있는 끝부분을 똑바로 자른 튜브 파스타로 대략 2인치 길이이다.
7~10분 정도 삶는다.

Ziti Lunghi
치티 룽기

바깥 중심부분이 움푹 파인 tube 파스타는 직경이 대략 1/4인치이다. 이것은 약 10인치로 길이가 길고, 2~3인치 정도의 짧은 길이로 자를 수 있다.
크기에 따라 9~12분 정도 삶는다.

Ziti Rigati
치티 리가티

바깥부분에 줄이 있는 ziti 파스타이다.
크기에 따라 9~12분 정도 삶는다.

Ziti Tagliati
치티 탈리아티

가운데 구멍이 나 있는 튜브 파스타로 대략 직경 1/4인치이다. 1½~3인치의 짧은 길이로 자르거나 대략 10인치 정도의 긴 길이로 자를 수도 있다. 크기에 따라 9~12분 정도 삶는다.

Zitoni
치토니

Ziti 파스타의 살짝 넓은 버전이다. 9~12분 정도 삶는다.

03 국수 모양의 파스타(Taglicatelle del filo)

파스타 가닥은 긴 막대 모양이며 일반적으로 둥그렇지만 사각형 막대 모양도 있다. 한 종류에서 다음 종류까지 기본적으로 다른 것은 가닥의 두께이다. 두꺼운 가닥은 소스가 무겁고 강렬한 것에 잘 어울리고, 얇은 종류는 좀더 섬세하고 가벼운 소스에 더 잘 어울린다.

Angel Hair
에인절 헤어
카펠리 단젤로
(Capelli d'Angelo)

매우 얇고 긴 가닥의 파스타로 길고 짧은 가닥과 한 묶음으로 되어 있다. 또한 capelli d'angelo로도 알려져 있다.
2~4분 정도 삶는다.

Capellini
카펠리니

긴 가닥의 파스타로 angel hair pasta와 매우 비슷하지만 약간 더 얇다. 길거나 짧은 종류가 있고 한 묶음으로 되어 있다.
2~4분 정도 삶는다.

Chitarra
키타라
(Spaghetti alla Chitarra)

긴 파스타 가닥으로 spaghetti와 비슷하다.
10~13분 정도 삶는다.

Ciriole
치리올레

두꺼운 가닥의 파스타로 대략 스파게티의 두 배 정도 두께가 될 때까지 뻗어 있다. 이것은 스파게티처럼 둥그런 모양보다 사각형으로 되어 있다.
7~10분 정도 삶는다.

Fedelini
페델리니
(Fidelini)

매우 얇은 가닥의 긴 파스타로 vermicelli보다 약간 더 두껍다.
5~7분 정도 삶는다.

Fusilli Lunghi
푸질리 룽기

길고 비틀어지고, 나선형 또는 spring 같은 모양의 파스타 가닥으로 가운데는 구멍이 뚫려 있다.
10~12분 정도 삶는다.

Spaghetti
스파게티

길고 얇은 둥그런 가닥의 파스타이다.
9~12분 정도 삶는다.

Spaghetti
스파게티
(Low Carb)

탄수화물 함량이 적은 파스타로 두께는 똑같고 사이즈도 일반 스파게티와 같다. 일반 스파게티는 약 25%의 탄수화물을 포함하고 있다.
6~9분 정도 삶는다.

Spaghettini
스파게티니

스파게티의 얇은 버전이다.
7~10분 정도 삶는다.

Spaghetti Sottili
스파게티 소틸리

파스타 가닥이 vermicelli와 매우 비슷하다. 둘 다 얇은 스파게티이고 vermicelli는 스파게티보다 약간 더 두껍다.
5~6분 정도 삶는다.

Spaghettoni
스파게토니

스파게티의 굵은 버전이다.
10~13분 정도 삶는다.

Vermicelli
버미첼리

매우 얇고 둥그런 파스타 가닥으로 spaghettini와 비슷하다. Spaghettini보다 약간 더 얇다.
5~6분 정도 삶는다.

04 리본형의 국수파스타(Tagliatelle della pasta del nastro)

리본 파스타는 납작한 가닥의 파스타로 길이, 폭의 두께가 다른 것이 있다. 어떤 것은 짧고 넓은데 어떤 것은 길고 좁다. 리본 파스타는 곧거나 가장자리가 곱슬곱슬한 것이 있고 신선한 것과 건조된 것 등 다양한 종류가 있다. 건조된 리본은 일반적으로 두껍고 무겁고 강렬한 소스에 사용되고 신선한 리본은 좀더 가벼운 소스와 함께 제공된다.

Fettuccine
페투치네

Fettuce의 얇은 버전이다. Fettuccine는 대략 1/4인치 넓이이다. 다발로 느슨하게 돌돌 묶어 팔고 납작한 가닥으로 약 10인치 길이이다.
7~10분 정도 삶는다.

Fettucelle
페투첼레

Fettuce의 가장 작은 버전이다. 이것은 대략 1/8인치 넓이이고 대부분 곧은 막대로 판다.
6~8분 정도 삶는다.

Kluski
클루스키

폭이 달걀 면으로 1~4인치의 길이로 되어 있다. 이것은 건조한 것으로 집에서 만든 면과 매우 비슷하다.
9~12분 정도 삶는다.

Lasagne
라자니아
(라자냐)

매우 넓은 납작한 파스타로 리본으로 사용할 수 있으며 일반적으로 3½ x 5인치 또는 4 x 6인치의 판같이 사용되기도 한다. 층층이 쌓는 것으로 라자니아라 불리는 요리를 만들기 위해 사이에 다른 재료들을 넣는다.
11~13분 정도 삶는다.

Lasagnotte 라자뇨테	리본 파스타로 기본적으로 lasagnette와 비슷하지만 길이가 더 길다. 이것은 lasagnette와 비슷한 방법으로 사용된다. 11~13분 정도 삶는다.

Linguettine 링궤티네	Linguine의 좁은 버전이다. 이것은 linguette fini로도 알려져 있다. 5~8분 정도 삶는다.

Linguine 링귀네	스파게티와 같은 파스타로 원형으로 납작하거나 납작한 리본 파스타이다. Linguine는 대략 1/8인치 넓이이다. 이태리에서 linguine는 작은 혀(종)라는 뜻이다. 6~9분 정도 삶는다.

Mafalde
마팔데

Mafaldine
마팔디네

납작하고 넓은 리본 파스타로 대략 1/2~3/4인치 넓이이며 양쪽이 주름져 있다. 이 파스타는 약 1½인치의 짧은 길이이고 10인치 또는 더 긴 것도 있다.
9~12분 정도 삶는다.

납작한 리본 파스타로 mafalde의 긴 종류의 약간 좁은 버전이다. 대략 1/2인치의 넓이이며 mafalde와 같이 한쪽 또는 양쪽 모두 주름이 잡혀 있을 수 있다. 이것은 riccia로도 알려져 있고 lasagnette와 매우 비슷하다.
9~12분 정도 삶는다.

Pappardelle
파파르델레

대략 5/8~1인치의 넓고 납작한 리본 파스타이다. 가장자리가 곧거나 주름진 것이 있다. 철자를 papparedelle로도 쓴다. 7~10분 정도 삶는다.

Pizzoccheri
피초케리

메밀가루로 만들어진 두껍고 납작한 면이다. 일반적으로 긴 면으로 다발로 팔지만 짧은 길이로 잘라 팔기도 한다. 10~14분 정도 삶는다.

Riccia
리차

Lasagnette와 매우 비슷한 납작한 리본 파스타이다. 이것은 대략 1/2인치 너비와 한쪽 또는 양쪽 가장자리 모두가 주름진 것도 있다. 이것은 또한 mafaldine로도 알려져 있다. 9~12분 정도 삶는다.

Sagnarelli
사나렐리

모든 면의 가장자리에 홈이 파인 대략 1¾~2인치의 짧고 납작한 파스타이다. 9~12분 정도 삶는다.

Tagliatelle
탈리아텔레

길고 얇은 리본 파스타로 일반적으로 1/4~3/8인치 너비이다. 이것은 달걀을 넣거나 넣지 않은 채 만들 수 있고 곧은 가닥으로 돌돌 감아 묶어놓은 것이 있다. 7~10분 정도 삶는다.

Taglierini
탈리에리니
(Tagliolini, Tonnarelli)

Tagliatelle의 좁은 버전이다. 대략 1/8인치 너비이다. 6~9분 정도 삶는다.

Trenette 트레네테 (Trinette)	Mafalda와 비슷한 리본 파스타이지만 너비가 더 얇다. 1/4인치보다 약간 폭이 넓고 한쪽에 주름이 잡혀 있다. Trenette는 또한 리본 파스타로 사용되기도 하며 linguiner나 tagliatelle보다 두껍다. 6~9분 정도 삶는다.

05 수프 가니쉬용 파스타(Micro pasta)

수프 파스타에는 작은 것부터 매우 작은 크기의 파스타 모양이 포함된다. 수프 파스타 중 큰 것은 기본 수프에 사용되고 작은 파스타 형태는 가볍거나 묽은 수프에 사용되곤 한다. 몇몇 수프 파스타는 종종 파스타 샐러드에도 사용된다.

Acini di Pepe
아치니 디 페페
(Peperini)

매우 작은 구슬 모양의 파스타이다.
4~6분 정도 삶는다.

Alfabeti
알파베티

자그마한 알파벳 모양 파스타이다.
5~9분 정도 삶는다.

Anelli
아넬리
(Anelletti)

작은 링 파스타이다.
7~10분 정도 삶는다.

Anellini
아넬리니

작은 링 파스타로 anelli의 작은 버전이다.
6~8분 정도 삶는다.

Conchigliette
콘킬리에테
(Baby Shells)

Conchiglie 파스타의 작은 버전이다.
파스타 모양이 conch shell과 비슷하다.
7~9분 정도 삶는다.

Corallini
코랄리니

작고 짧은 파스타 튜브이다.
5~7분 정도 삶는다.

Couscous
쿠스쿠스

돌돌 말린 밀, 씨앗 모양의 파스타로 파스타 중에서 가장 작다. Couscous 는 일반적으로 수프에는 사용되지 않고 샐러드에 사용한다. Couscous에 미리 준비한 끓는 물을 넣고 5~7분 정도 그냥 둔다.

Ditali
디탈리

작고 짧은 조각의 파스타 튜브는 대략 3/8인치 길이이다.
9~11분 정도 삶는다.

Ditalini
디탈리니

Ditali 튜브 파스타의 작은 버전이다.
8~10분 정도 삶는다.

Farfalline
파르팔리네

넥타이 또는 나비 형태 파스타인 farfalle의 작은 버전이다.
6~8분 정도 삶는다.

Fideos
피데오스

짧고 얇은 파스타로 살짝 구부러진 모양이다.
5~7분 정도 삶는다.

Fregula
프레굴라

이 파스타는 때때로 씨앗으로 착각하기도 한다. Couscous와 매우 비슷하지만 크기가 더 크다. 소맥분·물과 함께 손으로 만든 후 작은 알 형태로 문지른다.
8~10분 정도 삶는다.

Grattoni
그라토니

조그마한 다이아몬드 형태인 달걀 파스타이다.
5~8분 정도 삶는다.

Orzo
오르초
(Rosa Marina)

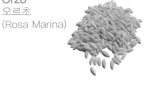

쌀 또는 씨앗과 닮은 작은 모양의 파스타이다.
7~10분 정도 삶는다.

Pasta della Perla
파스파 델라 페를다

작고 고체로 된 구술알 파스타이다. Pasta della perla는 acini di pepe 파스타보다 약간 더 크다. 또한 piombi 파스타로도 알려져 있다.
11~13분 정도 삶는다.

Pastine
파스티네

작은 파스타 여러 가지를 조합한 것이
다. Pastine 파스타는 일반적으로 묽
은 수프나 담백한 수프로 사용되고 때
때로 수프 파스타로도 알려져 있다.
단지 몇 분만 요리하면 된다.

Risi
리시
(Risoni, Pasta
a Riso)

작은 쌀 또는 씨앗 모양의 파스타이
다. Risi는 orzo보다는 조금 더 작다.
특이한 모양은 riso이다.
4~6분 정도 삶는다.

Semi di Melone
세미 디 멜로네

납작한 멜론 씨와 비슷한 작은 파스타
모양이다.
9~12분 정도 삶는다.

Stelle
스텔레
(Stellette)

별 가운데 구멍이 뚫린 작은 별 모양
의 파스타이다.
6~9분 정도 삶는다.

Stelline
스텔리네

Stelle 파스타의 작은 버전이다.
5~7분 정도 삶는다.

Tripolini
트리폴리니
(Little Bows)

일반적으로 자그마한 나비넥타이 모
양 파스타이다. 때때로 폭이 넓은 파
스타 형태인 한쪽에만 물결치는 모양
으로 만들어지기도 한다.
6~8분 정도 삶는다.

Tubetti
투베티

길이가 조금 긴 것만 ditalini 파스타와
비슷하며 작은 관 모양 파스타이다.
7~10분 정도 삶는다.

Tubettini
투베티니

아주 자그마한 파스타 튜브는 tubetti
의 작은 버전이다.
6~9분 정도 삶는다.

06 속이 채워진 파스타(Pasta farcita)

속을 채우는 파스타는 소를 채울 수 있는 신선한 파스타 반죽 면이 따로 있다. 소를 채운 후에 파스타 면은 반으로 접어 봉하거나 다른 면을 위에 놓고 가장자리를 봉한다. 또한 소를 반으로 접은 후 특이한 모양으로 비튼 면도 있다.

속을 채운 파스타는 사각형, 직사각형, 그리고 삼각형 등의 다양한 모양이 있다. 고기, 치즈, 허브, 버섯, 채소와 같은 재료를 섞어 소를 만들 수 있다. 속을 채운 파스타는 일반적으로 요리한 다음 간단한 소스와 함께 제공된다.

요리시간은 파스타 면의 두께와 크기에 따라 매우 다양하다. 갓 만든 파스타를 요리할 때 이것을 주의깊게 봐야만 하고 파스타가 죽 모양이 되는 것을 방지하기 위해 자주 체크해야 한다.

Agnolotti
아뇰로티

원 모양의 가장자리를 물결 모양으로 만든다. 사각형 파스타는 소를 채워 반으로 접은 후 열린 가장자리를 직사각형으로 봉한다.
4~7분 정도 삶는다.

Cappelloni
카펠로니

Cappelletti의 큰 버전이다.
13~15분 정도 삶는다.

Manti
만티

터키의 파스타로 고기로 속을 채워 만들고 요구르트 소스와 함께 먹기도 한다.
8~10분 정도 삶는다.

Chinese wheat noodles
차이니스 윗 누들

밀가루, 물과 소금으로 만들어진 길고 둥그렇거나 납작한 면으로 다양한 두께로 만들고 일반적으로 하얗거나 약간 노란 베이지 색이다.
건조된 면 : 크기에 따라 끓는 물에서 4~7분 정도 삶는다.
신선한 면 : 2~4분 정도 삶는다.

Chuka Soba
추카 소바

밀가루로 만들어진 길고 구불구불하며 건조된 일본식 면이다. 부드러운 맛과 좋은 질감을 가졌다. 이것들은 라면 면과 비슷한 벽돌형태로 포장되어 있다.
2~3분 정도 삶는다.

E-fu noodles
이후 누들(yee-fu noodles)

길고 납작한 달걀 면은 벽돌 모양으로 튀겨지고 건조된다. 튀겨진 면은 망가지기 쉽기 때문에 손으로 다룰 때 조심해야 한다.
1~3분 정도 삶는다.

Fried chow mein noodles
프라이드 추면 누들

짧은 길이의 튀긴 계란 면으로 갈색이 나고 바삭해질 때까지 요리한다. 샐러드와 다른 요리에 바삭한 질감을 제공하기 위해 추가시킨다. 특별한 요리가 필요하지 않다.

Gook soo
국수

밀가루로 만들어진 얇고 푸르스름한 한국 면이다. 납작하고 폭이 좁은 막대 또는 얇은 둥근 막대 모양이다. 철자가 kuk soo인 것도 있다.
3~5분 삶고, 너무 오래 삶지 않는다.

Harusame
하루사메

외형이 얇고 반투명인 일본 면이며 cellophane 면과 비슷하다. 이들은
감자, 쌀, 옥수수 또는 mung bean 전분으로 만들어졌다.
1~3분 정도 삶는다.

Hiyamugi
히야무지

밀가루로 만들어진 얇고 부서지기 쉬운 하얀 일본 면이다. 때때로 다발
이 갈색 또는 밝은 분홍 가닥을 포함한다. Hiyamugi는 일반적으로 디핑
소스와 함께 차갑게 제공된다.
4~6분 정도 삶는다.

Korean buckwheat noodles
코리언 벅윗 누들(naeng myun)

메밀가루와 감자 전분으로 만든 한국 면이다. 이들은 반투명 외형과 갈
색을 띠고 있다. 면은 대부분 차게 먹는다.
면이 건조된 것이라면 뜨거운 물에서 2~4분 정도 삶는다.

Korean sweet potato vermicelli
코리언 스위트 포테이토 버미첼리

고구마 전분으로 만든 한국 면이다. 이것은 질겅질겅한 질감이며 얇
고 길며 반투명한 면이다. 당면이 살짝 더 굵고 질긴 것을 제외하고는
cellophane 면과 비슷하다.
면을 먼저 물에 불린 후 8~10분 정도 삶는다.

Miswa
미스와(misua)

길이가 긴 필리핀 밀 면으로 매우 맛이 좋다. 이들은 살짝 회색을 띤 백
색이다. 이 면은 끓는 물에서 1~3분간 삶고, 미리 요리하지 않고 바로
수프에 넣을 수 있다. Miswa 면은 오일에서 빨리 튀길 수도 있다.

Ramen
라멘

밀가루로 만든 길고 얇은 면이다. 몇몇 라멘(라면)의 면은 달걀이 들어간 것도 있다. 회색을 띤 백색 면은 세계에서 제일 인기가 있고 곧은 가닥 또는 벽돌 모양으로 헝클어진 것이 있다.
건조된 것은 끓는 물에서 4~6분 정도 삶는다.

Rice Macaroni
라이스 마카로니

하얀 반투명으로, 살짝 굴곡이 있고 얇은 튜브이며 대략 1인치 길이이다. Rice macaroni는 쌀가루로 만든다.
9~12분 정도 삶는다.

Rice paper
라이스 페이퍼

원 또는 삼각형 모양이며 얇은 시트는 쌀가루와 물로 만든 것이다. 일반적으로 건조시킨 것이라 사용하기 전에 물에 적셔야 한다. 춘권 피처럼 재료들을 싸는 데 사용할 수 있다. 골든 브라운 색이 날 때까지 튀긴다.

Rice Sticks
라이스 스틱스

다양하게 건조된 쌀국수와 rice vermicelli가 비슷하지만, rice sticks가 더 두껍고 폭이 넓다. 하얗고 반투명이고 다양한 모양과 크기가 있으며 ¼인치보다 폭이 얇은 것에서 폭이 더 넓은 것도 있다.
2~3분 정도 삶는다.

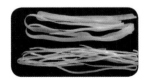

Rice vermicelli
라이스 버미첼리(mi-fun)

쌀가루로 만들어진 것으로 길고, 얇으며 부서지기 쉽다. 이것들은 하얗고 반투명이다. Rice vermicelli는 mung bean 전분보다 쌀가루로 만든 것을 제외하면 cellophane 면과 비슷하다. 1~2분 정도 삶는다.

Saimin
사이민

길고 주름이 잡혀 있는 면은 ramen면과 비슷하다. saimin면은 계란이 들어 있고 기름에 튀기지 않은 것이 다르다. Saimin은 갓 만든 것이나 건조된 것이 있다.
1~3분 정도 삶는다.

Shanghai noodles
상하이 누들

⅛인치 두께의 계란 면으로 소맥분을 넣어 만든 것이다. 이것은 보통 갓 만든 것으로 볼 수 있으며 얇고 건조된 막대 모양이다. 생것은 3~5분, 건조된 것은 5~7분 정도 삶는다.

Soba
소바

납작한 면인 soba는 메밀가루와 기본 밀가루를 섞어서 만든 것이다. Soba는 견과류 맛이 나며 밝은 베이지에서 갈색을 띠고 작은 반점이 있다. 생것은 2~4분, 건조된 것은 5~7분 정도 삶는다.

Somen
소멘

얇고 둥그렇고 하얀 면은 밀가루로 만든 것이다. 이것은 vermicelli와 비슷하다. 소면의 가닥은 보통 건조된 것이고 종종 다발로 묶여서 포장되어 있다.
끓는 물에서 2~4분 정도 삶는다.

Taiwanese noodles
타이와니스 누들

매우 얇고 긴 면은 타이완에서 만들었다. 이것은 일반적으로 통밀로 만들었지만 얌, 녹차 그리고 blue-green algae 맛을 느낄 수 있다.
4~6분 정도 삶는다.

Udon
우동

밀가루와 물로 만든 두껍고 하얀 면이다. 우동 면은 미끈미끈한 질을 가지고 대부분 수프 또는 스튜에 넣어 제공되지만 볶음요리나 차가운 요리에도 알맞다.

2~4분 정도 삶는다.

Wonton noodles
완탄 누들

매우 얇은 계란 면으로 다양한 용도로 사용된다. Wonton 면은 일반적으로 수프에 사용되곤 한다. Wonton은 신선한 것과 건조된 것이 있다. 만약 신선한 것 또는 건조된 wonton 면을 수프에 넣는다면 너무 많이 요리되는 것을 방지하기 위해 덜 요리하는 것이 좋다.

신선한 것 : 끓는 물에 넣고 30초간 익었는지 확인한다. 면을 너무 오래 삶지 말아야 한다.

건조된 것 : 끓는 물에 넣고 4~6분 정도 삶는다.

01 오일(Oil)

Almond Oil
아몬드 오일

아몬드 오일은 값이 매우 비싸 수량이 한정되어 있고, 발연점이 높으며, 비타민 A와 E의 좋은 급원으로 종종 요리의 부가물이나 바디 오일로 사용된다.

용도 샐러드 드레싱, 소스를 위한 성분, 디저트, 영양보충물, 바디 오일

Apricot kernel oil
아프리코트 케넬 오일(살구씨)

살구의 씨앗을 볶은 후 압축하여 얻어지고, 트랜스지방이 없어 건강에 좋은 오일이다. 소테와 같이 높은 열 요리에 적합하고 마일드한 향이 샐러드 드레싱에 잘 어울린다.

용도 요리, 샐러드 드레싱, 바디 오일

Argan oil
아르간 오일

Argan 오일은 모로코 남서부에서 자연 그대로의 argan 나무에서 자란 건과류에서 얻어지며, Argan은 옅고 불그스름한 색, 골든 옐로 색이 있고 향은 헤즐넛과 비슷하나 약간의 강한 맛이 있다.

용도 요리, 샐러드 드레싱, 조미료

Avocado Oil
아보카도 오일

일반적으로 아보카도 오일은 바람직한 상태가 아니거나 미학적으로 좋지 않은 avocado로 생산된다. 정제된 avocado 오일은 발연점이 높아서 높은 열 요리에 이용되며, 영양상 유용한 mounsaturated 지방과 비타민 E를 많이 함유하고 있다.

용도 높은 열 요리, 샐러드 드레싱, 조미료

Canola Oil
카놀라 오일(평지씨)

Canola는 오일을 판매하기 위해 붙여진 이름이며 평지씨에서 얻은 것이다. 밝은 노란색인 평지 작물은 유럽과 북미지역의 많은 곳에 자생한다. Canola 오일은 일본, 중국, 인도, 캐나다에서 인기가 있다.

용도 튀김, 빵 굽기, 샐러드 드레싱

Chili Oil
칠리 오일

Chili 오일은 매운맛을 얻기 위해 식물성 기름에 흠뻑 적셔진 매운 빨간 고추에서 얻는다. 실내온도에서 보관해도 chili 오일은 적어도 6개월간 부패하지 않으며, 중국 음식의 창작에 매우 인기가 있다.

용도 맛을 내는 성분, 조미료

Coconut Oil
코코넛 오일

Coconut 오일은 코코넛의 말린 속살에서 추출한 것으로 인도와 동남아시아에서 매우 인기 있다. 코코넛 오일은 실내에서 응고시키고 버터 같은 질감을 가지고 있다.

용도　상업용 빵 상품, 캔디 그리고 당분이 많은 과자, 상업적으로 조제되는 whipped toppings, 우유를 함유하지 않은 커피크림, 쇼트닝 제품, 비누, 화장품, 로션, 선텐 오일

Corn Oil
콘 오일(옥수수)

옥수수 오일은 옥수수 알갱이의 배아에서 제조된 것으로 매우 높은 polyunsaturated 지방이 있다. 정제된 옥수수 오일은 발연점이 높아서 튀김을 하기에 가장 좋은 오일 중 하나이다.

용도　튀김, 빵 굽기, 샐러드 드레싱, 마가린과 쇼트닝 제품

Cotton seed Oil
코튼 시드 오일(목화씨)

목화씨를 쪄서 압축하여 얻은 것이다. 마가린, 샐러드유나 비누, 경화유 등의 원료로 사용된다.

용도　마가린과 쇼트닝 제품, 샐러드 드레싱, 상업적인 튀김 제품

Extra Virgin Olive Oil
엑스트라 버진 올리브오일

프리미엄 엑스트라 버진은 산도의 조건, 질, 향, 그리고 맛에서 최고인 올리브오일이다. 프리미엄 엑스트라 버진 올리브오일은 샐러드 또는 향을 가장 중요시할 때 조미료처럼 사용한다.

용도　요리용, 맛내는 성분, 조미료, 샐러드 드레싱, 마리네이드, 스킨케어

Grape Seed Oil
그레이프 시드 오일(포도씨)

포도씨 오일은 와인 제조업의 부산물이다. 오일의 대부분은 포도씨로부터 추출하는 것으로 프랑스, 스위스, 이탈리아에서 제조되며 미국에서 약간씩 제조된다. 포도씨 오일의 대부분은 매우 약한 맛이 나며 포도맛과 향을 가지고 있다.

> **용도** 요리, 샐러드 드레싱, 마가린 제품, 화장품

Hazelnut Oil
헤즐넛 오일

헤즐넛 오일은 구운 헤즐넛 맛을 내며 일반적으로 빵 굽는 제품과 몇몇 소스의 맛을 내는 데 사용된다. 헤즐넛 오일은 생선 위에 살짝 뿌리면 향과 맛이 향상되고 marinade할 때 사용하면 좋다.

> **용도** 샐러드 드레싱, 빵 굽기, 맛을 내는 성분, 조미료

Macadamia Nut Oil
마카다미아 넛 오일

Macadamia나무의 견과류에서 얻은 오일이다. 오일은 인기 있는 견과류의 매우 풍부한 맛과 버터 향을 가지고 있으며, 발연점이 높아 sauteing과 frying을 하는 데 아주 좋다.

> **용도** 샐러드 드레싱, 요리, 마리네이드, 맛을 내는 재료, 스킨케어

Mustard Oil
머스터드 오일(겨자씨)

Mustard 오일은 Mediterranean에서 찾은 다른 일반적인 씨와 다른 것으로 인도에서 찾은 식물에서 압축된 mustard씨에서 얻은 것이다. 날것으로 된 오일은 풍미가 있지만 극도로 맵기 때문에 mustard oil로 요리할 때에는 맛 조미료처럼 조금씩 사용해야 한다.

> **용도** 요리, 맛 조미료, 샐러드 드레싱, 마리네이드

Palm Oil
팜 오일

야자수 오일은 매우 높은 포화지방을 함유한 몇 안 되는 식물유 중 하나로 아프리카 야자수의 과육에서 얻는 것이다. 정제된 야자수 오일은 매우 약한 색을 띠며 오일의 제조를 위해 다른 오일에 혼합된다.

용도　요리, 맛을 내는 조미료, 식물성 오일 제조, 마가린 제조, 화장품

Peanut Oil
피넛 오일(땅콩)

이 오일은 땅콩에서 추출되어 대부분이 깨끗하고 정제과정을 거치기 때문에 부드러운 맛을 낸다. 정제된 피넛 오일은 발연점이 높아서 sauteing과 frying에 사용한다. 이것은 요리하는 동안 음식에 흡수되거나 맛이 변하지 않는다.

용도　요리, 샐러드 드레싱, 마가린

Pine Seed Oill
파인 시드 오일(잣)

열매(잣)에서 얻은 오일로 마켓에서 가장 비싼 오일 중 하나이고 수량이 매우 한정되었다. 샐러드에 양념처럼 사용하면 아주 좋으며 요리된 야채를 신선해 보이게 하는 데 탁월하다.

용도　샐러드 드레싱, 조미료

Poppy Seed Oil
포피 시드 오일(양귀비씨)

Poppy seed oil은 샐러드 드레싱에 아주 좋은데 이는 부드럽고 신비한 맛을 지녔기 때문이다. 이것은 조미료로도 좋으며 특히 바삭한 빵을 적시는 데에도 좋다. 정제된 오일은 정제되지 않은 것보다 풍미가 아주 적다.

용도　샐러드 드레싱, 조미료

Pumpkin Seed Oil
펌프킨 시드 오일(늙은 호박씨)

어둡고 불투명하고 농도가 짙은 호박씨 오일은 구운 호박씨에서 얻었다. 강한 맛을 가지고 있으며, 부드러운 맛을 내는 오일과 섞어 사용하면 아주 좋다. 이것은 요리와 샐러드 드레싱에도 적합하며 생선 또는 야채에 사용하면 독특한 풍미를 준다.

용도 맛을 내는 조미료, 샐러드 드레싱

Rice Bran Oil
라이스 브랜 오일(쌀겨)

Rice bran 오일은 쌀의 씨앗에서 제거된 쌀겨로 제조되었다. 이것은 요리할 때 쓰는 오일로 건강에 매우 좋은데 이유는 아주 좋은 비타민, 미네랄, 아미노산, 필수지방산과 산화방지제가 있기 때문이다.

용도 요리, 맛을 내는 조미료

Safflower Oil
새플라워 오일(잇꽃)

엉겅퀴과인 Safflower는 4피트의 높이까지 자라고 위쪽은 아름다운 노란색, 골드와 오렌지의 꽃이다. Safflower의 씨는 모두 불포화지방으로 비타민 E를 포함하고 있지 않다. 정제된 safflower 오일은 발연점이 높아 sauteing, pan frying, deep frying에 사용한다.

용도 요리, 샐러드 드레싱, 마가린 제조

Sesame Seed Oil
세사미 시드 오일(참깨)

정제되지 않은 참깨씨 오일을 제공하기 위해서는 단지 한 가지 단계만 필요한데 이것은 씨를 으깰 때 여과된 오일 결과물이다. 이 오일은 담백하고 부드러운 맛이 있으며 한국 요리할 때 매우 인기가 있다.

용도 담백한 오일은 요리, 샐러드 드레싱. 거무스름한 오일은 조미료, marinade로 사용

Soybean Oil
소이빈 오일(콩)

콩 오일은 마가린, 식물성유 그리고 쇼트닝 제조시 가장 많이 사용되는 것 중 하나이다. 미국에서는 오일을 포함하는 요리 아이템을 제조할 때 가장 많이 이용한다.

용도 요리, 샐러드 드레싱, 식물성유, 마가린과 쇼트닝의 제조

Sunflower Seed Oil
선플라워 시드 오일(해바라기씨)

해바라기씨 오일이 스낵처럼 인기 있지만 이 오일은 일반적으로 씨에서 추출하여 사용한다. 해바라기씨는 노란 꽃잎이 둘러싸고 있는 꽃 중앙의 갈색 중심에서 얻는다. 해바라기씨는 무가염 또는 가염으로 판매된다.

용도 요리, 샐러드 드레싱, 마가린과 쇼트닝 제조

Tea Oil
티 오일

Tea나무에서 수확한 tea씨에서 만든 오일이다. 이 씨는 오일을 제조하기 위해 완전히 압축된다. 맑고 투명한 그린색인 tea 오일은 약간의 단맛과 식물성 아로마를 가지고 있다. 종종 아시안 음식에 사용되고 레몬 또는 라임같이 다른 맛과 섞였을 때 샐러드 드레싱과 같이 제공된다.

용도 요리, 샐러드 드레싱, 소스, 향신료, 마리네이드

Truffle Oil
트러플(송로버섯)

Truffle oil은 엑스트라 버진 올리브오일과 같이 최상의 오일에 트러플을 넣고 일정 시간 후 오일에 향이 배면 압착하여 만들어지며 향과 맛이 매우 강하다. 이 때문에 고기, 생선, 파스타, 리조토, 샐러드, 소스 등에 단지 몇 방울만 사용한다.

용도 맛을 내는 조미료

Vegetable Oil
베지터블 오일

식물성 기름은 보통 콩, 옥수수, 해바라기씨와 같은 다양한 오일이 비싸게
정제되어 혼합되어 있거나 또는 오직 한 가지 종류의 오일로 구성될 수 있
다. 정제과정을 통해 발연점이 높아지고 깨끗한 골든 옐로 색이 되며 맛은
순하고 아로마 향이 난다.

용도 요리, 빵 굽기

Walnut Oil
월넛(호두)

말린 호두의 내용물로부터 완전히 압축된 호두 오일은 훌륭하고 특별한 호
두 맛을 가지고 있다. 이것은 일반적으로 빵 제품에 맛을 내고 소스에 사용
되곤 한다. 샐러드 드레싱에 강렬한 맛을 제공해 주고 또한 신비한 맛을 만
드는 데 마일드한 맛 오일로 첨가될 수도 있다.

용도 샐러드 드레싱, 맛 조미료, 향신료, 요리

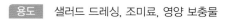

Wheat Germ Oil
윗 점 오일(밀 배아)

Wheat germ oil은 밀의 배아에서 얻은 것이다. 이것은 비타민 E가 풍부하
여 건강 첨가물로 사용되곤 한다. 맛있는 샐러드 드레싱으로 만들어 쓰기
도 하고 신선하게 요리되는 파스타에 넣어 요리하면 향과 맛이 좋다.

용도 샐러드 드레싱, 조미료, 영양 보충물

02 지방(Fat)

Brown Butter
브라운 버터

브라운 버터는 종종 다른 요리들의 맛을 강화시키기 위해 향을 내는 조미료처럼 사용되곤 한다. 이것은 용해된 버터로 인해 쉽게 만들어지므로 우유 고체는 브라운으로 시작되지만 타지는 않는다. 너무 오랜 시간 가열하면 색이 어두워지고 타며 매우 안 좋은 냄새와 맛을 낸다.

> **용도** 조미료, 향신료

Butter Powder
버터 파우더

버터를 분말로 만들어서 저장성을 높였고, 운반과 사용이 편리하다.

> **용도** 요리, 과자, 빵 굽기

Clarified Butter
클래리파이드 버터(정제)

버터를 약한 불에서 천천히 녹여 물을 증발시키고 유지방을 분리하여 걸러서 쓰는 것이다. Clarified butter는 버터향이 아주 좋으며 요리에 사용하면 훌륭한데 이는 다른 버터보다 발연점이 높기 때문이다.

> **용도** 빵 굽기 요리의 조미료와 소스, 향신료, 육류나 가금류를 높은 온도로 saute할 때

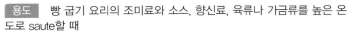

Cocoa Butter
코코아 버터

코코아 버터는 카카오씨에서 얻은 크림색의 식물성 지방으로 보통 초콜릿과 코코아 파우더 제조과정시에 부산물처럼 사용된다. 이것은 많은 요리에 향으로도 사용되고 비누 제조와 로션을 위한 화장품 제조에도 사용되곤 한다. 이것은 포화지방이 매우 높다.

> **용도** 초콜릿, 코코아 파우더 제조, 화장품

Ghee
지(버터기름)

인도가 근원인 ghee는 강한 맛의 크림에서 만들어진 clarified의 형태를 하고 있다. 크림에서 버터가 된 것이 clarified이며, 이것은 크림화, 강한 향 버터이다. 발연점이 매우 높아 높은 열로 요리하는 경우에 유용하다.

용도　요리, 빵 굽기 요리의 재료와 소스, 조미료

Lactic Butter
랙틱 버터(소젖의 버터)

버터의 두 가지 기본 종류 중 하나로 배양균에 저온살균 크림을 추가하여 제조한 것이 lactic butter(다른 메인 버터는 sweet cream butter)이다. Lactic butter는 많은 유럽국가에서 선호한다.

용도　요리, 빵 굽기, 조미료, 소스에 사용되는 향신료, 맛 조미료

Lard
라드(돼지 지방)

라드는 돼지고기 지방을 녹인 것으로 부드러운 맛과 좋은 질감을 내기 위해 맑게 한다. 제조시 표백, 여과하며 수소를 첨가한다. 아주 좋은 질의 콩팥 주위 지방으로 라드를 생산하며 풍미 있고 바삭하게 만들기 위해 파이를 만들 때 라드를 첨가하기도 한다.

용도　빵 굽기, 튀김

Margarine
마가린

마가린은 100년이 넘도록 인기 있는 버터를 대신해 왔다. 버터처럼 마가린은 최소 80%의 지방을 함유해야만 한다. 마가린은 콩기름과 옥수수기름 같은 식물성 기름으로 만드는데 다른 음식물의 냄새들을 빨아들이므로 보관할 때는 아주 꼭 싸거나 덮어 놓는다.

용도　요리, 빵 굽기, 양념

Suet
수이트(소 지방)

Suet는 하얀 고체 지방이며 소와 양의 콩팥 주변에서 얻는 것이다. 또한 수지 양초의 제조에 사용되곤 한다. Suet는 인기가 있었지만 포화지방과 함께 건강에 문제를 일으키는 것으로 인식되어 인기가 많이 떨어졌다.

용도　정통 영국식 스팀푸딩, 양초

Sweet Butter
스위트 버터

간단히 버터라 언급되는 sweet butter는 크림이 반고체가 되기까지 휘저은 크림으로 제조된다. 이것은 두 가지의 메인 버터(다른 것은 lactic butter) 종류 중 하나이다. Sweet butter 종류들은 적어도 80%의 우유 지방을 포함해야 한다.

용도　요리, 빵 굽기, 조미료, 소스에 넣는 향신료, 맛을 내는 조미료

Vegetable Shortening
베지터블 쇼트닝

식물성 기름에서 만들어지는 식물성 쇼트닝은 실내 온도에서 고체 지방인데 이는 오일에 수소가 첨가되기 때문이다. Lard같이 생긴 식물성 쇼트닝은 빵과 얇은 패스트리를 만들 때 아주 유용하게 사용된다.

용도　빵 굽기, 튀김

Whey Butter
웨이 버터(乳漿 / 유장)

Whey butter는 치즈를 제조하는 동안 치즈 응유에서 Whey가 배출되는 것이다. Whey에 남아 있는 크림이 분리되어 버터가 만들어진다. Whey 버터는 치즈 향이 나고 소금기가 있으며 그다지 매력적이지는 않다.

용도　조미료, 맛을 내는 조미료

Chapter 11

식초
Vinegar

　발효식초는 자연적으로 발생하는 아세토박테르실리움(Acetobacter Xyliynum)이라는 박테리아가 알코올 성분이 있는 액체안에서 알코올에 작용하여 아세트산으로 변환되면서 만들어진다.

　식초는 크게 합성식초와 발효식초로 나눈다. 합성식초는 빙초산이라고 하여 석유에서 인위적으로 분해, 합성하여 만든 순도 99%의 강산이므로 일반적으로 원액을 식용으로 사용하지 않는다. 발효식초는 과일, 쌀 등 발효해서 만든 식초를 뜻하는 것으로 식용으로 많이 사용한다. 발효식초는 과일이나 쌀을 술로 만드는 알코올 발효과정과 술을 초산 발효하여 식초를 만드는 2가지 발효과정을 거치게 되는데 식초의 원료에 따라서 과일식초와 곡류식초로 분류된다. 곡류식초는 쌀, 현미, 보리 같은 곡식에서 만들어지므로 각종 유기산과 아미노산이 풍부하며 과일식초에는 유기산이 많이 함유되어 있다. 발효식초는 주정식초와 순순 발효식초로 나뉘는데 주정식초는 식초의 유긴산중 초산의 비율이 높으며 순수 발효식초는 다양한 유기산이 골고루 들어 있는 것이 특징이다. 요리용으로 쓰이는 식초는 대부분 주정식초가 많으며 음료용은 발효식초와 주정식초로 만들어진 것이 있어 구매 시 확인할 사항이다.

Apple Sider Vinegar
애플 사이더 비네가

특성　사과를 발효시켜 만들어지는 식초로 약간의 떫은 맛과 사과의 깊은 맛을 지니고 있다. 이 식초는 사과가 발효하면서 생기는 알코올에 자연적으로 박테리아가 작용하여 알코올을 아세트산으로 변화시켜 만들어진다.

용도　샐러드드레싱, 고기절임, 살사소스, 피클 등에 사용한다.

Apricot Vinegar
살구 비네가

특성 │ 증류 비네가(Distilled Vinegar)에 살구씨를 제거한 과육를 넣고 실온에서 약1주일 정도 발효시켜 만들어 지는 식초이다.

용도 │ 조리, 소스, 음료용으로 사용한다.

Balsamic Vinegar
발사믹 식초

특성 │ 발사믹(balsamic)은 이탈리아말로 '향기가 좋다'는 의미로 향이 좋고 깊은 맛을 지닌 최고급 포도 식초 말한다. 발사믹 식초는 단맛이 강한 포도즙을 나무통에 넣고 목질이 다른 통에 여러 번 옮겨 담아 숙성시킨 포도주 식초의 일종이다. '발사믹'이란 이름을 쓰려면 이탈리아의 북부 모데나 지방에서만 나온 포도 품종으로 그 지방의 전통적인(Tradizionale) 기법으로 만들어야 한다.

모데나에서 만든 전통 발사믹 식초는 'Aceto Balsamico Tradizionale di Modena'라는 마크를 도입한다. 전통적인 발사믹식초를 만들기 위해서는 9월과 10월에 수확한 포도가 사용된다. 당도가 10~20도 정도인 품종으로 만드는데 가장 좋은 품종은 트레비아노 포도(Uva Trebbiano)로서 당도가 높지 않아 식초 만들기에 가장 이상적이다. 슈퍼마켓에서 판매하는 제품은 대부분 적포도주 식초에 캐러멜 색소와 맛을 첨가한 것으로 포도즙을 가열하여 식초를 제조하게 되는데, 계피, 캐러멜 등 여러 가지 향이 있는 재료와 공기를 주입하여 초산발효를 시켜 3일만에 제조한다.

발사믹 식초는 숙성 기간이 길면 길수록 향기와 풍미가 좋아지는데, 12년 정도 장기간에 걸쳐 숙성시키면 강렬하고 농축된 맛을 낸다. 이중 12년에서 25년 숙성된 것은 tradizionale 이라고 한다. 레드 발사믹 식초는 떫은맛이 있으며 깊은 맛을 내 드레싱이나 조림용 소스로 사용하고, 화이트 발사믹 식초는 산뜻한 맛이 강하고 깔끔하고 가벼워 마리네(절임)의 재료로 주로 이용되고 생선 요리에 어울린다. 일반적으로 발사믹 식초는 샐러드 드레싱, 생선, 육류 요리용으로도 많이 사용되며 올리브유에 한 방울 떨어뜨려 빵에 찍어먹어도 맛이 좋다. 숙성 기간에 따라 "12년은 레드/18년은 실버/25년은 골드" 레이블이 붙는다.

발사믹 식초는 무기한으로 저장이 가능하나 열을 피해 서늘하고 어두운 장소에 보관해야하며, 사용하다보면 병 밑에 침전물을 발견하실 수 있는데 이것은 자연스런 현상이다. 발사믹 식초를 사용하실 때는 알루미늄 소재의 냄비와 플라스틱 용기는 사용하면 안된다. 모든 발사믹 식초가 아황산을 포함하지는 않지만 아황산에 알러지가 있다면 꼭 라벨을 확인해야 한다. 부드러운 맛 을 내고 싶다면 열을 가해 신맛은 날려주고 단맛을 강하게 하면 되며 요리 과정 맨 마지막에 발사믹 식초를 추가하면 신맛을 유지해 맛을 돋구는 효과가 있다.

용도 │ 데치거나 볶기도 하며 주로 샐러드에 사용

Champagne Vinegar
샴페인 비네가

특성 샴페인으로 만들어지는 이 식초는 향이 맛이 강하지 않고 단 맛이 난다.

용도 과일, 채소 샐러드 드레싱, 소스 등에 사용한다.

Distilled Vinegar
증류 비네가

특성 알코올을 원료로 하여 아세트산 발효를 시킨 양조식초를 증류하여 얻은 식초이며 양조식초의 휘발성분 산을 추출하여 만들어지기 때문에 상큼한 산미를 갖는다.

용도 마요네즈, 절임 등에 사용한다.

Lemon Vinegar
레몬 비네가

특성 레몬즙으로 만들어 지는 레몬식초의 신맛은 발효식초의 주성분인 아세트산이 아니고 시트로산(구연산)이 함유된 것으로 레몬식초의 맛은 아세트산과 시트로산의 혼합물이라 할 수 있다.

용도 샐러드 드레싱, 생선요리, 절임요리 등에 사용한다.

Malt Vinega
몰트 비네가

특성 맥아를 원료로 한 발효식초이다. 북부 잉글랜드 특산품이며 만들어 지는 전통적인 방법은 맥주를 발효시켜 만들어 진다. 몰트식초는 오크통에서 오랫동안 숙성 시켜 만들어 지며 특별한 향기가 난다.

용도 샐러드 드레싱, 식초절임, 식품가공 등에 사용한다.

Red Wine Vinegar
레드와인 비네가

특성 레드와인 비네거는 모든 적포도주로 만들 수 있으며 적포도과즙에 초산균을 넣어서 발효시킨 것으로 약간 떫은 맛이 있으며 향이 강하면서 깊은 맛을 낸다.

용도 샐러드 드레싱, 고기절임 등에 사용한다.

Riserva di Famiglia Vinegar
리저바 디 파미리에

특성 리저바 디 파미리에는 고급 발사믹 식초로 이탈리아의 레지오 에밀리아 지방 Gavasseto의 작은 마을에서 Carmelina Ligabue에 의해 1891년 처음 만들어 졌다. 단맛이 강한 백포도주인 트레비아나를 가열 농축하여 발효시켜 만든다. 색상은 다크브라운으로 감미로운 맛과 독특한 향이 난다.

용도 샐러드 드레싱, 육류, 생선, 소스 등 다양하게 사용

Sherry Wine Vinegar
쉐리 비네가

특성 최상의 셰리식초는 스페인산 Jeraz지방의 독특한 기후에서 자란 포도로 만든 셰리와인로 주로 만들어지며 자연 그대로의 상태에서 향이 강하지 않으며 맛이 아주 좋다. 이 식초는 조금씩 사용해야 하며 구입하기 전에 레이블을 잘 읽어야 한다.

용도 샐러드 드레싱, 소스, 절임 등에 사용한다.

Spirit Vinegar
알코올 비네가

특성 알코올을 주원료로 한 발효식초로 무색투명, 초산함유량이 높고 색깔이 엷고 산도가 매우 높다.

용도 마요네즈, 소스, 절임 등에 사용한다.

Tarragon Vinegar
타라곤 비네가

특성　베이스가 되는 식초를 다양하게 사용하여 만들지는 타라곤식초는 화이트식초, 사이다식초, 화이트 와인식초 등에 타라곤을 넣고 수주일 또는 수개월 동안 향을 우려내서 만든다.

용도　샐러드 드레싱, 소스, 생선요리 등에 사용

White Wine Vinegar
화이트 와인 비네가

특성　화이트와인식초는 백포도주식초를 말한다. 레드와 인식초처럼 이 식초 또한 수십 가지 와인 종류로부터 만들어 진다. 화이트와인식초는 레드와인식초보다 달며 더 깨끗한 맛을 가지고 있다. 신선한 채소와 잘 어울리며 산뜻한 맛이 강하고 깔끔하고 가볍다.

용도　마리네(절임)의 재료로 주로 이용되고 생선요리 사용 한다.

Chapter 12

소금
Salt

　예로부터 귀하게 대접받던 소금이 요즘은 건강을 위한 기피 식품이 되어 버렸다. 소금기가 들어가는 거의 모든 식품에 저염식 제품이 따로 등장할 정도로 소금에 대한 인식이 많이 바뀌었다. 그렇다면 소량이라도 어떤 소금이 건강에 이로운가.

　소금은 염화나트륨, 미네랄, 수분으로 구성되는데, 좋은 소금을 결정하는 중요한 기준은 미네랄이다. 칼슘, 칼륨, 마그네슘 등의 미네랄은 소금에 소량 함유되어 있지만 우리 몸에서 삼투압 조절, 두통, 아토피, 만성피로 등의 질환을 예방할 수 있다.

　좋은 소금은 결정에서 윤기가 나고 반짝반짝 빛나며 간수가 완전히 빠져 축축한 느낌 없이 보송보송하고 가볍기 때문에 손에 쥐었을 때 묻어나지 않고 자연스럽게 떨어진다. 씹었을 때는 와삭 소리가 나면서 부서지는 것이 좋고 첫맛은 짭조름하면서 뒷맛은 단맛이 나는 것이 좋은 소금이다.

　특히 갯벌에서 생산되는 천일염은 미네랄과 무기질이 일반 소금보다 2배 이상 높다. 천일염은 바닷물을 자연적으로 증발시켜 만든 소금이기 때문에 생산지의 환경에 따라 영양 성분과 맛이 크게 달라진다. 생산지, 숙성 기간, 간수를 뺐는지 등을 먼저 따져보고 구입하는 것이 좋은 소금을 고르는 요령이다.

　좋은 미네랄은 체액과 비슷한 구조를 가지고 있는데 체내에 유익한 미네랄은 천일염에 풍부하게 들어있다. 구운 천일염은 영양가도 풍부하고 깔끔한 맛을 내며, 보통 3년 정도 간수를 뺀 천일염은 김치와 일반 요리에, 5년 이상 숙성시킨 소금은 삼계탕, 스테이크 등 소금을 직접 뿌리거나 찍어 먹는 요리에 사용하면 좋다.

소금을 후춧가루와 통깨를 넣어 함께 갈아주면 고기 요리에 제격이다. 누린내를 없애주면서 음식의 풍미도 더해준다. 가지와 같이 단단한 채소를 볶을 때는 미리 소금물에 살짝 담갔다가 볶으면 소금을 덜 뿌려도 맛있다. 생선구이를 할 때도 미리 간을 하지 말고 먹기 직전에 겉쪽에만 소금을 살짝 뿌려 짠맛을 입히면 맛에는 큰 차이가 없으면서 소금 섭취량을 줄일 수 있다.

집에서 직접 조미 소금을 만들면 맛깔스런 음식을 만들 수 있다. '시트러스소금'은 천일염과 강황가루, 설탕, 레몬제스트, 오렌지제스트, 흰 통후추 등을 섞어 만들고, 오븐에서 수분을 2시간 가량 말린 소금과 마른 표고버섯을 곱게 갈아 '표고소금'을 만들면 크림 치킨 요리에 유용하다.

독특한 풍미의 '샐러리소금'은 셀러리잎을 끓는 물에 소금을 약간 넣고 데쳐 얼음물에 식힌 다음 물기를 잘 닦고 곱게 다진 후 소금과 섞어 가장 낮은 온도의 오븐에서 2시간 동안 말린다. 돼지고기를 구워 찍어 먹을 때 잘 어울린다.

Black Salt
블랙 소금

특성 네팔령 히말리야 산맥 북부 돌파(Dolpha)지역과 인도의 자주색 암벽에서 채취하는 소금으로 인도에서는 카라 나막(kala namak)이라고도 한다. 고대 해저화산에서 분출된 용암열에 의해 해수가 증발하며 형성된 유황염으로서 고대청정해수를 구성하는 천연미네랄과 무기질이 원형그대로 함유되어 있다. 강한 유황 냄새로 인해 일반 식탁용 소금으로는 적합하지 않다. 이 소금은 전통 인도 요리인 쳐트니(chutney)나 라이타(raita)에 사용되거나 차트 마살라(chaat masala)라는 혼합 향신료의 첨가재료로 사용된다.

용도 향신료 첨가제, 온천욕제, 화장품, 구강세척 등에 사용한다.

Citrus Salt
시트러스 소금

특성 시트러스 소금은 레몬, 오렌지, 라임의 껍질부분을 첨가하여 만든 소금으로 매우 향긋한 향이나며 어패류 조리할 때 잘 어울리는 소금이다.

용도 조리용, 식탁용으로 사용한다.

Hawaiian Red Sea Salt
하와이안 붉은 바다 소금

특성 하와이안 붉은 소금을 Alaea 소금이라고도 한다. 소금의 붉은색은 Alae 화산점토와 혼합되었기 때문이다. 하와이 원주민의 전통적인 계절요리인 Kalua 나 Pipikaula 같은 돼지 육포요리와 생선요리에 많이 사용한다.

용도 육류, 생선 등 요리용으로 사용한다.

Herbed Salt
허브 소금

특성 허브소금은 다임, 후추, 로즈마리, 바질, 마조람, 타라곤 등 각종 허브를 소금에 첨가하여 만든 것으로 특히 육류 스테이크, 가금류 등에 많이 사용한다.

용도 육류, 가금류, 감자요리, 각종 채소요리(그릴) 등에 사용한다.

Himalania Pink Salt
히말아니아 핑크 솔트

특성 히말아니아 핑크 솔트는 파키스탄 펀자브지역 khewra 암염 광산에서 생산되는 소금으로 투명한 붉은색이나 핑크색을 띤다. 이소금은 매우 단단하여 일정한 크기로 가공하여 조리용 그릴로 사용하기도 한다.

용도 각종 재료의 조리용으로 사용, 식탁용, 목욕제로도 사용한다.

Maldon Sea Salt Flakes
말돈 소금

특성 말돈 소금은 세계에서 인지도가 가장 높은 소금으로 쉐프들이 가장 선호하는 소금 중 하나로 영국 동쪽해안 엑세스 말돈 지방에서 수세기 전부터 깨끗한 바닷물을 끓여 결정을 얻는 방식으로 만들어진다. 소금 특유의 쓴맛이 없으며 끝 맛은 달고 마그네슘, 칼슘 등 미네랄이 풍부하다. 성분상으로는 다른 소금에 비해 황산칼슘 비율이 높은 편이다. 건강을 중요시하는 사람이나 미식가들이 많이 애용한다. 속이 비어있는 피라미드 형태의 결정체여서 부서지기 쉽다.

용도 생선, 육류, 가금류, 소스, 절임 등 다양한 요리에 사용

Maldon Smoked Sea Salt Flakes 말돈 훈제소금

특성 말돈 소금에 전통적인 Cold Smoking 공법으로 첨가물 없이 소금에 모크향을 더해 섬세하고 세련된 맛이 더해진 훈제 소금이다.

용도 생선, 육류, 가금류 등 조리에 사용

Ravida Sea Salt
라비다 소금

특성 라비다는 이태리 시칠리아섬 남쪽 해안에 위치하고 있으며 이곳에서 생산되는 소금은 강한 태양과 아프리카에서 불어오는 바람으로 천천히 건조된 소금이다. 마그네슘과 미네랄이 풍부하며 낮은 염화나트륨의 짜지 않고 은은한 단맛이 있다.

용도 생선구이, 스테이크, 조리 등에 사용

Red Sea Salt
레드 씨 소금

특성 홍해 소금은 깨끗한 바닷물을 태양열로 자연증발 과정을 거쳐 만들어지는 소금이다. 홍해는 하천의 유입량은 거의 없으면서도 증발이 심해 세계에서 염도가 가장 높은 곳으로 45% 정도의 염도를 가지고 있다.

용도 조리용으로 사용한다.

Summer Black Truffle Salt
트러플 소금

<table>
<tr><td>특성</td><td>천일염에 송로버섯을 첨가하여 만드는 소금이다. 입자가 굵고 투명하며 트러플의 맛과 향이 일품인 매우 비싼 소금이다. 입자가 형태가 굵은 것은 가니쉬로 사용하기도 한다.</td></tr>
<tr><td>용도</td><td>생선, 육류, 파스타 등 다양한 요리에 사용한다.</td></tr>
</table>

한식

조리용어

韓食

01 한국요리의 역사

　한 나라의 식생활과 요리는 풍토와 역사의 영향을 받으면서 발전한다. 3면이 바다로 둘러싸인 한반도는 동해에서 난류와 한류가 교차하여 어장(漁場)이 발달하였고, 섬이 많고 수심이 낮은 남해·서해에서 해산물이 많이 난다. 또한 반도의 북부는 한란차가 큰 대륙성아한대기후이나, 남부는 장마가 있고 벼농사에 적합한 온대기후이므로 양

질의 쌀이 생산된다. 곡물·수산물요리와 함께 육류요리가 풍부한 것은 대륙의 식생활에서 영향을 받은 것이다.

　육식은 삼국시대 이전에도 있었지만, 살생을 금지하는 불교의 전래·보급으로 통일신라시대부터 고려시대 중기에 걸쳐 정진식(精進食)이 권장되어 식생활에서 육류조리법이 쇠퇴하였다. 그 뒤 고려시대에 북방의 육식민족인 거란의 침입과 100년이 넘는 원(元)의 지배 아래 육식이 널리 보급되어 오늘날의 육류요리로 발전되었다.

　밥을 주식으로, 여러 가지 반찬을 부식으로 하는 일상의 식사형태는 고려시대 말기

에서 조선시대 초기에 걸쳐 확립되었다. 그러나 오늘날과 같은 한국요리는 조선시대 왕가나 양반의 식생활을 기본으로 하는 궁중요리와 각 지방 특산물을 재료로 그 지방에 전하는 고유 조리법으로 만든 향토요리가 어우러져 성립되었다. 이는 조선시대 중기부터 과학·문화가 급속히 발전하고, 이것이 음식 재료의 품종개량 및 조리법 발전으로 이어져 식생활문화를 향상시켰기 때문이다. 그러나 조선중기에는 숭유배불(崇儒排佛)정책이 더욱 강화되어 고려시대에 불교와 함께 융성하였던 다도(茶道)가 쇠퇴하였다.

조선시대 말기에는 일본과 남방으로부터 토마토·호박·완두·옥수수·감자·고추·고구마 등이 들어와 한국요리의 맛을 다양하게 하였다. 특히 고추는 김치 같은 일부 요리의 매운맛을 만들었다. 21세기에 들어 한국요리는 미국·프랑스·중국 등의 요리에서 장점을 받아들이고 한국 고유의 음식맛과 조리법에 세련미를 더하여 국제성 있는 요리로 발전하고 있다.

02 한국요리의 특징

한국의 전통요리는 가까운 아시아 여러 나라들과 문화교류를 하면서 발달하였다. 이는 젓가락을 사용하는 일본요리나 말린 재료를 많이 사용해 기름을 넣고 가열하여 만드는 중국요리에서 그 공통점을 찾아볼 수 있는데, 그 뒤로 정진요리의 발달과 함께 날재료를 주로 사용하며 젓가락과 숟가락을 사용하여 먹는 독자적인 요리로 발전하였다. 또한 조미료·향신료 사용법에도 특색이 있다. 이는 음식 재료가 지닌 맛보다는 간장·파·마늘·깨소금·참기름·후춧가루·고춧가루 등 갖은 양념을 하여 생긴 새로운 맛을 즐기는 것이다. 또 하나의 특징은 곡물을 중시하여 각종 곡물음식이 발달하였고, 음식의 모양보다는 맛을 위주로 한다는 점이다.

한국요리에 쓰이는 재료의 어울림이나 조미료의 쓰임새를 보면 삼국시대에 중국에서 전해진 약식동원(藥食同原)의 사상이 있음을 알 수 있다. 고려시대의 ≪응용영양서(應用營養書)≫에 집약된 "좋은 음식은 몸에 약이 된다"는 사상은 평상시 식사를 통해 보양과 양생을 한다는 뜻으로 음식에 한약 재료인 인삼·생강·대추·밤·오미자·구기자·당귀 등을 넣어 먹으며, 음식이름에 약밥·약주·약과·약수 등과 같이 약(藥)이라는 글자를 많이 사용하였다.

한국음식은 주식과 부식의 구분이 명확해, 밥을 중심으로 국이나 찌개 및 김치 외에 채소·육류들로 조리법을 달리한 여러 가지 반찬을 먹는 것이 가장 일반적이며, 김치·장·젓갈은 철에 맞추어 담갔다가 한 해 내내 빠지지 않고 상에 올린다.

조선시대의 유교사상 또한 한국음식에 많은 영향을 끼쳤다. 즉 유교는 예를 중히 여겨 통과의례(通過儀禮)로 잔치나 제례음식의 차림새가 정해졌으며, 보통 때의 반상차림도 반드시 한 사람 앞에 한 상씩 독상을 차렸다. 풍속에서 한국음식의 특징을 살펴보면 철에 따른 시식(時食)과 절식(節食)이 있다. 이것은 정월 초하루에 떡국, 대보름에 오곡밥과 묵은 나물, 추석에 송편 등과 같이 제철에 나는 식품으로 별미를 즐기는 풍류이다. 집안 경사나 제사 같은 의례가 있을 때는 음식을 풍성하게 장만하여 이웃과 친척에게 나누어주는 아름다운 풍습도 있다.

03 한국음식의 종류와 용어

한국 고유의 전통적 요리로 한식(韓食)이라고도 한다. 한자어 '요리'는 '저울로 달다' '가사(家事)를 정리하다' '일을 알맞게 처리하다'라는 뜻이며, 한국에서 음식 또는 음식을 만드는 일을 가리키는 용어로 쓰이게 된 것은 1870년 무렵부터이다. 한국어에서는 예전부터 '음식'이라는 말이 보편적으로 쓰여 왔다.

고조선 이후 대륙의 영향을 받으면서도 독자적인 농작물 개발로 식품 종류가 많아지자 조리법이 다양해졌다. 조선시대 중기에 이르러서는 일상 식생활에서 주식과 부식을 명확하게 구분하였다.

1) 주식류

밥

밥은 우리나라의 대표적인 주식이다. 밥짓기는 우리나라에서 생산되는 쌀의 특성에 맞추어 발달된 조리방법이다. 주로 흰밥을 많이 먹지만, 보리, 조, 수수, 콩, 팥, 녹두, 밤 등을 섞어 잡곡밥을 만들기도 한다.

메밀밥과 감자밥

죽

죽은 곡류를 이용한 유동식 음식으로서, 일찍부터 발달한 주식의 한 가지이다. 죽은 재료에 따라 흰죽, 두태죽, 장국죽, 어패류죽, 비단죽 등이 있다.

미역죽과 갈치죽

미음, 응이, 암죽, 즙

물의 양을 늘려 죽보다 묽게 쑨 것으로 미음, 응이, 암죽 그리고 즙이 있다. 미음은 쌀 분량의 10배의 물을 넣어 끓인 음식이며, 응이는 녹두, 갈근, 연근 등의 녹말을 알맞은 정도의 물에 풀어서 멍울이 지지 않게 잘 저어가며 투명하게 끓인 음식이다. 암죽은 특히 모유가 부족할 때 아기를 키우던 대용식으로 이유식을 겸한 음식이다. 즙에는 양즙과 육즙이 있는데 허약한 사람에게 보양식으로 좋다.

국수미음, 삼합미음, 대추미음

국수, 만두, 떡국

잔치나 명절 때 밥 대신 국수, 만두 등을 주식으로 교자상에 내놓았다. 국수는 밀국수, 메밀국수 등을 주로 이용하고, 육수로는 양지머리 국물 등을 이용한다.

조랭이떡국

만두는 계절에 따라, 겨울에는 메밀로 만든 생치만두, 김치만두, 봄에는 준치만두, 여름에는 편수, 규아상 등을 먹는다. 또, 정초에는 절식인 흰떡국, 조랭이떡국, 멥쌀가루로 만들어 끓인 즉석 음식인 생떡국 등도 만들어 먹고, 이 밖에 육류나 어류와 채소를 섞어 둥글려 간편하게 만든 굴린만두도 만들어 먹는다.

2) 부식류

국

맑은(장)국

육수를 기본으로 하며 주로 소금과 간장으로 간을 낸다. 무국, 미역국, 조기맑은국, 북어탕, 완자탕, 대합탕, 콩나물국 등이 있다.

토장국

국물에 된장을 풀어 간을 맞춘 국으로 육류가 많이 들어가지 않아도 된장의 감칠맛으로 진한 맛이 난다. 매운맛을 내려면 고추장 또는 고춧가루를 쓴다. 고추장을 많이 넣고 오래 끓이면 텁텁한 맛이 나므로 고춧가루를 섞는 편이 맛이 개운하다. 시금치국, 냉잇국, 민어매운탕 등이 있다.

냉국

오이, 미역, 다시마 등으로 약간 신맛을 내어 여름철에 주로 먹는 국이다. 오이냉국, 미역냉국, 임자수탕(=깻국) 등이 있다.

곰국

소고기의 질긴 부위나 뼈 등을 고아서 재료의 맛을 충분히 우려낸 국이다. 곰탕, 설렁탕, 갈비탕(=가리탕), 꼬리곰탕, 육개장, 영계백숙 등이 있다.

곰국

찌개

비슷한 말로 조치, 지짐이, 감정 등이 있는데 모두 건더기가 국보다는 많고 간은 센 편으로 밥에 따르는 찬품이다. 조치란 궁중에서 찌개를 일컫는 말이고, 감정은 고추장으로 조미한 찌개를 말한다.

토장찌개

두부된장찌개, 청국장찌개, 조기고추장찌개, 꽃게찌개, 병어감정, 민어찌개 등이 있다.

맑은찌개

애호박젓국찌개, 명란젓찌개, 굴두부조치 등이 있다.

청국장찌개

기타

순부두찌개, 알찌개, 콩비지찌개 등이 있다.

3) 전골 · 신선로

전골

본래는 육류와 채소를 밑간하고 그릇에 담아 준비하여 상 옆의 화로 위에 전골틀을 올려놓고 즉석에서 만들어 먹던 음식으로 구이 전골이었으나 차츰 냄비전골이 생겼다. 소고기전골, 낙지전골, 송이전골, 버섯전골, 두부전골 등이 있다.

버섯만두전골

신선로

신선로는 가운데 화통이 붙어 있는 냄비를 이르는 말로 그 안에 담는 음식은 열구자탕(悅口子湯), 또는 구자(口子)라고 한다. 조선 왕조의 궁중 연회 기록에는 열구자탕, 탕신선로, 면신선로 등이 나오는데 원래는 국물을 많이 하여 식탁에서 계속 더운 국물을 먹을 수 있게 마련한 탕에 속하는 음식이다.

신선로

4) 찜 · 선

찜

가장 많이 하는 조리법은 재료를 큼직하게 토막을 내어 간을 하여 뭉근한 불에 오래 끓여서 재료를 무르게 익히는 찜으로 갈비찜, 닭찜, 사태찜 등이 이에 속한다. 사태찜, 갈비찜, 돼지갈비찜, 떡찜, 도미찜, 꽃게찜, 대합찜, 북어찜 등이 있다.

갈비찜

선

대개 호박, 오이, 가지 등의 식물성 재료에 다진 소고기 등의 부재료를 소로 채워 장국을 부어 익힌 음식으로 녹말을 묻혀서 찌거나 볶아서 초장을 찍어 먹는다. 호박선, 가지선, 오이선, 어선, 두부선 등이 있다.

호박선

5) 생채 · 숙채

생채

더덕생채, 무생채, 오이생채, 도라지생채, 배추겉절이 등이 있다.

토마토더덕생채

숙채(나물)

콩나물, 숙주나물(=녹두나물), 오이나물(=과채), 애호박나물, 노각나물, 시금치나물, 쑥갓나물(=동호채) 등이 있다.

6) 조림 · 초(炒)

죽순채

조림 요리는 반상차림에서 극히 일반적인 음식이며, 그중 생선조림은 대표적인 반찬이다. 조림의 종류에는 생선조림, 육류조림 등이 있다. 초는 집진간장으로 조리하되, 국물이 조금 남았을 때 녹말을 물에 풀어 넣고 국물이 걸쭉하여 전체가 고루 윤이 나게 조리는 조리법이다. 전복초, 홍합초, 조기조림, 갈치무조림, 북어조림, 두부조림,

감자조림 등이 있다.

7) 전유어

전유아, 저냐, 전야, 전 등으로 부르고 궁중에서 전유화(煎油花)라고도 하였다.

육류전
천엽전, 간전, 부아전, 양동구리, 완자전, 알쌈

어패류
민어전, 새우전, 굴전, 해삼전

채소류
풋고추전, 애호박전, 연근전, 표고전, 깻잎전

동래파전

기타
녹두전, 달래전, 파전, 동래파전

8) 구이

재료를 꼬치에 꿰거나 석쇠에 얹어서 직접 불길을 쬐어서 굽는 직접구이와 번철을 달구어서 굽는 간접구이, 밀폐된 용기 안에 넣어 덥힌 공기로 굽는 오븐구이가 있다.
너비아니, 제육구이, 민어소금구이, 대합구이, 오징어구이, 장어구이, 북어구이, 조기양념장구이, 병어고추장구이, 김구이, 더덕구이, 비웃구이(=청어구이) 등이 있다.

북어구이

9) 적(炙)

육류와 채소, 버섯 등을 양념하여 꼬치에 꿰어 구운 것으로 산적, 누름적(지짐누름적)으로 나눌 수 있다.

각색전

산적

익히지 않은 날재료를 양념하여 꼬치에 꿰어서 직접 불에 굽거나 번철에 굽는다. 파산적, 송이산적, 떡산적, 섭산적, 장산적(섭산적을 작게 썰어 간장에 조린 음식) 등이 있다.

떡산적

누름적

재료를 양념하여 익힌 다음 꼬치에 꿴 것을 전 부치듯이 밀가루와 달걀을 입혀서 지지는 방법이다. 누르미라고도 한다. 화양적, 두릅적, 김치적 등이 있다.

화양적

10) 회

육류, 어패류, 채소류를 날로 또는 익혀서 초간장, 초고추장, 겨자간장, 소금, 기름 등에 찍어 먹는 음식으로 대개 불을 쓰지 않으며 날로 먹으므로 재료가 우선 신선해야 하고 정갈하게 다루어야 한다.

생회

날로 먹는 생회는 소고기의 연한 살코기 육회와 간, 천엽, 양 등의 내장류의 갑회가 있으며 민어, 광어 등의 신선한 생선과 굴, 해삼 등의 신선한 어패류는 생회의 재료로 가장 많이 쓰인다.

육회, 민어회, 굴회 등이 있다.

갑회

숙회

어패류와 파, 미나리, 두릅 등의 채소가 이용된다. 어채는 흰살생선을 저며서 녹말을 묻혀서 끓는 물에 살짝 익혀낸 것이고 오징어, 문어, 낙지, 새우 등도 익혀서 숙회로 많이 한다. 두릅회, 미나리강회, 어채 등이 있다.

오징어숙회

11) 장과 · 장아찌

장아찌는 한자로 장과(醬瓜)라고 하는데 별다른 구별은 없다. 불에 익혀서 만든 장아찌를 숙장과로 하고 계절에 흔한 채소 등을 간장, 고추장, 된장 등에 넣어 장기간 저장하는 것을 장아찌라 하였다.

숙장과

삼합장과(전복, 해삼, 홍합을 소고기와 함께 달게 조린 장과), 오이통장과(연한 오이를 토막 내어 오이소박이처럼 칼집을 넣어 절였다가 양념한 소고기를 소로 채워서 볶다가 조린 숙장과) 등이 있다.

장아찌

통마늘장아찌, 마늘종장아찌, 무말랭이장아찌, 가지장아찌, 깻잎장아찌, 풋고추장아찌 등이 있다.

매실장아찌

12) 편육 · 족편 · 순대 · 포 · 부각

편육(片肉)

삶은 고기를 얇은 조각으로 썬 모양 때문에 붙여진 이름으로 숙육(熟肉) 또는 수육(水肉)이라고도 한다. 양지머리편육, 사태편육, 우설편육, 제육편육, 돼지머리편육 등이 있다.

족편(足片)

육류의 질긴 부위로 족과 사태, 힘줄, 껍질 등을 물에 오래 고면 교질 단백질인 젤라틴 성분이 녹아서 죽처럼 되는데, 이것을 네모진 그릇에 부어 굳힌 것이다. 족편, 전약 등이 있다.

순대

돼지 창자에 소를 채운 돼지 순대, 동태의 뱃속에 소를 채운 동태 순대와 오징어의 몸통에 소를 채운 오징어 순대가 있다.

백암순대

포(脯)

소고기나 생선의 살을 넓게 포로 떠서 간을 하여 말리는 저장식품이다. 육포, 칠보편포, 대추편포, 어포 등이 있다.

편포, 대추편포, 육포

부각

감자, 풋고추, 깻잎, 참죽나무잎 등의 채소와 김, 다시마 등의 해조류를 말리는 저장식품이다. 깻잎부각, 김부각, 다시마부각 등이 있다.

다시마부각

13) 자반 · 마른 찬 · 쌈 · 젓갈 · 김치

자반

한 가지의 특정한 조리법을 가리키는 것이 아니고 밥의 찬이 되는 마른 찬, 부각, 절인 생선, 짭짤한 밑반찬 등을 두루 일컫는 말이다. 요즘 자반이라는 것은 거의가 고등어자반, 준치자반처럼 절인 생선을 이르는 경우가 많다.

풋고추자반(연한 풋고추에 밀가루를 묻혀 쪄서 양념장으로 무친 찬), 김자반, 매듭자반(다시마를 가늘게 끈처럼 썰어 매듭을 만들어 튀긴 튀각), 미역자반, 고추장볶이(=약고추장), 장똑똑이(=똑똑이자반, 고기를 가는 채로 썰어 간장으로 간하여 만든 자반) 등이 있다.

마른 찬

북어나 오징어, 멸치, 김 등의 마른 식품을 무치거나 볶아서 밑반찬으로 두고 먹을 수 있는 찬품을 이른다. 북어보푸라기, 북어포무침, 잔멸치볶음, 마른새우볶음, 오징어채볶음, 암치포무침 등이 있다.

북어보푸라기

쌈

쌈의 재료로 가장 흔한 것은 상추이고 깻잎, 콩잎, 취나물, 호박잎, 양배추, 배춧잎, 쑥갓 등의 채소와 김, 데친 미역 등으로 싸서 먹는다. 상추쌈, 김쌈, 생미역쌈 등이 있다.

상추쌈

젓갈

어패류를 소금에 절여서 만드는 저장식품으로 한자로는 식해(食醢)라 쓴다. 조기젓, 새우젓, 멸치젓, 명란젓, 창란젓, 조개젓, 소라젓, 꼴뚜기젓, 어리굴젓, 오징어젓, 가자미식해 등이 있다.

조개젓, 소라젓

김치

　채소를 절여서 저장하여 발효시켜서 먹는 음식으로 우리의 찬품 중에 가장 기본이 된다.

　배추통김치, 보쌈김치, 백김치, 총각김치, 깍두기, 오이소박이, 풋배추김치, 열무김치, 부추김치, 동치미, 나박김치, 오이지, 갓김치, 파김치, 고들빼기김치, 고추김치, 깻잎김치 등이 있다.

우엉김치와 콩잎김치

14) 병과류와 음료

떡

찌는 떡

　곡물을 가루로 하여 시루에 안치고 솥 위에 얹어 증기로 쪄내는 시루떡은 증병(甑餅)이라 하고 설기떡과 켜떡이 있다. 백편, 꿀편, 쑥편, 녹두편, 무시루떡, 팥시루떡, 호박떡, 상추시루떡, 석탄병, 백설기, 쑥설기, 색편(=무지개떡), 잡과병(멥쌀가루에 밤, 대추, 유자, 곶감 등에 견과류를 섞어서 찐 떡), 쇠머리떡, 콩찰떡, 두텁떡(=봉우리떡) 등이 있다.

석탄병

치는 떡

　도병(搗餅)이라 하여 일단 시루에 쪄낸 찹쌀이나 떡을 절구에 쳐서 끈기가 나게 한 떡으로 인절미, 흰떡, 절편, 개피떡, 꽃산병, 여주산병 등이 있다.

꽃산병

빛는 떡

경단은 찹쌀가루나 수수가루를 익반죽하여 모양을 빚어서 끓는 물에 삶아 내어 콩고물이나 깨고물, 팥고물 등을 묻힌 떡이다. 찹쌀경단, 수수경단, 송편, 석이단자, 대추단자, 쑥구리단자 등이 있다.

쑥구리단자

지지는 떡

전병(煎餅)이라 하여 반죽을 빚어서 기름에 지져낸다. 주악, 화전, 수수부꾸미, 찹쌀부꾸미 등이 있다.

수수부꾸미

기타

약식(=약밥)은 찹쌀을 불려서 일단 쪄내어 참기름, 간장, 설탕, 계핏가루 등을 넣어 버무려 밤, 대추, 잣을 섞어서 다시 쪄낸 것이다. 증편(蒸片=술떡=기주떡(起酒餅))은 쌀가루에 술을 넣어 반죽하여 발효시켜 부풀린 다음 틀에 쏟아 부풀려서 찐 떡이다.

약식

한과

유밀과(油蜜菓)

밀가루에 꿀과 참기름, 술 등을 넣어 반죽하여 모양을 만들어 기름에 튀겨 내어 꿀을 바른다. 약과, 만두과, 매작과 등이 있다.

개성모약과

유과(油菓)

강정, 산자, 과즐 등으로 불린다. 찹쌀가루에 콩물과 술을 넣어 반죽하여 삶아낸 떡을 얇게 밀어 말렸다가 기름에 튀겨내어 쌀튀각을 묻힌 것이다. 강정, 산자, 빙사 등이 있다.

합천한과

정과(正果, 煎果)

생강, 도라지, 연근, 인삼, 유자 등에 꿀, 조청, 설탕 등을 넣어 달게 조린 것이다. 도라지정과, 생강정과, 유자정과, 인삼정과, 연근정과 등이 있다.

한약재정과

다식(茶食)

곡식가루, 한약재, 꽃가루 같은 것을 꿀로 반죽하여 덩어리를 만들어 다식판에 넣어 여러 모양으로 박아낸 것이다. 송화다식, 녹말다식, 진말다식, 깨다식, 콩다식, 밤다식 등이 있다.

모듬다식

숙실과(熟實果)

과일을 익혀서 만든 과자로 밤, 대추를 꿀에 조린 밤
초, 대추초가 있고, 다져서 다시 꿀로 반죽하여 빚는 율
란, 조란, 생강란 등이 있다.

율란

과편(果片)

신맛이 나는 앵두, 모과, 살구 등의 과육에 꿀을 넣어
조려서 그릇에 부어 묵처럼 굳힌 다음 네모지게 썬 것으
로 생률이나 생과와 함께 담는다. 앵두편, 살구편, 오미
자편 등이 있다.

포도편

엿강정

볶은 깨, 콩, 들깨 등과 호두, 잣, 땅콩 등의 견과류를
엿으로 버무려서 단단하게 굳혀 만든 과자이다. 깨엿강
정, 콩엿강정, 백자편(=박산잣) 등이 있다.

깨엿강정

화채

차게 하여 마시는 화채 가운데에는 냉수에 꿀이나 엿
기름물을 타서 단맛과 향이 나도록 하는 것, 한방 약재
를 달여 그 물로 맛을 내는 것, 오미자를 우린 물이나 과
일즙을 기본으로 하여 만드는 것이 있다. 식혜, 수정과,
배숙, 오미자화채, 순채, 송화밀수, 제호탕 등이 있다.

송화밀수

우리의 음료 가운데 차게 해서 마시는 것을 두루 일컬어 화채라 하고 뜨겁게 마시는 것을 차라고 한다. 녹차, 결명자차, 율무차, 오과차, 유자차, 모과차, 생강차, 구기자차 등이 있다.

녹차

15) 상차리기

상차림이란 한상에 차려놓는 반찬 종류와 가짓수 및 배설(排設)방법을 말한다. 일상식에는 밥을 중심으로 찬을 차리는 반상, 죽 중심의 죽상, 국수 · 만두 · 떡국을 차리는 면상 · 만두상 · 떡국상 등이 있다. 손님을 대접할 때는 목적에 따라 주안상 · 교자상 · 다과상이 있고, 의례적인 상차림으로 돌상 · 혼례상 · 큰상 · 기제사상이 있다.

반상(飯床)

밥과 국 · 김치를 기본으로 하는 밥상으로 쟁첩에 담는 찬품의 가짓수에 따라 3첩 · 5첩 · 7첩 · 9첩 반상으로 나뉜다. 12첩 반상은 궁중에서 수라상의 경우에만 차리고, 민가에서는 9첩까지로 제한하였다. 기본으로 놓는 것은 밥 · 국 · 김치 · 장이고 5첩 반상에 찌개, 7첩 반상에 찜을 놓는다. 반상의 맨 앞줄에 밥과 그 오른쪽

반상

에 국을 놓고 그 뒤에 장류와 반찬을 놓는데 오른쪽에 더운 것과 육류, 왼쪽에 차가운 것과 채소로 만든 찬을 놓는다. 맨 뒤에는 김치를 놓으며 국물이 있는 것을 오른쪽에 놓는다. 한 사람씩 독상을 차리는 것이 원칙이나, 한 세대를 건너거나 동년배는 겸상하기도 하였다.

죽상

초조반(初早飯) 또는 간단한 식사로 차리는 상이다. 죽·응이·미음 등 유동식과 함께 마른 반찬·국물김치·맑은찌개를 올린다.

면상·만두상·떡국상

밥을 대신하여 국수나 만두·떡국을 올리는 상으로, 점심 또는 간단한 식사 때 차린다. 찬품으로는 전유어·잡채·배추김치·나박김치 등을 놓는다.

주안상

술을 대접하기 위해 차리는 상으로 청주, 소주, 탁주 등과 함께 전골이나 찌개 등 국물이 있는 뜨거운 음식과 전유어, 회, 편육, 김치를 안주로 낸다.

교자상

집안에 경사가 있어 손님을 대접할 때 여러 사람이 함께 둘러앉아 음식을 먹도록 하는 상이다. 주식은 냉면·온면·떡국·만둣국 가운데 계절에 알맞은 것을 내고, 탕·찜·전유어·편육·적·회·채·신선로 같은 반찬을 놓는다. 김치는 배추김치·오이소박이·나박김치·장김치 가운데 2가지 정도를 마련한다. 후식은 각색편·숙실과·생과일·화채·차 등을 마련한다.

다과상

차와 다과를 함께 차려내는 상으로, 식사 때가 아닌 시간에 손님을 대접할 때 차린다. 약과·강정같이 단맛나는 한과는 따끈한 차와 어울려 맛과 분위기를 돋우어준다.

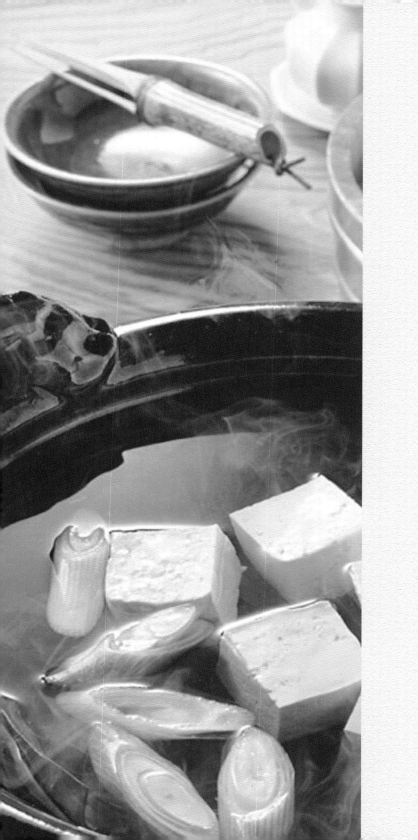

일식

조리용어

01 조리도구 용어

あぶらきり(아부라키리) 油切(유절) 튀김 후 기름이 빠질 수 있게 한 기구

あわだてき(아와다테키) 泡立器(포립기) 거품기 wire whip

いしなべ(이시나베) 石鍋(석과) 돌냄비

いしなべ(이시나베)

いちもんち(이치몬치) 一文字(일문자) 뒤집개

いだ(이다) 板(판) 도마. 어묵

うすばぼぞう(우스바보조) 薄刀包丁(박도포정) 야채전용식칼

おにすだれ(오니스다레) 鬼簾(귀렴) 굵은 삼각형의 나무로 엮인 나무대발

おひつ(오히쓰) 御櫃(어궤) 나무로 만든 밥통. 오하치(おはち)

おろしがね(오로시가네) 下金(하금) 강판

かいわり(가이와리) 貝害(패해) 조개를 손질할 때 사용하는 기구

かご(가고) 籠(농) 대나무로 만든 바구니

かなぐし(가나구시) 金串(금관) 쇠로 만든 꼬챙이

かま(가마) 釜(부) 솥. 가마

かみなべ(가미나베) 紙鍋(지과) 종이냄비

かんぎり(간기리) 缶切リ(부절) 통조림을 따는 기구 can opener

こばち(고바치) 小鉢(소발) 초회나 무침 요리 등을 담는 작은 그릇

ごむべら(고무베라) 護謨(호모) 비조리용 고무주걱

さいばし(사이바시) 菜箸(채저) 조리용 젓가락

おろしがね(오로시가네)

さいばし(사이바시)

しゃくし(샤쿠시) 杓子(표자) 주걱

じゃのめ(자노메) 蛇の目(사목) 오이씨 빼는 도구

じゅばこ(주바코) 重箱(중상) 찬합

じょうご(조우고) 漏斗(누두) 깔때기

しんぬき(신누키) 과일이나 오이, 가지 등 야채의 심을 빼는 기구

すいはんき(스이한키) 炊飯器(취반기) 밥 짓는 기구 rice
　　　cooker

すきやきなべ(스키야키나베) 鋤燒鍋(서소과) 스키야키용 냄비

じゅばこ(주바코)

すしおけ(스시오케) 鮨桶(지통) 초밥을 담아내는 전용용기(칠기그릇)

すしぎりぼちょ(스시기리보쵸) 鮨切包丁(지절포정) 초밥 다네를 자르는 칼

すしわく(스시와쿠) 초밥틀

すだれ(스다레) 廉(염) 김밥을 말 때 쓰는 발

すしわく(스시와쿠)

すりこぎ(스리코기) 櫺紛木(뇌분목) 절구봉

すりばち(스리바치) 櫺鉢(뇌발) 내부는 빗살무늬로 된 도기로 만든 절구

せいろう(세이로) 蒸籠(증롱) 나무로 만든 찜통

ぜんまいき(젠마이키) 洗米機(세미기) 쌀을 씻는 기계

たこひき(다코히키) 길게 사각진 사시미용 칼. 다코히키보쵸의 준말

たつなぬき(다쓰나누키) 야채를 나선형으로 파내는 데 이용하는 조각도구

たねぬき(다네누키) 과실의 씨를 빼는 기구

たまそまきなべ(다마소마키나베) 卵卷鍋(난권과) 다시마키 판

たまごゆでき(다마고유데키) 卵茹器(난여기) 달걀을 삶는 전기기구

たる(다루) 樽(준) 술이나 간장을 넣어 두는 나무통

ちゃこし(자코시) 차를 거르는 동그란 망

ちゃわん(자완) 茶碗(다완) 일본의 대표적인 식기. 자기그릇

ちょうりばけ(조우리바케) 調理刷毛(조리쇄모) 조리용 붓

つぼ(쓰보) 坪(평) 혼젠요리(本膳料理)에 사용하는 니모노 그릇

といし(도이시) 砥石(지석) 칼을 가는 숫돌

とうき(도우키) 陶器(도기) 도자기. 자기그릇

とっくり(돗쿠리) 뜨거운 청주를 담아 마시는 작은 술병

となべ(도나베) 土鍋(토과) 흙으로 구워낸 냄비

どびん(도빈) 질주전자

ながしばこ(나가시바코) 流箱(류상) 굳힘 틀

にくたたき(니쿠타타키) 肉叩(육고) 고기의 육질을 연하게 하기 위해 두들기는 망치

のぞき(노조키) 소량의 무침이나 초절임요리를 담는 작고 깊은 그릇

はけ(하케) 刷毛(쇄모) 요리용 붓

はし(하시) 著(저) 젓가락. 저분

はしおき(하시오키) 著置(저치) 젓가락받침

はしおき(하시오키)

はち(하치) 鉢(발) 주발, 사발 등의 그릇

はい(하이) 杯, 盃(배) 잔. 술잔

はんだい(한다이) 飯台(반태) 밥상 자부다이

はんだい(한다이) 板台(판태) 초밥 비빔통. 한기리(羊切)

バット(밧토) 사각 스테인리스 용기 vat

ふきん(후킨) 布巾(포건) 행주

ふるい(후루이) 篩(사) 체. 우라고시하거나 물기를 제거하는 데 사용되는 주방기구(strainer)

べんとう(벤토) 도시락

ほいろ(호이로) 건조기. 은은한 불판 위에 종이를 깔고 그 위에 김이나 미역, 차 등을 건조시키는 기구

ほちょ(호쵸) 包丁(포정) 조리용 칼. 원래는 조리사를 지칭하는 용어였으나, 지금은 식품을 자르는

　도구의 총칭

ほちょかけ(호쵸카케) 包丁卦(포정괘) 칼집. 칼을 수납하는 것

ほねぬき(호네누키) 생선의 잔가시를 제거하는 기구(핀셋)

まきす(마키스) 김발. 대나무 발로서 마키즈시를 마는 도구

まないた(마나이타) 俎板(조판) 도마

むしき(무시키) 蒸器(증기) 찜통. 찜기

めうち(메우치) 目打(목타) 조리용 송곳

めんるい(멘루이) 면봉

やかん(야칸) 주전자

やきあみ(야키아미) 燒網(소망) 직화구이할 때 사용하는 석쇠

やきあみ(야키아미)

やすりぼう(야스리보우) 양도(羊刀)의 날을 가는 금속도구

やなぎば(야나기바) 柳刃(류인) 끝이 뾰족한 생선회칼(관서형)

ようじ(요우지) 揚枝(양지) 이쑤시개

わりばし(와리바시) 割箸(할저) 일회용 나무젓가락

わん(완) 椀(완) 음식물을 담는 그릇

02 식재료 용어

あいなめ(아이나메) 鮎竝(점병) 쥐노래미 far greenling

あいなめ(아이나메)

あおしそ(아오시소) 靑紫蘇(청자소) 차조기 ⇔ 아카시소(赤紫蘇)

あおとがらし(아오토가라시) 靑唐辛子(청당신자) 풋고추 a green pepper

あおのり(아오노리) 靑海苔(청해태) 파래 green laver

あおみ(아오미) 靑味(청미) 요리 위에 곁들이는 녹색의 야채

あおやぎ(아오야기) 靑柳(청류) 개량조개 = 바카가이(馬鹿貝)

あかおろし(아카오로시) 赤脚(적각) 빨간 무즙, 모미지오로시(紅葉脚)

あかがい(아카가이) 赤貝(적패) 피조개 ark shell

あかがい(아카가이)

あかだし(아카다시) 赤味噌(적미쟁) 붉은 된장 soybean soup

あかみ(아카미) 赤身(적신) 참치의 붉은살

あさつき(아사쓰키) 淺蔥(천총) 실파. 잔파

あさのみ(아사노미) 麻の實 (마실) 대마의 씨, 삼씨 hempseed

あさり(아사리) 淺蜊(천리) 모시조개 short-necked clam

あじ(아지) 전갱이 horse mackerel

あつき(아쓰키) 小豆(소두) 팥 red bean

あなご(아나고) 穴子(혈자) 붕장어 conger eel

あぶら(아부라) 油(유) 기름 oil

あぶらあげ(아부라아게) 油揚(유양) 유부. 기름에 튀긴 두부

あぶらな(아부라나) 油菜(유채) 유채 rape

あまいのも(아마이노모) 甘物(감물) 단맛이 나는 음식

あまえび(아마에비) 甘海老(감해로) 단새우

あまざけ(아마자케) 甘酒(감주) 단술

あまず(아마즈) 甘酢(감초) 단식초

あまだい(아마다이) 鯛甘(감조) 옥돔

あめ(아메) 飴(이) 물엿. 조청

あゆ(아유) 点(점) 은어 sweet fish

あらい(아라이) 洗(세) 세척. 농어

あられ(아라레) 霰(산) 모찌의 일종

あられがゆ(아라레가유) 霰粥(산죽) 어죽

あわ(아와) 粟(속) 좁쌀 foxtail millet

あわせず(아와세즈) 合酢(합초) 초가 들어간 소스의 총칭

あわび(아와비) 鮑(포) 전복 abalone

あん(앙) 물에 푼 녹말

あんこう(안코우) 鮟鱇(안강) 아귀 anglerfish

あんちょび(안쵸비) 멸치를 염장한 식품 anchovy

あいだこ(아이다코) 飯蛸(반소) 낙지 ocellated octopus

あさのみ(아사노미)

あぶらあげ(아부라아게)

あられ(아라레)

あかなご(아카나고) 玉筋漁(옥근어) 까나리 pacific sand lance

いか(이카) 烏賊(오적) 오징어 cuttlefish

いがい(이가이) 胎貝(이패) 홍합 mussel

いくら(이쿠라) 연어알 salmon roe

いけずくり(이케즈쿠리) 生造(생조) 활어생선회

いざかや(이자카야) 居酒屋(거주옥) 선술집. 대포집

いさき(이사키) 伊佐木(이좌목) 벤자리과 물고기 grunter

いさば(이사바) 五十集(오십집) 어시장

いくら(이쿠라)

いしがれい(이시가레이) 石鰈(석접) 돌가자미 stone flounder

いとがき(이토가키) 糸搔(사소) 가는 가쓰오부시. 일명 하나 가쓰오

いとごんにゃぐ(이토곤냐구) 糸蒟蒻(사구약) 실곤약

いっだい(잇다이) 石鯛(석조) 돌돔 rock bream

いしなぎ(이시나기) 石投(석투) 돗돔 striped jewfish

いしもち(이시모치) 石持(석지) 조기 silver croaker

いせえび(이세애비) 伊勢海老(이세해로) 바닷가재 lobster

いとごんにゃぐ(이토곤냐구)

いちご(이치고) 딸기 strawberry

いちじく(이치지쿠) 無花果(무화과) 무화과열매 fig

いな(이나) 숭어의 유어(모챙이) striper mullet

いなりずし(이나리즈시) 유부초밥

いのししにく(이노시시니쿠) 猪肉(저육) 맷돼지고기 wild boar

いぼだい(이보다이) 샛돔 pacific rudderfish

いりこ(이리코) 炒子(초자) 마른 멸치

いりこ(이리코) 煎海鼠(전해서) 건해삼

いりだまご(이리다마고) 煎卵(전란) 볶은 계란

いるが(이루가) 海豚(해돈) 돌고래 dolphin

いりこ(이리코)

いわし(이와시) 정어리 sardine

いわだげ(이와다게) 石茸(석용) 석이버섯

いわな(이와나) 岩漁(암어) 곤들매기 char

いんげんまめ(인겐마메) 隱元豆(은원두) 강낭콩 kidney beans

うおすぎ(우오스기) 漁鋤(어서) 생선스키야키

うぐい(우구이) 石斑漁(석반어) 황어 dace

うさぎにく(우사기니구) 兎肉(토육) 토끼고기 rabbit

うしにく(우시니구) 牛肉(우육) 소고기 beef

うすずぐり(우스즈구리) 薄造(박조) 얇게 썬 사시미. 복사시미

うずら(우즈라) 메추라기 quail

うちわえび(우치와에비) 團扇海老(단선해로) 부채새우

うつぼ(우쓰보) 곰치 moray eel

うど(우도) 獨活(독활) 땅두릅

うなぎ(우나기) 민물장어. 뱀장어 eel

うに(우니) 雲丹(운단) 성게알젓 sea urchin

うにぐらげ(우니구라게) 雲丹水母(운단수모) 해파리. 성게알을 무친 요리

うのはな(우노하나) 卵の花(묘화) 콩비지

うのはなすし(우노하나스시) 卵の花 (묘화) 비지초밥

うばがい(우바가이) 貝(패) 함박조개. 훗키가이 hen clam

うめ(우메) 梅(매) 매화 Japanese apricot

うめぼし(우메보시) 梅干(매간) 매실장아찌

うるちまい(우루치마이) 粳米(갱미) 멥쌀 nonglutinous rice

うるめいわし(우루메이와시) 潤目(윤목) 눈퉁멸 big-eye
sardine

うるこ(우루코) 鱗(린) 비늘 scale

うめぼし(우메보시)

えい(에이) 가오리 ray, skate

えごま(에고마) 荏胡麻(임호마) 들깨 perilla

えごまめ(에다마메) 技豆(기두) 풋콩 green soybeans

えのきだけ(에노키다게) 팽이버섯

えび(에비) 海老(해로) 새우 shrimp

えら(에라) 아가미 gill

えら(에라)

えんがわ(엔가와) 緣側(연측) 툇마루. 광어 지느러미살. 전복 언저리살

えんどう(엔도우) 豌豆(완두) 완두 peas

えんぺら(엔페라) 오징어 지느러미살

おいかわ(오이카와) 追河(추하) 피라미 pale chub

おうと(오우토) 櫻桃(앵도) 버찌. 벚나무 열매 cherry

おおむぎ(오오무기) 大麥(대맥) 보리 barley

おかず(오카즈) 御數(어수) 반찬. 부식물

おから(오카라) 콩비지

おきつだい(오키쓰다이) 興津鯛(흥진조) 건옥돔

おこぜ(오코제) 虎漁(호어) 쑤기미

おしたじ(오시타지) 御下地(어하지) 간장. 쇼우유(醬油) soy
   sauce

おぼろ(오보로) 朧(롱) 김초밥에 쓰는 생선가루

おから(오카라)

オマール(오마-루) 伊勢海老(이세해로) 바닷가재 lobster

オクラ(오쿠라) 오크라 okra

かいそ(가이소) 海藻(해조) 해초 sea weed

かいと(가이토) 解凍(해동) 해동 defrost

かいばしら(가이바시라) 貝柱(패주) 조개관자 adductor muscle

かいわれ(가이와레) 貝害(패해) 떡잎. 무순

かえる(가에루) 蛙(와) 개구리 frog

かき(가키) 감. 감나무 persimmon

かき(가키) 牡蠣(모려) 굴 oyster

かくざと(가쿠자토) 角砂糖(각사당) 각설탕 cube sugar

かさご(가사고) 笠子(입자) 쏨뱅이 scorpion fish

がざみ(가자미) 꽃게

かし(가시) 菓子(과자) 과자

かじき(가지키) 梶木(미목) 청새치

かじつしゅ(가지쓰슈) 果實酒(과실주) 과실주

かじつす(가지쓰스) 果實酢(과실초) 과실초

かしるい(가시루이) 果實類(과실류) 과실류 fruits

かじゅう(가쥬우) 果汁(과즙) 과즙 fruits juice

かじつるい(가지쓰루이) 菓子類(과자류) 과자류

かすごだい(가스고다이) 참돔의 치어

かずのご(가즈노고) 數の子(수자) 청어알 herring roe

かたくちいわし(가타쿠치이와시) 片口(편구) 멸치 anchovy

かだくりこ(가다구리코) 片栗粉(편율분) 갈분

かつお(가쓰오) 가다랑어 skipjack

かつおのたたき(가쓰오타타키) 鰹叩(견고) 야키시모하여 만든 가다랑어회

かつおぶし (가쓰오부시) 鰹節(견절) 가다랑어 포

かっこん (갓콩) 葛根(갈근) 칡 전분

かっぱ (갓파) 河童(하동) 초밥집에서 사용하는 오이를 지칭

かなかしら (가나가시라) 金頭(금두) 달강어 gurnard

かに (가니) 蟹(해) 게 crab

がぬばお (가누바오) 干鮑(간포) 말린 전복

がぬべい (가누베이) 干貝(간패) 말린 패주

かばやき (가바야키) 蒲燒(포소) 데리를 발라 구운 장어구이

かばやき (가바야키)

かぶ (가부) 蕪(무) 순무 turnip

かぼじゃ (가보챠) 南瓜(남과) 호박 pumpkin

かま (가마) 아가미 아래 지느러미가 붙어 있는 부위의 살

かます (가마스) 梭子(사자) 꼬치고기 barracouta

かまぼこ (가마보코) 蒲鉾(포모) 생선묵. 어묵 fish cake

かめ (가메) 거북 turtle

かやのみ (가야노미) 榧の實(비실) 비자나무열매

かゆ (가유) 粥(죽) 죽 gruel

からいも (가라이모) 唐藷(당저) 고구마 sweet potato

からし (가라시) 芥子(개자) 겨자 mustard

からしず (가라시즈) 芥子酢(개자초) 겨자 갠 것을 풀어 넣은 식초소스

かまぼこ (가마보코)

からしずけ(가라시즈케) 芥子漬(개자지) 겨자 절임

からしな(가라시나) 芥子菜(개자채) 갓. 겨자채

からす(가라스) 鳥河豚(조하돈) 참복

がり(가리) 酢生姜(초생강) 초생강

かりん(가린) 花梨(화리) 모과 Chinese quince

かれい(가레이) 가자미 flatfish

かわうお(가와우오) 川漁(천어) 담수어. 하천어 fresh water fishes

かわえび(가와에비) 川海老(천해로) 민물새우. 토하

かわえび(가와에비)

かわはぎ(가와하기) 皮剝(피박) 쥐치 file fish

がん(간) 雁(안) 기러기 wild goose

かんきつるい(간키쓰루이) 柑橘類(감귤류) 감귤류 citrus fruit

かんしょ(간쇼) 甘藷(감저) 고구마 sweet potato

かんそ(간소) 乾燥(건조) 건조 drying

かんぞう(간조우) 肝腸(간장) 동물의 간. 기모(肝) liver

かんずめ(간즈메) 缶詰(부힐) 통조림 canned food

かんてん(간텐) 寒天(한천) 한천 agar

かんぱち(간파치) 間八(간팔) 잿 방어 amber jack

かんぴょう(간표우) 乾瓢(건표우) 박고지

かんぶつ(간부쓰) 乾物(건물) 건조식품

かんぴょう(간표우)

かんみりょ(간미료) 甘味料(감미료) 감미료 sweetener

かんらん(간란) 甘藍(감람) 양배추 cabbage

きく(기쿠) 菊(국) 국화 chrysanthemum

きくな(기쿠나) 菊菜(국채) 쑥갓. 슌기쿠(旬菊)

きくらげ(기쿠라게) 木耳(목이) 목이버섯 jew's ear

きじ(기지) 雉子(치자) 꿩 pheasant

きす(기스) 보리멸 sand smelt

きす(기스)

きだい(기다이) 황돔 yellowback scabream

きっか(깃카) 菊花(국화) 국화 chrysanthemum

きのこ(기노코) 茸(용) 버섯

きはだ(기하다) 黄肌(황기) 황다랑어

きびなご(기비나고) 黍漁子(서어자) 샛줄멸

きみ(기미) 黄身(황신) 계란 노른자 yolk

きも(기모) 肝(간) 간장(肝臟) 요리에 들어가는 동물의 간

ぎゅうにゅう(규뉴) 牛肉(우육) 소고기 beef

きゅうり(규리) 胡瓜(호과) 오이 cucumber

きょな(교나) 京水菜(경수채) 교나

きょりきこ(교리키코) 强力粉(강력분) 글루텐의 함량이 높아 제빵에 적합한 밀가루

ぎょかいるい(교카이루이) 魚介類(어개류) 어패류(魚貝類)

ぎょく(교쿠) 玉(옥) 다시마키의 초밥집의 은어

ぎょにく(교니쿠) 魚肉(어육) 생선의 살코기

ぎょほう(교호우) 巨峰(거봉) 거봉

きらず(기라즈) 雪花菜(설화채) 조리에 쓰는 비지. 오카라(オカラ)

きんかん(깅캉) 金橘(금귤) 금귤 kumquat

ぎんだら(긴다라) 銀雪(은설) 은대구 black cod

ぎんなん(긴낭) 銀杏(은행) 은행 ginkgo nuts

ぎんぽ(긴포) 銀寶(은보) 베도라치 blenny

きんめだい(긴메다이) 金眼鯛(금안조) 금눈돔 alfonsino

キムチ(기무치) 김치

キャベツ(갸베쓰) 양배추 cabbage

ギョーザ(교자) 餃子(교자) 만두

きんかん(깅캉)

くえ(구에) 九繪(구회) 구문쟁이. 자바리 kelp grouper

くえんさん(구엔산) 拘櫞酸(구연산) 구연산 citric acid

くこ(구코) 拘杞(구기) 구기자나무

くこちゃ(구코챠) 拘杞茶(구기다) 구기자 차

くさうお(구사우오) 草魚(초어) 곰치 sea snail

くさもち(구사모치) 草餅(초병) 쑥떡. 요모기모치(蓬餅)

くさもち(구사모치)

くじら(구지라) 鯨(경) 고래 whale

くず(구즈) 葛(갈) 칡

くずあん(구즈앙) 葛餡(갈함) 물에 갠 칡 전분

くずこ(구즈코) 葛粉(갈분) 칡 전분

くだもの(구다모노) 果物(과물) 과일. 가지쓰루이(果實類) fruit

くちどり(구치토리) 口取(구취) 입가심

くちなし(구치나시) 梔子(치자) 치자나무 gardenia

くらげ(구라게) 水母, 海月(수모, 해월) 해파리 jellyfish

くり(구리) 栗(률) 밤 chestnuts

くりぎんとん(구리긴톤) 栗金(율금) 단 고구마를 으깨어 밤 열매 모양으로 만든 것

くりめし(구리메시) 栗飯(율반) 밤밥

くるまえび(구루마에비) 車海老(차해로) 차새우 tiger prawn

くるみ(구루미) 胡挑(호도) 호두 walnuts

くろざとう(구로자토우) 黑沙糖(흑사탕) 흑설탕

くろそい(구로소이) 黑曹以(흑조이) 조피볼락. 우럭 jacopever

くろだい(구로다이) 黑鯛(흑조) 감성돔 black seabream

くろまぐろ(구로마구로) 黑鮪(흑유) 마구로. 참치

くろまめ(구로마메) 黑豆(흑두) 검은 콩

グルテン(구루텐) 글루텐 gluten

けいらん(게이란) 鶏卵(계란) 계란 egg

けがに(게가니) 毛蟹(모해) 털게. 오쿠리가니(おおくりがに)

けしず(게시즈) 芥子酢(개자초) 겨자와 혼합초를 섞은 것

けしのみ(게시노미) 芥子の實(개자실) 겨자의 씨 poppy seed

げそ(게소) 不足(부족) 삶은 오징어다리

けっけいじゅ(겟케이쥬) 月桂樹(월계수) 월계수 laurel

けんまい(겐마이) 玄米(현미) 현미 brown rice

こい(고이) 鯉(리) 잉어 common carp

こいくちしょゆ(고이쿠치쇼유) 관동지방의 간장. 진한 색의 보통간장

こういか(고우이카) 甲烏賊(갑오적) 갑오징어 edible common fish

こうじ(고우지) 누룩

こしにく(고시니쿠) 子牛肉(자우육) 송아지고기 veal

こそ(고소) 酵素(효소) 효소 enzyme

こちゃ(고챠) 紅茶(홍차) 홍차 black tea

こうのもの(고우노모노)

こうのもの(고우노모노) 香物(향물) 일본김치 신코(しんこ)

こうべうし(고우베우시) 神戸牛(신호우) 고베니쿠. 고베에서 생산한 좋은 고기

こぼ(고보) 酵母(효모) 효모 yeast

こち(고치) 양태 bartailed flrathead

このこ(고노코) 海鼠子(해서자) 해삼의 난소를 건조시킨 식품

このしろ(고노시로) 전어 gizzard shad

このわだ(고노와다) 海鼠腸(해서장) 해삼 창자 젓

こひつじにく(고히쓰지니쿠) 子羊肉(자양육) 양고기 lamb

こぶ(고부) 昆布(곤포) 다시마

こぶじめ(고부지메) 昆布締(곤포체) 오로시한 생선에 다시마
  로 말아 사용하는 회

こぶだし(고부다시) 昆布出汁(곤포출즙) 다시마 국물

こぶじめ(고부지메)

こぶまき(고부마키) 昆布券(곤포권)

ごぼ(고보) 牛蒡(우방) 우엉 edible burdock

ごま(고마) 胡麻(호마) 참깨 sesame

ごまあぶら(고마아부라) 胡麻油(호마유) 참기름 sesame oil

ごまどふ(고마도후) 胡麻豆腐(호마두부) 참깨두부

こむぎ(고무기) 밀 wheat

こむぎこ(고무기코) 小麥粉(소맥분) 밀가루 flour

こめ(고메) 米(미) 쌀 rice

こめこ(고메코) 米粉(미분) 쌀가루

こめこじ(고메고지) 米鞠(미국) 쌀누룩

こめみそ(고메미소) 米味(미미) 쌀누룩을 원료로 해서 만든 된장

こもち(고모치) 子持(자지) 생선이 알을 낳은 미역이나 다시마

ごんずい(곤즈이) 權瑞(권서) 쏠종개 striped catfish

こんにゃく(곤냐쿠) 곤약 elephant foot

こんぶ(곤부) 昆布(곤포) 다시마 kelp

こんぶずし(곤부즈시) 昆布鮨(곤포지) 다시마로 만든 초밥

さいきょみそ(사이쿄미소) 西京味(서경미) 쌀을 원료로 만든 흰 된장

さいしん(사이싱) 菜心(채심) 유채줄기

さいせしゅ(사이세슈) 再製酒(재제주) 발효주에 색소, 향료 등을 넣어 제조한 술

さかしお(사카시오) 酒塩(주염) 조리용 술

さんばいず(산바이즈) 三杯酢(삼배초) 식초와 설탕, 간장 또는 소금의 세 종류를 섞은 초로 맛을 내기

　　위해 다시물, 미림을 첨가한 조미료

さんま(산마) 秋刀魚(추도어) 꽁치 saury

さんまいにく(산마이니쿠) 三枚肉(삼매육) 삼겹살

したげ(시타케) 椎茸(추용) 표고버섯

しら(시라) 만새기 dorado

しお(시오) 鹽(염) 소금

しぎ(시기) 도요새

しじみ(시지미) 바지락. 가막조개

ししゃも(시샤모) 柳葉魚(유엽어) 열빙어

しそ(시소) 紫蘇(자소) 차조기 perilla

したびらめ(시타비라메) 舌平目(설평목) 혀가자미

しちめんちょ(시치멘쵸) 七面鳥(칠면조) 칠면조 turkey

しばえび(시마에비) 芝鰕(지하) 중하 shiba shrimp

しまだい(시마다이) 縞鯛(호조) 돌돔=이시다이

じゃがいも(쟈가이모) 馬鈴薯(마령서) 감자 potato

ししゃも(시샤모)

しゃこ(샤코)

しゃこ(샤코) 蝦鮎(하점) 갯가재 squilla

しゃり(샤리) 舍利(사리) 초밥에 사용되는 밥

しゅと(슈토) 다랑어 젓갈

しゅんぎく(슌기쿠) 春菊(춘국) 쑥갓 garland chrysanthemum

じゅんさい(준사이) 蓴菜(순채) 순채 water shiald

しょが(쇼가) 生薑(생강) 생강 ginger

しょゆ(쇼유) 醬油(장유) 간장 soy sauce

しょくえん(쇼쿠엔) 食塩(식염) 소금 salt

しょくにく(쇼쿠니쿠) 食肉(식육) 육고기 meat

しょくべに(쇼쿠베니) 食紅(식홍) 식용색소

しらうお(시라우오) 白魚(백어) 뱅어 ice fish

しらかゆ(시라카유) 흰죽

しらこ(시라코) 白子(백자) 생선의 정소 milt

しらすぼし(시라스보시) 白子干(백자간) 마른 멸치

しらたき(시라타키) 실곤약=이토콘냐구

しらたき(시라타키)

しるこ(시루코) 汁粉(즙분) 단팥죽

しるうお(시로우오) 素魚(소어) 사백어 ice goby

しろしょゆ(시로쇼유) 白醬油(백장유) 밀가루를 주원료로 하

여 만든 간장

しろず(시로즈) 白酢(백초) 쌀로 만든 식초

しろみ(시로미) 白身(백신) 흰살생선

しろみそ(시로미소) 白味噌(백미쟁) 흰콩과 쌀로 쑨 메주로 담근 간장

じんぎすかんなべ(징기스칸나베) 成吉思汗鍋(성길사한과)

しんこ(신코) 新粉(신분) 쌀가루

す(스) 酢(초) 식초 vinegar

すいか(스이카) 西瓜(서과) 수박 watermelon

ずいき(즈이키) 芋茎(우경) 토란대

すいぶん(스이분) 水分(수분) 수분 moisture

すずき(스즈키) 농어 sea bass

すずさんしょう(스즈산쇼우) 鈴山椒(령산초) 산초열매

すだち(스다치)

すずめ(스즈메) 雀(작) 참새 sparrow

すずめだい(스즈메다이) 자리돔 damsel fish

すずめやき(스즈메야키) 참새구이

すだち(스다치) 酢橘(초귤) 酸橘(산귤) 영귤. 복요리에 사용

すずけ(스즈케) 酢漬(초지) 초절임

すっぽん(슷폰) 鼈(별) 자라 snapping turtle

すなぎも(스나기모)

すなぎも(스나기모) 砂肝(사간) 닭 모래주머니 gizzard

すね(스네) 脛(경) 다리. 사골. 정강이 shank

すみそ(스미소) 酢味噌(초미쟁) 초된장

すりみ(스리미) 으깬 생선살

すけとだら(스케토다라) 명태 pollack

すじ(스지) 筋(근) 동물의 힘줄이나 근육의 막

するめ(스루메) 말린 오징어

するめいが(스루메이가) 물오징어 common squid

ずおいがに(즈와이가니) 蟹(해) 바다참게 queen crap

せあぶら(세아부라) 背脂(배지) 돼지고기 비계

せいご(세이고) 농어새끼. 20cm 정도 크기의 농어명칭

せいじょやさい(세이죠야사이) 淸淨野菜(청정야채) 청정야채

せいはくまい(세이하쿠마이) 精白米(정백미) 도정을 마친 백미

せみくじら(세미쿠지라) 背美鯨(배미경) 참고래 right whale

ゼラチン(제라친) 동물성 단백질의 일종. 한천과 함께 니코고리(にこごり)를 만들 때 사용

せり(세리) 芹(근) 미나리 water dropwort

せわた(세와타) 背腸(배장) 새우등에 들어 있는 내장

せんいそ(센이소) 纖維素(섬유소) 섬유소 cellulose

ぜんご(젠고) 전갱이의 측선에 일자로 붙어 있는 비늘

せんちゃ(센챠) 前茶(전다) 녹차 green tea

ぜんまい(젠마이) 千枚(천매) 소의 세 번째 위

ぜんまい(젠마이)

そい(소이) 曹以(조이) 볼락 rock fish

そうぎょ(소우교) 草魚(초어) 초어 grass carp

そうはち(소우하치) 宗八(종팔) 가자미의 일종

そめん(소멘) 素麵(소면) 소면

ぞうもつ(조우모쓰) 臟物(장물) 식용 가능한 수조육류의 내장

そくせいもの(소쿠세이모노) 促成物(촉성물) 비닐하우스에서 재배한 과일이나 채소류

そくせぎだし(소쿠세기다시) 卽席出汁(즉석출즙) 즉석에서 맞춘 다시

そさい(소사이) 蔬菜(소채) 야채

そてつ(소테쓰) 蘇(소) 소철 sago palm

そば(소바) 僑麥(교맥) 메밀국수 buckwheat noodle

そばきり(소바키리)

そばきり(소바키리) 僑麥切リ(교맥절) 일본식 메밀국수

そばこ(소바코) 僑麥粉(교맥분) 메밀가루 buckwheat flour

そらまめ(소라마메) 蠶豆(잠두) 잠두콩 broad beans

たいらがい(타이라가이) 平貝(평패) 키조개 pan shell

たげのこ(타게노코) 筍(순) 죽순 bamboo shoot

たこ(다코) 문어 octopus

だし(다시) 出汁(출즙) 다시국물

だしごんぶ(다시곤부)

だしごんぶ(다시곤부) 出汁昆布(출즙곤포) 다시용 다시마

だしまき(다시마키) 出汁(출즙) 계란말이

たちうお(다치우오)

たちうお(다치우오) 太刀魚(태도어) 갈치 hair tail

たい(다이) 도미 sea bream

だいこん(다이콘) 大根(대근) 무 radish

だいこんおろし(다이콘오로시) 大根卸(대근사) 무즙

たいさい(다이사이) 일본식 배추의 일종으로 중국야채 청경채와 유사

たいしょえび(다이쇼에비) 大正海老(대정해로) 대하 prawn

だいず(다이즈) 大豆(대두) 콩. 대두 soy beans

だいずこ(다이즈코) 大豆粉(대두분) 콩가루

だいずもやし(다이즈모야시) 大豆萌(대두맹) 콩나물. 마메모야시(豆萌)

だいずゆ(다이즈유) 大豆油(대두유) 식용유

たにし(다니시) 田螺(전라) 민물우렁이 vivipara

たま(다마) 玉(옥) 초밥집의 은어로 피조개를 말하며 혼타마(本玉)라고도 부름

たまご(다마고) 卵(난) 달걀 egg

たまござけ(다마고자케)

たまござけ(다마고자케) 卵酒(난주) 달걀술

たまごしょうゆ(다마고쇼우유) 卵醬油(난장유) 달걀간장

たまごじる(다마고지루) 卵汁(난즙) 달걀물

たまごどうふ(다마고도우후) 玉子豆腐(옥자두부) 달걀두부

たまざけ(다마자케) 玉酒(옥주) 술과 물을 반씩 섞은 것으로 손질된 생선을 씻는 데 사용하는 물

たまじ(다마지) 玉地(옥지) 달걀물

たまねぎ(다마네기) 양파 onion

たまみそ(다마미소) 玉味噌(옥미쟁) 흰 된장에 노른자, 청주, 미림 등을 넣고 가열하면서 굳힌 된장

たまりしょうゆ(다마리쇼우유) 溜醬油(유장유) 타마리간장

たら(다라) 대구 cod fish

たらこ(다라코) 대구의 정소

たらのき(다라노키) 두릅나무

たらのめ(다라노메) 두릅나물 = 다라노키

たれ(다레) 垂(수) 데리야키소스

たんすいかぶつ(단스이카부쓰) 炭水和物(탄수화물) 탄수화물 carbohydrate

たんすいぎょ(단스이교) 淡水魚(담수어) 민물고기

たんぱくしつ(단파쿠시쓰) 蛋白質(단백질) 단백질 protein

たんぽぽ(단포포) 蒲公英(포공영) 민들레 dandelion

ちしゃ(지샤) 상추 lettuce

ちだい(지다이) 붉은돔 crimson sea bream

ちぬ(지누) 감성돔

ちゅうりきご(주우리키고) 中力粉(중력분) 중력분

ちょうざめ(조우자메) 蝶鮫(접교) 상어 sturgeon

ちょうじ(조우지) 丁子(정자) 정향나무 clove

ちょうせんにんじん(조우센닝징) 朝鮮人蔘(조선인삼) 인삼 ginseng

ちょうみしょうゆ(조우미쇼우유) 調味醬油(조미장유) 겨자나 고추냉이, 다시물 등을 넣어 조미하여
맛을 낸 간장

ちょうみず(조우미즈) 調味酢(조미초) 식초에 간장, 설탕, 소금, 술 등의 재료를 넣어 만든 혼합초. 니
바이스, 삼바이스, 아마스, 고마스 등

ちりす(지리스) ちり酢(초) 폰즈=ポン酢

ちんぴ(진피) 陳皮(진피) 귤의 껍질

つけじょゆ(쓰케죠유) 付醬油(부장유) 요리에 곁들이는 간장

つばき(쓰바키) 椿(춘) 동백나무 camellia

つぶ(쓰부) 螺(라) 소라고둥 whelk

つま(쓰마) 妻(처) 생선회나 국에 곁들이는 야채나 해초

てっぽ(텟포) 鐵砲(철포) 복어의 별명

てんぐさ(덴구사) 天草(천초) 우뭇가사리

でんがくみそ(덴가쿠미소) 田樂味噌(전락미쟁) 닭고기를 갈아 된장에 넣고 졸여 낸 된장

てんつゆ(덴쓰유) 天汁(천즙) 덴다시

でんぷん(덴푼) 澱粉(전분) 전분 starch

とがらし(도가라시) 唐辛子(당신자) 홍고추 red pepper

とうにゅう(도우뉴우) 豆乳(두유) 두유 soy milk

とうぶ(도우부) 豆腐(두부) 두부 bean curd

ともろこし(도모로코시) 玉蜀黍(옥촉서) 옥수수 corn

とこぶし(도코부시)

とこぶし(도코부시) 常節(상절) 오분자기. 떡조개 ear shell

とさかのり(도사카노리)

とさかのり(도사카노리) 鷄冠海苔(계관해태) 닭 벼슬모양의 홍조류 해초

とさしょうゆ(도사쇼우유) 土左醬油(토좌장유) 가쓰오부시, 미림, 술 등으로 간을 하여 끓여 맛을 낸 간장

とさず(도사즈) 土左酢(토좌초) 혼합초

どじょう(도죠우) 미꾸라지 loash

とびうお(도비우오) 飛魚(비어) 날치 flying fish

とらふぐ(도라후구) 虎河豚(호하돈) 범복 : 복어 중에 최상품 tiger puffer

とりがい(도리가이) 鳥貝(조패) 새조개 cockle

とりがい(도리가이)

とりにく(도리니쿠) 닭고기 chicken

とろろ(도로로) 薯(서) 산마즙

とろろいも(도로로이모) 薯蕷(서여) 산마 yam

とろろこんぶ(도로로콘부) 薯蕷昆布(서여곤포) 다시마를 가늘게 썰어서 만든 가공식품

ながいも(나가이모) 長薯(장서) 참마

なし(나시) 梨(이) 배 pear

なす(나스) 茄子(가자) 가지 eggplant

なつみかん(나쓰미칸) 夏蜜柑(하밀감) 여름 밀감. 하귤

なつめ(나쓰메)

なつめ(나쓰메) 棗(조) 대추 jujube

なのはな(나노하나) 菜の花(채화) 유채꽃

なまこ(나마코) 海鼠(해서) 해삼 sea cucumber

なまず(나마즈) 메기 common catfish

なんきんまめ(난킨마메) 南京豆(남경두) 낙화생(땅콩) peanut

にがり(니가리) 苦汁(고즙) 간수. 두부 응고제

にし(니시) 螺(나) 고둥 muricoid

にしん(니신) 청어 herring

にぼし(니보시) 煮干(자간) 다시용 마른 멸치

にほんしゅ(니혼슈) 日本酒(일본주) 청주. 일본술

にら(니라) 부추 chive

におとり(니오토리) 닭 chicken

にんじん(닌진) 人蔘(인삼) 인삼 ginseng

にんにく(닌니쿠) 大蒜(대산) 마늘 garlic

のびる(노비루) 野蒜(야산) 달래 red garlic

のり(노리) 海苔(해태) 김 laver

はえ(하에) 파리 fly

ばかがい(바카가이) 馬鹿貝(마록패) 개량조개. 아오야기(靑柳)

はくさい(하쿠사이) 白菜(백채) 배추 chinese cabbage

はくりきこ(하쿠리키코) 薄力粉(박력분) 글루텐 함량이 적어 튀김요리에
적합한 밀가루

ばしょかじき(바쇼카지키) 芭蕉梶木(파초미목) 돛새치 sailfish

ばしら(바시라) 柱(주) 관자조개의 약자

はす(하스) 蓮(연) 연근 lotus

はぜ(하제) 문절망둥 goby

はぜ(하제)

はた(하타) 羽太(우태) 능성어 grouper

はたはた(하타하타) 도루묵 sandfish

はちみつ(하치미쓰) 蜂蜜(봉밀) 벌꿀 honey

はっか(핫카) 薄荷(박하) 박하 mint

はったい(핫타이) 미숫가루. 무기코가시(麥集し)

はと(하토) 鳩(구) 비둘기 pigeon

はながたぎり(하나가타기리) 葉唐辛子(엽당신자) 고춧잎

はなさんしょう(하나산쇼우) 花山椒(화산초) 산초나무꽃

ばにく(바니쿠) 馬肉(마육) 말고기. 사쿠라니쿠

はまくり(하마쿠리) 蛤(합) 대합 clam

はまち(하마치) 방어의 중치

はも(하모) 갯장어 pike conger

はや(하야) 피라미. 작은 민물고기 pale chub

はらご(하라고) 腹子(복자) 닭이나 생선의 뱃속에 들어 있는 알

ばらにく(바라니쿠) 腹肉(복육) 삼겹살

はらん(하란) 葉蘭(엽란) 엽란

はるさめ(하루사메) 春雨(춘우) 당면 glass noodle

ばんちゃ(반차) 番茶(번차) 찻잎을 먼저 따낸 뒤 줄기를 따서 만든 차

ハム(하무) 햄 ham

ひうお(히우오) 氷魚(빙어) 빙어의 치어

ひかげん(히카겐) 火加減(화가감) 건어물. 말린 물고기

ひかりもの(히카리모노) 光物(광물) 초밥집의 은어, 전갱이, 고등어, 전어 등(등푸른 생선을

　지칭)

ひきにく(히키니쿠) 挽肉(만육) 갈거나 저민 고기. (민치) 햄버거, 미트볼, 소보로에 사용

ひしお(히시오) 옛날 간장

ひじき(히지키)

ひじき(히지키) 鹿尾菜(녹미채) 녹미채. 톳

ひず(히즈) 氷頭(빙두) 연어나 참치 머리의 연골

ひだら(히다라) 대구의 건제품(대구포)

ひつじにく(히쓰지니쿠) 羊肉(양육) 양고기 mutton

ひも(히모) 紐(뉴) 피조개나 가리비 등의 지느러미와 같은 살

ひもの(히모노) 乾物(건물) 건어물

ひらき(히라키) 開(개) 생선의 등을 갈라 펼쳐서 말린 것

ひらだけ(히라다케) 平茸(평용) 느타리버섯

ひらめ(히라메) 광어 halibut

ひれ(히레) 지느러미 fin

びわ(비와) 枇杷(비파) 비파나무 loquat

びんずめ(빈즈메) 병조림

びんなが(빈나가) 날개다랑어 albacore

ビタミン(비타민) 비타민 vitamin

ふぐ(후구) 河豚(하돈) 복어 puffer

ふくらしこ(후쿠라시코) 膨粉(팽분) 베이킹파우더 baking powder

ぶたにく(부타니쿠) 豚肉(돈육) 돼지고기 pork

ふだんそう(후단소우) 不斷草(불단초) 근대 swiss chard

ぶど(부도) 葡萄(포도) 포도 grape

ぶどしゅ(부도슈) 葡萄酒(포도주) 포도주 wine

ふな(후나) 붕어 carp

ぶリ(부리) 방어 yellowtail

ふんどし(훈도시) 게의 복부에 있는 삼각형의 껍질. 마에카케

ふんまつしょうゆ(훈마쓰쇼우유) 粉末醬油(분말장유) 분말간장

ふんまつす(훈마쓰스) 粉末酢(분말초) 분말식초

べたらずけ(베타라즈케) 누룩에 절인 무. 베타이라고도 함

べにざけ(베니자케) 홍송어. 연어과의 물고기로 베니마스라고도 함. 통조림이나 훈제품으로 사용

べら(베라) 遍羅(편라) 놀래기 pudding wife

ぼうだら(보우다라) 건대구포

ほぼ(호보) 성대 red gurnard

ほうれんそう(호우렌소우) 시금치 spinach

ほしあわび(호시아와비) 干鮑(간포) 말린 전복

ほしいい(호시이이) 乾飯(건반) 건면. 마른 우동

ほしうどん(호시우동) 말린 밥. 보존을 위해 건조시킨 것

ほしえび(호시에비) 干海老(간해로) 말린 새우

ほしかいばしら(호시카이바시라) 干貝柱(간패주) 건패주. 말린 조개관자. 가누베이라고도 함

ほしがき(호시가키) 곶감. 감의 껍질을 벗겨 일광 또는 가열 건조시켜 말린 것

ほしがれい(호시가레이) 노랑가자미 spotted halibut

ほしざめ(호시자메) 星鮫(성교) 별상어 gummy shark

ほしざめ(호시자메)

ほししいたけ(호시시이타케) 乾推茸(건추용) 건표고버섯

ほしそば(호시소바) 干蕎麥(간교맥) 건메밀국수

ほしなまこ(호시나마코) 干海鼠(간해서) 건해삼. 말린 해삼

ほしぶどう(호시부도우) 干葡陶(간포도) 건포도 raisin

ほそまきずし(호소마키즈시) 반장의 김으로 말아낸 가는 김초밥=호소마키즈시

ほたてがい(호타테가이) 帆立貝(범립패) 가리비 scallop

ほたるいか(호타루이카) 螢烏賊(형오적) 꼴뚜기 firetly squid

ほたるいか(호타루이카)

ほっきがい(홋키가이) 北奇貝(북기패) 함박조개 hen clam

ほっけ(홋케) 임연수어 atka mackerel

ほや(호야) 멍게 sea squirt

ぼら(보라) 숭어 common muller

ほんだわら(혼다와라) 神馬藻(신마조) 모자반 gulfweed

ほんぶし(혼부시) 本節(본절) 고급품의 가쓰오부시

ほんまぐろ(혼마구로) 참다랑어

ポンず(폰즈) 과즙초(pon's) 카보스나 다이다이, 스다치 등을 이용하여 만든 향산성 혼합초. 근래에는

　　식초, 간장, 다시를 사용하여 만들며, 폰즈쇼유 또는 지리스라고도 함

まあじ(마아지) 전갱이 jack mackerel

まいか(마이카) 眞烏賊(진오적) 동경에서는 코리카(갑오징어), 북해도에서는 스루메이카, 야마구치에서

　　는 켄사키카를 지칭함

まいわし(마이와시) 정어리 pilchard

まかじき(마카지키) 眞梶木(진미목) 청새치 striped marlin

まぐろ(마구로) 등어과 다랑어속 물고기의 총칭. 참치류와 새치류로 분류. 구로마구로가 가장 대표적인

　　혼마구로라 함

まぐろ(마구로)

まこがれい(마코가레이) 문치가자미 marbled sole

まこんぶ(마콘부) 眞昆布(진곤포) 다시마 중에서 가장 크고 맛이 좋은 고급 다시마

まさば(마사바) 眞鯖(진청) 고등어=사바 mackerel

ます(마스) 송어 cherry salmon

まだい(마다이) 참도미 sea bream

まだこ(마사코) 참문어=다코 common octopus

まだら(마다라) 대구=다라 pacific cod

まつのみ(마쓰노미) 오엽송의 씨

まつだけ(마쓰다케) 松茸(송용) 송이버섯. 자연송이 pine mushroom

まつだけ(마쓰다케)

まつばがに(마쓰바가니) 松葉蟹(송엽해) 바다참게=즈와이가니

まながつお(마나가쓰오) 병어 pomfrer

まはた(마하타) 眞羽太(진우태) 능성어

まめ(마메) 豆(두) 콩

まめみそ(마메미소) 豆味(두미) 콩된장

まめもやし(마메모야시) 豆萌(두맹) 콩나물 bean sprout

まんぼう(만보우) 개복치 sunfish

みず(미즈) 水(수) 물 water

みずあめ(미즈아메) 水飴(수이) 물엿

みずがし(미즈가시) 水菓子(수과자) 과일=구다모노

みずぜり(미즈제리) 水芹(수근) 물미나리

みそ(미소) 된장(밀조의 발음에서 유래) soy bean

みそしる(미소시루) 味噌汁(미쟁즙) 된장국 soy bean soup

みつば(미쓰바) 三葉(삼엽) 신선초와 흡사

みょうが(묘우가) 茗荷(명하) 생강순

みょうが(묘우가)

みょうばん(묘우반) 明礬(명반) 명반 alum

みりん(미림) 미림(달게 한 맛술)

みる(미루) 海松(해송) 청각 sea staghorn

みるがい(미루가이) 海松貝(해송패) 왕우럭조개. 미루쿠이(海松食)

むえんしょうゆ(무엔쇼우유) 고혈압이나 당뇨병 환자들의 무염식을 위한 간장

むぎ(무기) 보리 barley

むぎ(무기)

むきえび(무기에비) 剝海老(박해로) 껍질을 벗긴 새우의 살

むぎこ(무기코) 麥粉(맥분) 보릿가루. 고무기코(밀가루)

むぎこがし(무기코가시) 麥焦(맥초) 보리미숫가루

むぎちゃ(무기챠) 麥茶(맥다) 보리차

むきみ(무키미) 조개의 껍질에서 꺼낸 조개의 살

むぎみそ(무기미소) 보리누룩을 삶은 콩에 넣어 숙성시켜 만든 된장

むしがれい(무시가레이) 물가자미 shotted halibut

むつ(무쓰) 게르치 bluefish

むらさき(무라사키) 紫(자) 간장의 별칭. 쇼유

めいたがれい(메이타가레이) 眼板鰈(안판접) 도다리

めかじき(메카지키) 眼梶木(안미목) 황새치 swordfish

めかじき(메카지키)

めじそ(메지소) 芽紫蘇(아자소) 어린 시소잎

めじな(메지나) 眼仁奈(안인내) 벵에돔 girella

めぬけ(메누케) 눈이 큰 붉돔 redfish

めねぎ(메네기) 파의 싹

めばち(메바치) 眼撥(안발) 눈다랑어 bigeye tuna

めばる(메바루) 眼張(안장) 볼락 darkbanded rockfish

めばる(메바루)

めろん(메론) 西洋瓜(서양과) 머스크멜론 muskmelon

めんたい(멘타이) 明太(명태) 명태=스케토다라 Sulceto dara

もちこ(모치코) 餠粉(병분) 찹쌀가루

もちごめ(모치고메) 찹쌀 glutinous rice

もも(모모) 挑(도) 복숭아 peach

ももにく(모모니쿠) 股肉(고육) 육류의 넓적다리 부위

もやし(모야시) 萌(맹) 콩나물=마메모야시(豆萌) bean sprout

もろこし(모로코시) 蜀黍(촉서) 수수 millet

やがら(야가라) 矢柄(시병) 홍대치 cornet fish

やぎ(야기) 山羊(산양) 염소 goat

やきごめ(야키고메) 燒米(소미) 햅쌀. 이리코메(炒リ米)

やきしお(야키시오) 볶은 소금

やさい(야사이) 野菜(야채) 야채 vegetable

やし(야시) 椰子(야자) 야자 palm

やつめうなぎ(야쓰메우나기) 八目鰻(팔목만) 칠성장어 lamprey

やつめうなぎ(야쓰메우나기)

やまいも(야마이모) 山芋(산우) 산마 yam

やまめ(야마메) 山女(산녀) 담수에서 자란 송어. 산천어

やりいか(야리이카) 槍烏賊(창오적) 한치오징어 arrow squid

ゆりね(유리네) 百合根(백합근) 백합근 lily root

よもぎ(요모기) 蓬(봉) 쑥 mugwort

よもぎ(요모기)

らいぎょ(라이교) 雷魚(뇌어) 가물치 snskehead

らっかせい(랏카세이) 落花生(낙화생) 땅콩 peanuts

らっぎょ(랏교) 염교 scallion

らっぎょ(랏교)

りょくちゃ(료쿠차) 綠茶(녹차) 녹차 green tea

りんご(링고) 林檎(임금) 사과 apple

りんごしゅ(링고슈) 林檎酒(임금주) 사과주 cider

れんこたい(렌코타이) 蓮子鯛(연자조) 황돔 yellowback seabream

れんこん(렌콘) 蓮根(연근) 연근 lotus

わかさき(와카사키) 公魚(공어) 빙어 smelt

わかさき(와카사키)

わかめ(와카메) 若布(약포) 미역 kelp

わけぎ(와케기) 당파. 실파

わさび(와사비) 山葵(산규) 고추냉이

わさび(와사비)

わた(와타) 腸(장) 내장(창자)

わたりかに(와타리카니) 渡蟹(도해) 꽃게

わらび(와라비) 蕨(궐) 고사리 bracken

わらびこ(와라비코) 蕨粉(궐분) 고사리전분

わんだね(완다네) 碗(완) 맑은 국의 주재료

わんずま(완즈마) 椀妻(완처) 맑은 국의 주재료에 곁들여지는 부재료

03 조리법 용어

あじつけ(아지쓰케) 味付(미부) 조미 seasoning

あしらい(아시라이) 곁들임 garnish

あてしお(아테시오) 當鹽(당염) 재료에 뿌리는 소금 또는 뿌리는 행위

あぶらぬき(아부라누키) 油拔(유발) 튀긴 음식을 끓는 물에 담가 기름을 뺀다.

あみやき(아미야키) 網燒(망소) 석쇠구이

あみやき(아미야키)

あいもの(아이모노) 和物(화물) 무침요리

あがり(아가리) 上(상) 녹차를 따라 놓은 잔. 녹차를 지칭

あげだしどふ(아게다시도후) 楊出豆腐(양출두부) 연두부 튀김

あげもの(아게모노) 楊物(양물) 튀김요리 freid dish

あだりごま(아다리고마) 當胡麻(당호마) 참깨를 갈아서 만든
반가공식품

あざらつげ(아차라쓰게) 阿茶羅漬(아차나지) 초절임 방법 중
의 하나. 초연근

あら(아라) 粗(조) 달게 조린 요리(도미 아라다게)

あんかけ(앙카케) 餡掛(함괘) 앙을 풀어 점성이 있도록 농도를
첨가한 요리

あげもの(아게모노)

いけじめ(이케지메) 生締·活締(생체·활체) 활어의 머리에 빗장을 찔러 피를 빼는 행위

いしやぎ(이시야기) 石燒(석소) 돌구이

いだめもの(이다메모노) 炒物(초물) 볶음요리

いちばんだし(이치반다시) 一番出汁(일번출즙) 일번다시

うねりぐし(우네리구시) 畝串(무관) 생선을 살아 있는 형태로 꼬챙이에 꿰는 것

うらごし(우라고시) 裏漉(이록) 체에 걸러내는 작업 strainer

うまに(우마니) 旨煮(지자) 간장, 설탕, 미림을 넣고 달게 바짝 조린 것

おろし(오로시) 무즙. 다이콩 오로시의 준말

おろす(오로스) 下す(하) 야채를 강판에 가는 것. 생선의 배를 갈라 베는 것

おおさかずし(오사카즈시) 大阪鮨(대판지) 관서초밥. 오사카를 중심으로 발달한 초밥

おきなます(오키나마스) 沖(충) 회. 고기를 낚아 배에서 바로 먹는 회

おくら(오쿠라) 小倉(소창) 팥을 이용한 음식물. 과자

おこし(오코시) 興し(흥) 찹쌀을 쪄서 말려 재료를 물엿으로 굳힌 것

おこし(오코시)

おこのみやき(오코노미야키) 御好み燒(어호소) 일본식 빈대떡

おしずし(오시즈시) 押し鮨(압지) 형틀에 넣고 눌러 썬 초밥

おちゃずけ(오챠즈케) 御茶漬げ(어다지) 차밥

おでん(오뎅) 御田(어전) 무, 계란, 어묵 등을 넣고 끓여낸 냄비 요리

おこのみやき(오코노미야키)

おにぎり(오니기리) 御握リ(어악) 주먹밥

おひたし(오히타시) 御浸し(어침) 야채를 물에 데쳐서 간장으로 간을 한 요리

おもゆ(오모유) 重湯(중탕) 미음

おやこどんぶり(오야코돈부리) 親子丼(친자정) 닭고기 덮밥

おやこどんぶり(오야코돈부리)

おろしに(오로시니) 숨煮(사자) 무즙을 국물에 넣어 졸이는 조림 요리

おんどたまご(온도타마고) 溫度卵(온도란) 온천계란(반숙). 온센다마고

かみしお(가미시오) 紙塩(지염) 간접적으로 소금이 스며들도록 하는 방법

かやく(가야쿠) 加藥(가약) 첨가재료. 요리에 부재료나 양념을 첨가

かきあげ(가키아게) 搔揚げ(소양) 잘게 썬 여러 가지 야채들의 튀김요리

かきなべ(가키나베) 牡蠣鍋(모려과) 굴 냄비

がぐずくり(가구즈쿠리) 角作(각작) 사각 주사위 모양으로 썬 생선회

かくに(가쿠니) 角煮(각자) 가다랑어를 달게 사각썰기하여 조린 요리

かけ(가케) 掛(괘) 우동 등 국물만 넣어 뜨겁게 끓인 요리

かやくうどん(가야쿠우동) 어묵, 버섯 등의 재료를 넣어 만든 우동

かやくめし(가야쿠메시) 加藥飯(가약반) 각종 야채와 닭고기 등을 넣어 지은 밥

からあげ(가라아게) 空揚(공양) 튀김 요리방법 중의 하나

からしあげ(가라시아게) 芥子揚(개자양) 튀김 옷에 겨자를 풀어 튀긴 요리

からすみ(가라스미) 숭어의 난소를 염장하여 건조시킨 것

かわしも(가와시모) 皮霜(피상) 뜨거운 물을 뿌려 껍질만 살짝 데친 생선회

かわりあげ(가와리아게) 變揚(변양) 특색 있는 모양이 나도록 튀겨낸 튀김

かんろに(간로니) 甘露煮(감로자) 단맛이 나도록 조린 요리

きくずぐり(가쿠즈구리) 菊作(국작) 생선회를 얇게 국화모양으로 만드는 것

きる(기루) 切る(절) 조리를 하기 위해 재료를 칼로 쓰는 방법

きつね(기쓰네) 狐(호) 유부를 넣어 조리한 요리

ぎゅどん(규돈) 牛井(우정) 소고기덮밥=니큐돈. 규메시(牛飯)

ぎゅなべ(규나베) 牛鍋(우과) 소고기냄비. 스키야키(鋤燒)

ぎょでん(교뎅) 魚田(어전) 생선에 된장을 발라 구운 요리

ぎんがみやき(깅가미야키) 銀紙(은지) 은박지에 싸서 굽는 요리

きんぴらごぼ(킨피라고보) 金平牛蒡(금평우방) 우엉조림

くしあげ(구시아게) 串揚(관양) 꼬치튀김

くしあげ(구시아게)

くしやき(구시야키) 串燒(관소) 꼬치구이

くちがわり(구치가와리) 口代(구대) 구치도리(口取)용 술안주요리

けしうじお(게시우지오) 化粧(화장) 소금구이 중 지느러미가 타지 않게 소금을 묻혀주는 것

けしょうでリ(게쇼우데리) 化粧照(화장조) 생선구이를 할 때, 윤기 나게 양념을 발라주는 것

こやとうぶ(고야토우부) 高野豆腐(고야두부) 두부를 얼려 말린 것으로 물에 불려서 사용

こうらがえし(고우라가에시) 甲羅返(갑라반) 게 껍질을 초절임해서 각종 요리에 응용하는 것

ごもくずし(고모쿠즈시) 五目鮨(오목지) 비빔초밥 = 마제스시

ころも(고로모) 衣(의) 튀김옷

ころもあげ(고로모아게) 튀김옷을 입혀 만든 튀김요리

さいきょやき(사이쿄야키) 西京燒(서경소) 생선을 양념한 된장에 절여 굽는 생선구이

さいくずし(사이쿠즈시) 細工鮨(세공지) 여러 가지 재료를 사용하여 만든 초밥

しざかな(시자카나) 强肴(강효) 술안주요리

しおこんぶ(시오콘부) 鹽昆布(염곤포) 다시마를 조미액에 담가 건조시킨 것

しおざけ(시오자케) 鹽鮭(염해) 연어의 염장품

しおじめ(시오지메) 생선을 삼투압에 의한 탈수로 살이 단단해지게 하는 것

しおずけ(시오즈케) 야채 절임을 만들기 위한 것과 저장용으로 구분

しおぼし(시오보시) 어패류를 소금에 절여 건조시켜 염건품을 만드는 것

しおやき(시오야키) 생선을 구울 때 지느러미에 화장염을 하여 굽는 것

しこみ(시코미) 仕込(사입) 조리를 하기 위해 모든 전 처리 및 준비작업

ししょく(시쇼쿠) 試食(시식) 음식의 맛, 품질의 평가를 위해 미리 맛보는 것

したあじ(시타아지) 下味(하미) 조리 전 생재료에 미리 양념해 놓는 것

しちみとうがらし(시치미토우가라시) 七味唐辛子(칠미당신자) 일곱 가지 재료를 섞어 만든 것

しめさば(시메사바) 締鯖(체청) 오로시한 고등어를 절여 식초에 담가 놓는 것

しもふり(시모후리) 霜降(상강) 재료를 데쳐 재빨리 냉수에 담가 씻는 것

じゃばら(쟈바라) 蛇腹(사복)

しゃぶしゃぶ(샤부샤부) 샤브샤브 shabu shabu

しらあえ(시라아에) 白和(백화) 두부를 우라고시하여 이용. 무침요리

しらに(시라니) 白煮(백자) 오징어 등의 흰색을 그대로 살려낸 조림요리

しらやき(시라야키) 소금구이=시로야키(白燒)

しる(시루) 汁(즙) 국 또는 국물이 있는 음식

しるもの(시루모노) 汁物(즙물) 국물요리

しんこ(신코) 新香(신향) 일본식 절임류의 총칭

すあえ(스아에) 酢和(초화) 재료에 식초를 넣어 새콤달콤하게 무쳐낸 요리

すあげ(스아게) 素揚(소양) 튀김옷을 묻히지 않고 그대로 튀긴 요리

すあらい(스아라이) 酢洗(초세) 재료를 식초에 담가 냄새를 제거하는 것

すいあじ(스이아지) 吸味(흡미) 맑은 국과 같은 정도로 약하게 간이 된 국물

すいくち(스이쿠치) 吸口(흡구) 맑은 국물에 향을 내는 재료

すいじ(스이지) 吸地(흡지) 싱겁게 간을 한 맑은 국의 국물

すいとん(스이톤) 일본식 수제비

すいとん(스이톤)

すいもの(스이모노) 吸物(흡물) 맑은국. 스마시지루(淸汁)

すえひろぎり(스에히로기리) 末廣切(말광절) 야채를 부채처럼 끝이 퍼지도록 자른 것

すがき(스가키) 酢牡(초모) 굴. 초회

すがた(스가타) 姿(자) 재료가 살아 있을 때 생긴 모양 그대로 조리

すがたずし(스가타즈시) 생선의 뼈와 내장을 제거하고, 밥에 씌워서 생선 원래의 모습대로 꾸며놓
은 초밥

すがたもり(스가타모리) 姿盛(자성) 생선내장을 제거하여 조리. 재료 원형대로 담는 것

すがたやき(스가타야키) 생선이 움직이는 듯한 원형대로 꼬치를 꽂아 구워 내는 형태

すきやき(스키야키) 鋤(서) 스키야키= 우시나베(牛鍋)

すし(스시) 초밥. 생선초밥

すじこ(스지코) 筋子(근자) 난소막을 떨어뜨리지 않고 연어 · 숭어 알을 건조시켜 만든 염건품

すしず(스시즈) 鮨酢(지초) 초밥초

すしめし(스시메시) 초밥을 만들기 위해 혼합초를 섞은 밥

すずめずし(스즈메즈시) 작은 도미를 이용하여 만든 초밥

すっぽんじる(슷폰지루) 鼈汁(별즙) 자라 맑은 국

すっぽんなべ(슷폰나베) 鼈鍋(별과) 자라냄비

すっぽんに(슷폰니) 鼈煮(별자) 자라를 볶아서 간장, 청주를 넣은 조림요리

すどりしょが(스도리쇼가) 酢取生薑(초취생강) 생강의 뿌리, 줄기를 아마스에 담가 절인 것

すに(스니) 酢煮(초자) 초조림

すのもの(스노모노) 酢の物(초물) 초회

すぶた(스부타) 酢豚(초돈) 튀긴 돈육에 야채를 아마스앙으로 무친 요리

すましこ(스마시코) 素干(소간) 소금으로 간을 하지 않고 그대로 말린 것

すましじる(스마시지루) 澄汁(징즙) 맑은 국=스이모노(吸い物)

せいしゅ(세이슈) 清酒(청주) 쌀과 누룩으로 빚은 일본의 전통주

せいしょく(세이쇼쿠) 生食(생식) 식품을 가열하지 않고 섭취하는 것

せごし(세고시) 背越(배월) 작은 생선을 손질하여 통째로 잘게 썰어낸 생선회

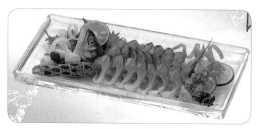

せごし(세고시)

せびらき(세비라키) 背開(배개) 생선의 등을 갈라 뱃살을 자르지 않고 펼쳐놓는 손질법(장어, 전어 등)

ぜん(젠) 膳(선) 식탁 위에 놓여 있는 요리

せんぐみ(센구미) 膳組(선조) 요리의 형식이 조합된 양식

せんべい(센베이) 前餅(전병) 쌀이나 밀가루를 반죽하여 금형을 이용하여 구운 과자

せんぼんあげ(센본아게) 千本揚げ(천본양) 재료에 흰자를 묻혀 소면을 1cm로 잘라 튀겨낸 튀김

そざい(소자이) 總菜(총채) 식사의 반찬

ぞすい(조스이) 雜取(잡취) 죽 gruel

ぞうに(조우니) 雜煮(잡자) 정월에 만든 떡으로 만든 떡국

そえもの(소에모노) 添物(첨물) 곁들임(장식) garnish

そえぐし(소에구시) 添串(첨관) 꼬치구이를 할 때 사용하는 꼬챙이

そぎぎり(소기기리) 削切(삭절) 칼의 우측면을 이용, 재료를 비스듬히 자르는 것

そとびき(소토비키) 外引(외인) 오른손으로 칼을 잡고 왼손으로 생선 끝의 껍질을 잡은 다음 칼을 바닥

　으로 누르고 양손을 바깥 방향으로 당기며 껍질을 벗겨내는 것

そばずし(소바즈시) 僑麥鮨(교맥지) 메밀로 만든 초밥

そばだし(소바다시) 僑麥出汁(교맥출즙) 메밀국수에 곁들이는

　국물

そばずし(소바즈시)

そばむし(소바무시) 僑麥蒸(교맥증) 신슈무시(信州蒸し)

そばゆ(소바유) 僑麥湯(교맥탕) 메밀국수를 삶아낸 물

そぼろ(소보로) 닭고기, 새우, 생선살 등을 삶아서 말리며, 간을

　하여 부셔 놓은 것

そめおろし(소메오로시) 染卸(염사) 무즙에 간장과 부순 김 등으로 색과 맛을 낸 것

たいやき(다이야키) 붕어빵

たかなずけ(다카나즈케) 高菜漬げ(고채지) 갓 절임

たからむし(다카라무시) 寶蒸し(보증) 호박에 구멍을 내어 각종 야채를 넣고 쪄낸 요리

たきあわせ(다키아와세) 炊合(취합) 두 가지 이상의 조림요리를 그릇 하나에 담아냄

たきがわどうふ(다키가와도우후) 瀧川豆腐(롱천두부) 두부를 한천으로 응고시켜 담아낸 여름 별미요리

たぐあんずげ(다구안즈게) 澤庵漬(택암지) 무의 저장을 위해 개발한 무 절임

たげやき(다게야키) 대나무에 어패류와 야채를 넣고 오븐에서 구워낸 요리

たこやき(다코야키) 문어를 넣은 풀빵

だしかけ(다시카케) 出汁掛(출즙괘) 조미한 국물을 음식에 끼

　얹어 내는 요리

たこやき(다코야키)

だしわり(다시와리) 出汁割(출즙할) 간장, 조미료 등을 다시국

　물로 희석하여 간을 연하게 한 것

たたき(다타키) 叩(고) 칼등으로 생선을 두드려 다진 것

たたきあげ(다타키아게) 叩揚(고양) 다져진 재료를 동그랗게 튀겨낸 요리

たたきなます(다타키나마스) 叩膾(고회) 전갱어나 다랑어를 다져서 된장과 파를 섞어 먹는 것

たつくり(다쓰쿠리) 田作(전작) 말린 잔멸치를 간장과 설탕, 술 등으로 졸인 것

たつた(다쓰타) 새우나 간장의 재료로 음식에 단풍의 의미로 색이 나도록 만든 것

たいかぶら(다이카부라) 調蕪(조무) 도미머리와 순무를 간장으로 졸인 조림요리

だいこんなます(다이콘나마스) 大根膾(대근희) 무, 당근을 채 썰어 절였다가 혼합초로 초절임

だいずごはん(다이즈고항) 大豆御飯(대두어반) 콩밥

たいちゃずげ(다이챠즈게) 茶漬(다지) 도미차밥

たいちり(다이치리) 도미지리. 도미냄비

だいみょおろし(다이묘오로시) 大名辭(대명사) 칼로 생선의 중간 뼈를 누르면서 단번에 포를 뜬다.

たいめし(다이메시) 도미를 사용한 밥

たいめん(다이멘) 삶은 소면에 도미조림을 얹어낸 요리

たずなずし(다즈나즈시) 手綱鮨(수강지) 김발 위에 랩을 깔고, 그 위에 생선 등의 초밥재료를 2~3가
　　지 올려놓은 다음, 길게 올려 말아낸 초밥

たずなまき(다즈나마키) 手綱券(수강권) 부드러운 재료 세 가지를 김발 위에 어슷하게 놓고 말아낸 마키

たてがわ(다테가와) 伊達皮(이달피) 스리미에 달걀을 풀어 섞어 두껍게 구운 것

たてぐし(다테구시) 생선의 머리에서 꼬리까지 일자로 꼬치를 꽂는 것

たてしお(다테시오) 염분농도로 만든 소금물로서 생선을 씻거나 야채를 절이는 데 사용

たてばりょうり(다테바료우리) 立場料理(입장요리) 길거리요리 street food

たてまき(다테마키) 伊達券(이달권) 오세치요리(正月料理)에 이용되는 달걀말이

たてまきずし(다테마키즈시) 계란의 지단으로 만 김초밥의 형태

たね(다네) 種(종) 요리를 위해 준비해 둔 재료

たらこぶ(다라코부) 鱈昆布(설곤포) 대구 맑은 국

たらちり(다라치리) 대구지리

だんご(단고) 경단

からうどん(가라우동) 떡을 올려놓은 가케우동

ちくぜんに(지쿠젠니) 筑前煮(축전자) 닭고기 야채조림

ちくわ(지쿠와) 竹輪(죽륜) 원통형 어묵

ちぬき(지누키) 피빼기

ちまきずし(지마키즈시) 초절임을 한 생선을 얇게 저며 초밥
을 만들어 잎으로 싼 것

ちゃかいせき(자가이세키) 茶懷石(차회석) 차를 마시기 전에
나오는 요리

ちくわ(지쿠와)

ちゃがゆ(자가유) 茶粥(다죽) 차로 끓인 죽

ちゃきんずし(자킨즈시) 茶巾(다건) 얇은 지단이나 생산으로 동그랗게 말아서 싼 초밥

ちゃせんなす(자센나스) 茶筅茄子(차선가자) 가지를 자센기리한 것

ちゃそば(자소바) 茶蕎麥(차교맥) 차잎 가루를 섞어 만든 메밀국수

ちゃつけ(자스케) 茶漬(다지) 오차즈케

ちゃぶだい(자부다이) 卓袱台(탁복태) 식사용 탁자. 밥상

ちゃめし(자메시) 茶飯(다반) 차를 달인 물에 소금과 술로 간을 하여 지은 밥

ちゃわんむし(자완무시) 茶碗蒸(다완증) 달걀찜

ちゃわんむし(자완무시)

ちゃんごなべ(잔고나베) 鍋(과) 씨름꾼들이 먹던 냄비요리

ちゃんぽん(잔퐁) 짬뽕

ちょうみ(조우미) 調味(조미) 조미. 아지쓰케(味付け)

ちらしあげ(지라시아게) 散揚(산양) 덴뿌라를 튀길 때 꽃이 피도록 고로모를 뿌리며 튀기는 것

ちらしずし(지라시즈시) 일본식 회덮밥

ちりなべ(지리나베) ちリ鍋(과) 지리냄비

ちりむし(지리무시) ちリ蒸(증) 지리처럼 재료를 담아서 다시에 술을 넣고 찜기에 쪄낸 요리

ちりめんざこ(지리멘자코) 縮緬雑魚(축면잡어) 마른 잔멸치를 무즙 위에 얹어낸 요리

つきだし(쓰키다시) 突出(돌출) 본 식사가 나오기 전에 나오는 간단한 안주요리

つきみ(쓰키미) 月見(월견) 난황을 달처럼 보이도록 음식 위에 담아 올린 요리

つきみとろろ(쓰키미토로로) 月見薯蕷(월견서여) 산마즙 위에 난황을 얹어낸 요리

つくだに(쓰쿠다니) 佃煮(전자) 어류, 해조류, 야채 등을 간장, 미림, 설탕 등으로 달게 졸여낸
요리

つくね(쓰쿠네) 捏(날) 민치한 재료에 계란을 넣어 반죽하여 단고로 만든 것

つけあげ(쓰케아게) 付揚(부양) 어묵 튀김

つけもの(쓰케모노) 漬物(지물) 야채절임 일본김치

つけもの(쓰케모노)

つけやき(쓰케야키) 付燒(부소) 데리를 발라 구운 요리. 데리야키

つつみあげ(쓰쓰미아게) 包揚(포양) 향미를 살리고 타지 않도록 재료를 은박지에 싸서 튀긴 요리

つつみやき(쓰쓰미야키) 재료를 조미하여 은박지에 싸서 구운 요리

つなぎ(쓰나기) 재료의 점성을 높이기 위해 계란이나 산마즙, 밀가루, 전분 등을 넣는 것

つぶうに(쓰부우니) 螺雲丹(나운단) 성게알로 만든 젓갈

つぼぬき(쓰보누키) 생선의 아감딱지에 칼이나 저분으로 아가미와 내장을 빼내는 것

つぼやき(쓰보야키) 소라 껍질을 용기로 이용하여 조리하는 것

つまみ(쓰마미) 摘(적) 간단한 안주요리. 오쓰마미(お摘み)

つめ(쓰메) 詰(힐) 니쓰메(煮詰め)

つゆ(쓰유) 液(액) 맑은 장국. 국물

てうち(데우치) 手打(수타) 면을 손으로 반죽하여 쳐서 국수 등을 만들어내는 것

てず(데즈) 手酢(수초) 초밥을 쥘 때 손에 묻히는 식초물

てっがどんぶり(뎃가돈부리) 초밥에 참치의 붉은살을 얹은 덮밥

てっがまき(뎃가마키) 참치 김초밥

てっさ(뎃사) 鐵刺(철자) 복 사시미를 이르는 말. 철포(鐵砲)

てっせん(뎃센) 鐵扇(철선) 요리에 부채모양의 꼬치를 꿰거나 부채모양으로 자른 요리의
  명칭

てっちり(뎃치리) 복지리

てっぱんやき(뎃판야키) 철판구이요리

てっぱんやき(뎃판야키)

てっぽまき(뎃포마키) 박고지 조림을 넣어 만든 호소마키(細巻き). 간표마키(千瓢巻)

てっぽやき(뎃포야키) 고추된장을 발라 구운 요리

でばぼちょう(데바보쵸우) 出刃包丁(출인포정) 생선 오로시 데바

でびらき(데비라키) 手開(수개) 손을 이용하여 작은 생선의 머리, 내장을 제거하는 것

でみず(데미즈) 手水(수수) 밥, 떡을 만질 때 손에 붙지 않도록 손에 묻히는 물

でりに(데리니) 照煮(조자) 재료에 데리를 윤기가 흐르도록 졸인 요리

でりやき(데리야키) 데리를 발라 구운 구이

でんがく(덴가쿠) 田樂(전락) 두부된장구이

でんがく(덴가쿠)

てんかす(덴카스) 天滓(천재) 튀김 찌꺼기

てんすい(덴스이) 天吸(천흡) 덴뿌라 우동이나 소바를 먹고 난 국물

てんどん(덴돈) 덴뿌라 덮밥

てんぷら(덴뿌라) 天婦羅(천부라) 튀김

てんぽやき(덴포야키) 토기에 가늘게 썬 파를 깔고 생선살을 넣어 익힌 요리

てんもり(덴모리) 天盛(천성) 요리 위에 색과 의미가 있는 재료를 얹는 것

とうざに(도우자니) 当座煮(당좌자) 야채 등을 간장과 술을 넣어 짜게 졸여낸 요리

どみょじあげ(도묘지아게) 道明寺揚(도명사양) 찹쌀을 쪄서 말린 식품을 재료에 묻혀 튀겨낸 튀김

ところてん(도코로텐) 心太(심태) 우뭇가사리의 한천 질을 추출, 응고시켜 만든 제품

としこしそば(도시코시소바) 年越蕎麥(연월교맥) 해 넘기기 메밀국수

どてなべ(도테나베) 土手鍋(토수과) 패류와 야채를 넣어 된장으로 맛을 낸 냄비요리

どびんむし(도빈무시) 土瓶蒸(토병증) 송이버섯의 주전자찜

どぶろく(도부로쿠) 청주의 제조과정에서 거르지 않은 탁한 술

とめわん(도메완) 止椀(지완) 가이세키(會席)요리에서 가장 나중에 나오는 식사와 함께 나오는 국물요리

とりめし(도리메시) 닭고기 육수에 간장, 소금으로 간을 하고 닭고기 살을 넣어 지은 밥

とろろじる(도로로지루) 薯蕷汁(서여즙) 산마즙을 넣은 장국

とろろそば(도로로소바) 薯蕷蕎麥(서여교맥) 소바다시에 산마즙을 넣어 먹는 국수

とんじる(돈지루) 豚汁(돈즙) 돈육국물

とんそく(돈소쿠) 豚足(돈족) 돼지족발

とんちり(돈치리) 豚ちり(돈) 돈육지리

どんぶり(돈부리) 덮밥요리

どんぶりめし(돈부리메시) 덮밥

なっとう(낫토) 納豆(납두) 우리나라의 청국장과 내용이 같으나 단순발효에 의해 숙성시킨 일본의 대

　　표적인 콩 발효식품

なべ(나베) 鍋(과) 흙으로 만든 냄비. 현재는 나베(鍋)로 통칭

なべもの(나베모노) 鍋物(과물) 냄비요리

なべやきうどん(나베야키우동) 냄비우동

なまふ(나마후) 밀기울을 이용하여 만든 조리용 떡

なまふ(나마후)

なめみそ(나메미소) 滑子(활자) 반찬으로 먹을 수 있도록 여러 가지 재료를 섞어 조미한 된장(우리나라

　　쌈장과 비슷)

ならずけ(나라즈케) 奈良漬(나양지) 늙은 오이를 술 지기미로 만든 나라(奈良)지방의 향토식 절임

なれずし(나레즈시) 염장생선을 밥과 함께 절인 저장한 식품(가자미식혜). 초밥의 원형

なんばんりょうり(난반료우리) 南蠻料理(남만요리) 포르투갈, 스페인의 영향을 받아 생긴 중국풍 요리

なんぶ(난부) 南部(난부) 깨를 사용하여 요리에 곁들이는 것

にきり(니키리) 煮切(자절) 미림이나 술의 알코올을 제거하는 것(알코올누키)

にぎりずし(니기리즈시) 생선초밥

にぎりめし(니기리메시) 握飯(악반) 주먹밥 손으로 만진다는 뜻

にくだんご(니쿠단고) 고기단자

にこごり(니코고리) 생선의 젤라틴을 끓이다가 굳힌 요리. 복 묵이 대표적임

にこみうどん(니코미우동) 장시간 끓인 육수에 삶은 우동

にこむ(니코무) 약불에서 장시간 끓이는 방법(조리방법)

にしめ(니시메) 煮染(자염) 재료에 충분히 색과 맛이 들도록 시간을 두고 졸이는 것(조리방법)

につめ(니쓰메) 煮詰(자힐) 열을 가열한 초밥재료에 바르는 타래

にはいす(니하이스) 二杯酢(이배초) 간장과 식초를 1:1의 비율로 섞은 혼합초

にびたし(니비타시) 煮浸(자침) 다량의 재료를 장시간에 걸쳐 연하게 졸이는 것(조리방법)

にまめ(니마메) 煮豆(자두) 물에 불린 콩을 약불에서 장시간 졸인 것

にもの(니모노) 煮物(자물) 삶거나 졸여 익힌 요리

のうこうじる(노우코우지루) 濃厚汁(농후즙) 진한 국물

のしぐし(노시구시) 伸串(신관) 새우를 삶을 때 등이 굽지 않도록 꼬치를 꽂아주는 것

のりまき(노리마키) 海苔卷(해태권) 김초밥

はいが(하이가) 胚芽(배아) 씨의 구성성분으로 열매의 일부분이며 발아에 중요한 역할을 함

ばいかたまご(바이카타마고) 梅花卵(매화란) 메추리알을 삶아서 매화꽃 모양으로 만든 것

ばいにく(바이니쿠) 梅肉(매육) 매실의 과육을 우라고시하여 설탕, 소금으로 조미하고 시소 잎으로 색
　을 낸 것(주먹밥에 사용)

はこずし(하코즈시) 상자초밥

はじかみ(하지카미) 薑(강) 생강의 대를 끓는 물에 데쳐 혼합초에 초절임한 것

はっこう(핫코우) 醱酵(발효) 미생물이 식품에 증식하는 현상

はっちょみそ(핫쵸미소) 八丁味噲(팔정미쟁) 콩된장. 오카자키(岡崎) 지방의 등록상표

はっぽだし(하포다시) 八方出汁(팔방출즙) 조림용 다시

はながつお(하나가쓰오) 각종 부시를 가늘게 깎아 이토가키해 놓은 것

はなれんこん(하나렌콘) 花蓮根(화연근) 연근의 껍질 주변을 꽃 모양으로 조각해서 요리하는 것

はやずし(하야즈시) 초를 가한 밥에 생선 등을 얹어 먹는 것

ばらずし(바라즈시) 일본식 회덮밥

はりうち(하리우치) 針打(침타) 생선의 몸통에 꼬치를 찔러 굽는 법(조리방법)

バッテラ(밧테라) 고등어초밥 bateria

バッテラ(밧테라)

ひれい(히레이) 火入れ(화입) 만들어둔 음식의 부패방지를 위해 음식을 재가열 조리하는 것

ひやしすのもの(히야시스노모노) 冷吸物(냉흡물) 냉국

ひやしそめん(히야시소멘) 冷素麺(냉소면) 차가운 소면국수

ひやむぎ(히야무기) 冷物(냉물) 여름철 차게 한 요리의 총칭

ひややっこ(히야얏코) 冷奴(냉노) 소면과 우동의 중간 굵기의 국수

ひらまさ(히라마사) 平政(평정) 부시리 amberjack

ひれざけ(히레자케) 복의 지느러미를 말려 구워서 청주에 담가 먹는 술

ひれじお(히레지오) 구이를 할 때 지느러미가 타는 것을 방지하기 위해 소금을 듬뿍 묻혀주는 것

ふ(후) 조리용 떡

ふき(후키) 머위, 국

ふきよせ(후키요세) 吹寄(취기) 겨울철 요리. 가을부터 초겨울에 걸쳐 먹는 음식

ふぐぞうすい(후구조스이) 河豚雜炊(하돈잡취) 복어죽

ふぐちり(후구치리) 河豚ちり(하돈) 복어지리 냄비=뎃치리

ふくめに(후구메니) 含煮(함자) 연한 간으로 오랫동안 졸여낸 조림요리

ふくろ(후쿠로) 袋(대) 유부 속에 야채와 고기를 볶아 넣어 간뾰 등으로 묶은 것

ふじおろし(후지오로시) 富士卸(부사사) 무즙을 산 모양으로 만들어 그 위에 와사비나 생강즙을 올려

　　놓아 산 모양으로 만든 것

ふしどり(후시도리) 節取(절취) 산마이 오로시한 생선의 치아이 부분을 도려내는 손질법

ふしるい(후시루이) 節類(절류) 다시를 만들기 위해 생선의 살을 삶아 건조시킨 것

ふちゃりょうり(후챠료우리) 普茶料理(보차요리) 중국식의 쇼진료리로서 대부분 야채를 재료로 사

　　용. 차를 마시며 의논을 하는 차례 뒤에 나오는 식사

ぶどしゅに(부도슈니) 葡陶酒煮(포도주자) 포도주를 사용하여 색과 향을 살린 조림요리

ぶどまめ(부도마메) 葡陶豆(포도두) 검정콩을 달게 졸인 콩 조림요리

ふとまきずし(후토마키즈시) 김초밥=후토마키

ふなずし(후나즈시) 붕어초밥. 붕어의 나레즈시로서, 염지한 붕어에 밥을 넣고 반 년 이상 일 년 정도

　　장기간 숙성 · 발효시켜 얇게 썰어서 사용

ふなずし(후나즈시)

ふりがけ(후리가케) 振卦(진괘) 밥 위에 뿌려 먹도록 만든 혼합분말 조미료

ふりしお(후리시오) 재료에 소금을 뿌리는 것

べいか(베이카) 米菓(미과) 미과. 쌀로 만든 과자

べにしょうが(베니쇼우가) 紅生姜(홍생강) 초생강. 생강의 뿌리 부분을 초절임한 것

ほじちゃ(호지챠) 焙茶(배다) 번차를 볶아서 달인 차로서, 강한 향이 있어 맛이 좋음

ほしょまき(호쇼마키) 奉書卷(봉서권) 종이로 싸서 만 것과 같이, 무를 자츠라무키하여 재료를 말아 싼 요리

ほしょやき(호쇼야키) 奉書燒(봉서소) 재료를 호우쇼가미(닥나무로 만든 백지)로 싸서 오븐에 굽는 요리

ほうろく(호우로쿠) 넓고 둥근 질냄비. 무시야키하는 데 사용. 식탁에 그대로 올려서 조리

ほうろくやき(호우로쿠야키) 냄비에 소금을 깔고 어패류나 야채 등을 올려놓고, 뚜껑을 덮어 오븐에 넣고 무시야키하여 익힌 요리

ほっこくあかえび(홋코쿠아카에비) 北國赤海老(북국적해로) 아마에비

ほねきり(호네키리) 骨切(골절) 가는 잔가시를 발라내지 않고, 잘라가며 생선살을 오로시하는 것

ほんなおし(혼나오시) 本直(본직) 미림에 소주를 섞은 요리 술

まきずし(마키즈시) 김초밥 roll sushi

まぐちゃ(마구챠) 참치로 만든 자즈케로서 간장에 담가두었던 참치살을 썰어 김가루와 함께 밥에 얹어 차를 부어낸 요리

まくのうち(마쿠노우치) 밥과 각종의 반찬을 담은 도시락. 막간을 이용해서 먹는다는 뜻에서 유래되었으며, 마쿠노치벤토의 준말

まさごあえ(마사고아에) 眞砂和(진사화) 대구나 청어의 알 등 모래알처럼 작은 크기의 알을, 술로 씻어 조미하여 오징어 채 썬 것 등 가느다란 재료에 섞어 무친 요리

まさごあげ(마사고아게) 眞砂揚(진사양) 미징코나 겨자씨 등 모래알같이 작은 알갱이를 재료에 묻혀 튀긴 튀김

まぜめし(마제메시) 混飯(혼반) 재료에 따로 진한 맛으로 조미하여 밥과 섞어낸 요리(비빔밥)

まつかさいか(마쓰카사이카) 松笠烏賊(송립오적) 오징어 몸에 가늘고 비스듬하게 격자형 칼집을 넣어, 끓는 물에 데쳐 솔방울 모양을 낸 것

まつかさだい(마쓰카사다이) 松笠鯛(송립조) 비늘을 제거한 도미의 살을 끓는 물에 데쳐낸 것

まつかわごぼう(마쓰카와고보우) 松皮牛旁(송피우방) 우엉의 껍질을 벗기지 않고 조린 요리로서, 우엉의 표면이 소나무와 같이 보인다 하여 붙여진 이름

まつかわずくり(마쓰카와즈쿠리) 松皮作リ(송피작) 작은 도미를 시모후리하여, 껍질을 벗기지 않고 만든 생선회 요리=시모후리즈쿠리

まつさかうし(마쓰사카우시) 松板牛(송판우) 마쓰사카 소고기(소에게 특수한 사료와 맥주를 마시게

하고, 마사지를 해주어 육질을 부드럽게 만들어가며 키운 것)

まつだけめし(마쓰다케메시) 松茸飯(송용반) 곤부다시에 소금과 간장, 술로 조미한 것으로 밥을 지어, 얇게 썬 송이버섯을 넣고 뜸을 들여 완성

まつばあげ(마쓰바아게) 松葉揚(송엽양) 마른 소면이나 건메밀국수를 1cm 정도로 잘라 재료의 겉에 묻혀서 튀겨낸 튀김

まつばやき(마쓰바야키) 솔잎을 깔아 향이 배게 굽는 요리(송이버섯)

まつまえず(마쓰마에즈) 松前酢(송전초) 다시마를 첨가하여 지미성분을 우려내어 만든 혼합초

まなばし(마나바시) 眞魚著(진어저) 생선을 손질할 때 또는 생선회를 담을 때 사용하는 젓가락

まむし(마무시) 眞蒸(진증) 지방에서 만들어진 덮밥요리. 마부시라고도 함

まるあげ(마루아게) 丸揚(환양) 생선이나 닭고기 등의 재료를 손질하여 물에 씻어, 통째로 기름에 튀기는 것

まるに(마루니) 丸煮(환자) 재료를 자르지 않고 통째로 끓이거나 졸이는 것. 또는 자라조림요리

まんじゅう(만쥬우) 饅頭(만두) 만두

みじんこ(미진코) 微塵粉(미진분) 찹쌀미숫가루. 쪄서 말린 찹쌀을 분쇄한 것

みじんこあげ(미진코아게) 微塵粉揚(미진분양) 튀김재료에 미진코를 붙여서 튀기는 것

みずがい(미즈가이) 水貝(수패) 여름철 전복회 요리

みずがらし(미즈가라시) 水芥子(수개자) 겨자분을 물에 풀어 갠 것

みずだき(미즈다키) 水炊(수취) 닭고기 냄비요리

みそすき(미소스키) 味噌鋤(미쟁서) 된장으로 끓인 냄비요리로서, 스키야키에 된장을 넣어 조리한 것

みそずけ(미소즈케) 味噌漬(미쟁지) 재료를 된장에 조미하여 절이는 것

みそに(미소니) 味噌煮(미쟁자) 각종 재료를 된장으로 진하게 졸여낸 것

むぎめし(무기메시) 麥飯(맥반) 멥쌀에 보리를 섞어 지은 밥

むきもの(무기모노) 요리가 돋보이도록 식재료를 동물이나 꽃 등의 모양으로 세공하여 만든 것

むこずけ(무코즈케) 向付(향부) 회석요리에서 나오는 생선회

むしもの(무시모노) 蒸物(증물) 찜요리

むしやき(무시야키) 간접구이 조리방법

むすび(무스비) 結(결) 매듭 또는 주먹밥

めし(메시) 飯(반) 쌀로 지은 밥. 고향

めだまやき(메다마야키) 目玉(목옥) 계란 프라이

めんたいこ(멘타이코) 明太子(명태자) 명태알에 고춧가루를 넣어 만든 젓갈

めんとり(멘토리) 面取リ(면취) 요리에 사용하는 무, 순무 등의 면을 다듬는 것

もち(모치) 餅(병) 떡

もどす(모도스) 건조된 식재료를 물에 담가 불리거나 데워서 원래의 상태로 복원하는 것

もなか(모나카) 最中(최중) 팥소를 사이에 두고 두 장을 붙여 만든 것

もみじおろし(모미지오로시) 紅葉卸(홍엽사) 무즙을 홍고추로 물들인 것. 무즙에 고춧가루와 고추의
　　즙을 섞어 무쳐서 사용=아카오로시(단풍잎과 같은 표현)

もみのリ(모미노리) 揉海苔(유해태) 김을 구워 부순 김

もめんどふ(모멘도후) 木棉豆腐(목면두부) 두부를 탈수할 때 헝겊으로 덮었다고 하여 지어진 이름

ももやま(모모야마) 挑山(도산) 찹쌀반죽에 흰 팥소를 넣어 구운 과자

もりあわせ(모리아와세) 盛合(성합) 여러 가지 요리를 하나의 그릇에 모아 담는 것

もりそば(모리소바) 盛蕎麥(성교맥) 메밀국수

やきいも(야키이모) 燒芋(소우) 군고구마

やきぐリ(야키구리) 燒栗(소률) 군밤

やきざかな(야키자카나) 燒魚(소어) 생선구이

やきしも(야키시모) 燒霜(소상) 재료의 표면만 강한 불에 구워 만든 생선회 조리법

やきそば(야키소바) 메밀볶음

やきどうふ(야키도우후) 燒豆腐(소두부) 군두부. 냄비요리나 조림에 사용하기 위하여 직화로 구운 두부

やきとリ(야키도리) 燒鳥(소조) 닭 꼬치구이

やきのリ(야키노리) 燒海苔(소해태) 구운 김

やきはまぐリ(야키하마구리) 燒蛤(소합) 대합구이

やきめ(야키메) 燒目(소목) 재료를 구워서 표면에 탄 자국이 남은 것

やきめし(야키메시) 燒飯(소반) 볶음밥

やきもち(야키모치) 燒餅(소병) 구운 떡

やきもち(야키모치)

やきもの(야키모노) 蔬物(소물) 구운 요리

やくみ(야쿠미) 요리에 곁들이는 양념

やばねれんこん(야바네렌콘) 矢羽根蓮根(시우근연근) 초절임한 연근을 살깃 모양으로 자른 것

やまかけ(야마카케) 山掛(산괘) 산마즙 위에 참치, 와다 등을 넣은 음식

やわらかに(야와라카니) 柔煮(유자) 문어, 오징어 등의 건어물을 장시간 졸여서 부드럽게 하는 것

ゆあらい(유아라이) 湯洗(탕세) 회를 더운물에 살짝 데쳐 냉수에 담갔다가 건진 것

ゆあんやき(유안야키) 幽庵燒(유암소) 간장에 미림, 유자즙을 섞어 재료를 담갔다가 굽는 구이요리

ゆば(유바) 湯葉(탕엽) 두유를 가열할 때 표면의 응고된 막

ゆびき(유비키) 湯引(탕인) 생선살을 끓는 물에 데쳐 냉수로 식혀 만든 생선회

ゆむき(유무키) 재료를 뜨거운 물에 담갔다가 껍질을 벗기는 것

ようかん(요우칸) 羊羹(양갱) 팥과 한천으로 만든 과자의 일종

よしの(요시노) 吉野(길야) 구즈코(갈분, 葛粉)를 요리에 이용하는 것

よせなべ(요세나베) 奇鍋(기과) 모듬냄비

よせもの(요세모노) 奇物(기물) 흰살생선을 스리미로 가공하여 만든 식품

らんぎり(란기리) 卵切(난절) 면의 반죽에 끈기를 주기 위해 물 대신 달걀 흰자를 넣고 반죽하여 만든

　　국수

りょうり(료우리) 料理(요리) 식품에 조리조작을 가하여 만든 음식

ろばたやき(로바다야키) 술안주용 꼬치구이

わりした(와리시타) 割下(할하) 냄비요리에 사용하기 위해 미리 간장, 설탕, 미림 등의 조미료로 간을

해 끓여 놓은 국물

わりしょうゆ(와리쇼우유) 割醬油(할장유) 간장을 다시로 희석한 것

わんもり(완모리) 椀盛(완성) 생선, 닭고기, 야채 등을 주재료로 하여 큰 그릇에 담아낸 국물요리

04 향신료 용어

いちみ(이치미) 一味(일미) 고춧가루 이치미토가라시의 준말

いちみ(이치미)

がおり(가오리) 香(향) 향기. 향 aroma

きのめ(기노메) 木の芽(목아) 산초의 어린 잎

きのめ(기노메)

こしんりょう(고신료우) 香辛料(향신료) 향신료 spice

こしょう(고쇼우) 胡椒(후추) 후추 pepper

こなわさび(고나와사비) 粉山葵(분산규) 가루와사비

だいだい(다이다이) 橙(등) 등자(나무) 향산성 녹색감귤로서 폰즈를 만드는 데 즙을 사용

だいだい(다이다이)

05 식재료 썰기 용어

あられぎり(아라레기리) 霰切(산절) 작은 육면체의 모양으로 썰기

いちょぎり(이쵸기리) 銀杏切(은행절) 은행잎 썰기

いとづぐり(이토즈구리) 絲造(사조) 가늘게 썰기. 주로 무침에 사용

かさりぎり(가사리기리) 飾切(식절) 장식 썰기

かつらむき(가쓰라무키) 桂(계) 돌려깎기

けずりぶし(게즈리부시) 削り節(삭절) 다시를 만들기 용이하도록 얇게 깎아 놓은 것

けん(갱) 무, 당근, 오이 등의 채

けんちん(겐칭) 야채를 가늘게 썰어 으깬 두부와 함께 요리에 사용

にまいおろし(니마이오로시) 二枚卸(이매사) 두 장 뜨기

ごまいおろし(고마이오로시) 五枚卸(오매사) 다섯 장 뜨기

そでぎり(소데기리) 袖切り(수절) 약간 사선으로 자른 것

さいくかまぼこ(사이쿠가마보코) 細工蒲鉾(세공포모) 어묵을 세공하여 잘라 모양을 낸 것

さいくたまご(사이쿠다마고) 細工卵(세공란) 삶은 달걀을 이용 세공조작을 통해 모양냄

さいくずぐり(사이쿠즈구리) 細工造(세공조) 생선회를 썰어 꽃이나 잎사귀 모양으로 만듦

さいのめぎり(사이노메기리) 賽の目切り(새목절) 1cm 정도의 주사위 모양으로 써는 방법

さんまいおろし(산마이오로시) 三枚卸(삼매사) 세 장 뜨기

じがみぎり(지가미기리) 地紙切(지지절) 야채를 부채모양으로 써는 것

じゃがごれんこん(자가고렌콘) 蛇籠蓮根(사롱연근) 연근을 돌려깎기한 것

せんぎり(센기리) 千切り(천절) 채 썰기 julienne

せんろぽん(센로폰) 千六本(천육본) 성냥개비 정도의 채 썰기

つつぎり(쓰쓰기리) 筒切(통절) 생선을 통째로 썬 것

つるしぎり(쓰루시기리) 吊切り(적절) 생선을 매달아서 오로시하는 것

ななめぎり(나나메기리) 斜切(사절) 어슷썰기

はりぎり(하리기리) 針切(침절) 바늘처럼 가늘고 길게 써는 방법

はりしょが(하리쇼가) 針生姜(침생강) 바늘처럼 가늘게 썬 생강을 냉수에 헹궈 낸 것

はりのり(하리노리) 針海苔(침해태) 김을 구워 바늘처럼 가늘게 채 썰기한 것

はりねぎ(하리네기) 대파 흰부분을 바늘처럼 가늘게 채 썰기한 것을 물에 헹군 것

はんげつぎり(한게쓰기리) 半月切り(반월절) 반달모양으로 썰기

まつばおろし(마쓰바오로시) 생선 손질법 중 하나로, 다이묘 오로시하여 가운데 뼈만을 제거하는 것

まつばぎり(마쓰바기리) 松葉切(송엽절) 재료를 솔잎처럼 가늘게 써는 것. 또는 썰어 놓은 것

ひきぎり(히키기리) 引切(인절) 사시미 써는 칼질(힘있게 당겨 써는 법)

ひょしぎぎり(효시기기리) 拍子木切(박자목절) 4~5cm 길이에 폭 1cm의 사각으로 써는 것

ひらずくり(히라즈쿠리) 平作(평작) 칼을 힘있게 당겨 살을 편편하게 써는 것

みじんぎり(미진기리) 微塵切(미진절) 잘게 다지듯 써는 것

らんぎり(란기리) 연근, 우엉, 당근 등의 야채를 한 손으로 돌려가며 칼로 어슷하게 잘라 삼각 모양이

   나도록 자르는 것

わぎり(와기리) 輪切(윤절) 둥근 모양의 재료를 길게 놓고 써는 것

06 상용 조리용어

あさげ(아사게) 朝食(조식) 아침식사 breakfast

あじ(아지) 味(미) 맛 taste

いだまえ(이다마에) 板前(판전) 조리장 chef

いっぴんりょうリ(잇폰료우리) 一品料理(일품요리) 일품요리 A La carte

いんしょぐでん(인쇼구덴) 飲食店(음식점) 식당

うすいだ(우스이다) 薄板(박판) 나무종이

うまみ(우마미) 旨味(지미) 맛난 맛

えいせ(에이세) 衛生(위생) 위생 hygiene, sanitation

えいよう(에이요우) 營養(영양) 영양 nutrition

おやつ(오야쓰) 御八つ(어팔) 간식

おせちりょうリ(오세치료우리) 御節料理(어절요리) 정월, 명절요리. 오세치(お節)

かいせきりょうリ(가이세키료우리) 會石料理(회석요리) 다도에서 차를 마시기 위해서 먹는 간단한 요리

かいせきりょうリ(가이세키료우리) 會席料理(회석요리) 현재 연회나 모임을 위한 고급요리로 발전

かっぺん(갓펭) 褐變(갈변) 갈변 browning

かぶと(가부토) 兜(두) 생선의 머리가 마치 투구와 같은 모양

かみかたりょうリ(가미카타료우리) 上方料理(상방요리) 관서요리

きんし(긴시) 錦糸(금사) 비단실장식

きんとん(긴통) 金団(금단)

こんだで(곤다데) 메뉴 menu

しぶみ(시부미) 澁味(삽미) 떫은맛

しもふりにく(시모후리니쿠) 霜降肉(상강육) 마블링(marbling)이 좋은 고기

しゅん(슌) 旬(순) 야채, 과일 등 가장 맛이 좋은 시기 또는 계절

しっぽくりょうリ(싯포쿠료우리) 卓袱料理(탁복요리) 일본화 된 중국식 요리

しょくち(쇼쿠치) 食事(식사) 식사 meal

しょがつりょうり(쇼가쓰료우리) 正月料理(정월요리) 정초에 먹는 요리

しょじんりょうり(쇼진료우리) 精進料理(정진요리) 일본사찰요리

しょくじりょほ(쇼쿠지료호) 食事療法(식사요법) 식이요법 dietetic therapy

しょくだく(쇼쿠다쿠) 食卓(식탁) 식탁 table

しょくちゅどく(쇼쿠츄도쿠) 食中毒(식중독) 식중독 food poisoning

しょくひえいせ(쇼쿠히에이세) 食品衛生(식품위생) 식품위생 food sanitation

すけ(스케) 助(조) 주방일이 바쁠 때 도와주는 보조

すしや(스시야) 초밥전문점

すみ(스미) 炭(탄) 목탄. 炭

ぜんさい(젠사이) 前菜(전채) appetizer

だいどころ(다이도코로) 台所(태소) 부엌 kitchen

たていだ(다테이다) 立板(입판) 주방장의 보조인 부주방장

ちあい(치아이) 血合(혈합) 생선살 사이의 검붉은 부분 dark mussel

ちゃ(자) 茶(차) 차 tea

ちゅうしょく(주우쇼쿠) 점심

ちゅうかりょうり(주우카료우리) 中華料理(중화요리) 중화요리

ちょうせんずげ(조우센즈게) 朝鮮漬(조선지) 한국김치=キムチ

ちょうせんやき(조우센야키) 朝鮮燒(조선소) 불고기

ちょうせんりょうり(조우센료우리) 朝鮮料理(조선요리) 한국요리

ちょうしょく(조우쇼쿠) 朝食(조식) 조반 breakfast

ちょうり(조우리) 調理(조리) 조리 cooking

ちょうりし(조우리시) 調理師(조리사) 조리사 cook, chef

ちょうりしほう(조우리시호우) 調理師法(조리사법) 일본에서 조리사에 관한 사항을 구체적으로 명

    시, 국민 식생활의 향상을 목적으로 1958년에 제정된 법률

ちょうりば(조우리바) 調理場(조리장) 주방 kitchen

ちんみ(친미) 珍味(진미) 귀한 음식

ていしょく(데이쇼쿠) 定食(정식) 정식요리 set menu

てんぴ(덴피) 天火(천화) 오븐 oven

とさ(도사) 土左(토좌) 가쓰오부시의 산지

ながさきりょうり(나가사키료우리) 長崎料理(장기요리) 나가사키요리

なます(나마스) 비가열 조리한 요리의 총칭

におい(니오이) 臭(취) 냄새

にがみ(니가미) 苦味(고미) 쓴맛 bitter taste

にほんりょうり(니혼료우리) 日本料理(일본요리). 와쇼쿠(和食)

のみもの(노리모노) 음료, 마시는 요리 beverage

ふない(후나이) 腐敗(부패) 부패 decomposition

へんぱい(헨파이) 변패 rancidity

ほんぜんりょうり(혼젠료우리) 本膳料理(본선요리) 일본요리 형식의 기초가 된 일본의 사찰요리

まっちゃ(맛챠) 抹茶(말다) 녹차를 갈아서 분말로 한 고급 가루차=히키챠

みずさいばし(미즈사이바시) 水栽培(수재배) 수경재배

むこいた(무코이타) 向板(향판) 생선을 취급하는 파트

めしや(메시야) 飯屋(반옥) 음식점

もりつけ(모리쓰케) 盛付(성부) 음식을 담는 업무를 담당하는 조리사

わがし(와가시) 和菓子(화과자) 화과자. 일본과자

わしょく(와쇼쿠) 和食(화식) 일본식의 식사

중식

조리용어

01 중식 조리용어

1) 중식 조미료 용어

중국요리는 다양한 향신료를 사용하는데 다음과 같은 이유로 많이 사용하고 있다.

첫째로 요리의 풍미를 살리고, 수오육류와 어패류의 나쁜 냄새를 없애며, 향미를 즐기기 위해서 사용하는 경우가 많다. 종류에는 장(생강 : 姜), 충(파 : 蔥), 쏸(마늘 : 蒜), 화자오(산초씨), 띵샹(정향 : 丁香), 꾸이피(계피), 따후이(대회향 : 大茴), 샤오후이(회향 : 小香), 천피(귤껍질) 등이 있다.

중식의 조미료는 재료 그 자체의 맛과 조미료 맛의 아름다운 조화에 달려 있다고 해도 과언이 아닐 정도로 조미료의 종류는 많고 다양하다. 또 조미료를 사용하는 방법도 무척이나 다양할 정도로 중식은 조미료가 중요한 식재료로 활용되고 있다.

중국산 조미료는, 우리나라 조미료가 단품이며 좋은 맛을 지니고 있는 것에 비해, 각기 독특한 특징과 모가 있는 맛의 조미료가 많다. 이 조미료들은 독자적인 맛과 향을 지니고 있어, 이것의 배합에 의해 독특한 맛을 낸다.

조리사는 이 수많은 조미료를 배합하여, 입에 딱 맞는 절묘한 맛이 되게끔, 자연 그대로 재료의 풍미를 잘 살려야 한다. 기름으로 파, 마, 생강 등을 볶아 맛과 향기를 내는 향미 야채도 빈번히 사용된다. 향신료는 재료의 좋지 않은 냄새를 제거하거나, 재료의 독특한 맛을 강조하고 보존을 잘하기 위하여 쓰이는데, 한방적으로 약효가 높은 것이 대부분이다.

어려운 중국요리를 쉽게 이해하려면 요리용어를 알아두어야 하는데 이는 중식의 구성과 조리법, 재료의 성질까지도 이해할 수 있게 해주기 때문이다.

장유우(醬油 : 간장)

요리의 풍미와 향을 내게 하고, 맛의 악센트를 준다. 또한 조미 국물에 쳐서 감칠맛과 풍미를 낸다.

하오유오호(蠔油 : 굴기름)

으깬 굴을 끓여서 바싹 조린 다음, 조미료를 치고 농축시킨 것. 콜레스테롤을 조절하는 약효가 있다고 하며, 스태미나에도 효력이 있는 조미료이다.

쓰앙쓰우(香醋 : 흑초)

광동요리에 잘 쓰인다. 검은콩으로 만든 식초이며, 독특한 향기와 맛을 지니고 있다. 요리를 희게 만들고 싶을 때는 보통 식초와 섞어서 사용한다. 중국인은 여름에 체력이 소모되는 것을 방지하기 위해 이것을 냉수에 타서 마신다.

라오추우(老抽 : 노유-중국간장)

대두를 자연숙성시켜 만든 중국간장으로 색과 맛이 진한 편으로 상해요리에 많이
사용한다. 식재료를 윤기나게 조리거나 진한 색을 낼 때 사용한다.

라유우(辣油 : 고추기름)

가열한 참기름, 백교유(白絞由), 한방수종, 파, 생강, 양파
를 으깨어 받친 다음, 고춧가루 매운맛과 향을 낸 것. 향기와
매운맛과 좋은 풍미가 잘 어울려서, 사천요리에는 빠뜨릴
수 없는 조미료이다.

두우그우(묘묘 : 막장)

두통, 피부미용, 잘 때 식은땀을 흘리는 사람에게 좋다고
하며, 검고 윤기 나는 것이 양질의 것이다. 두우스라(고추장
과 된장을 섞은 것)는 볶음요리나 찐 요리, 혹은 생선에 얹어
서 먹는다. 또한 생야채에 찍어서 그대로 먹거나 냄비요리의
조미 국물로 넣는다. 검은콩, 밀, 누에콩, 고추를 블렌드하여
발효시킨 것이다.

하이센장(海鮮醬 : 싱겁게 간을 한 된장)

북경요리에 사용되는 유명한 싱거운 된장. 다른 조미료와 섞어서 사용한다. 또한 야
채에 쳐서 그대로 내놓는 경우도 있으나 레스토랑에서는
각자가 나름대로 조미료를 친다.

샤아유오(蝦油 : 새우간장)

새우젓 썩은 것 같은 독특한 냄새를 지녔으며, 요리의 은밀한 맛을 내기 위해, 볶음요리, 조림조미 국물이나 소스용으로 쓴다. 새우 이외에 생선으로 만든 것도 여러 종류가 있다.

라아후나이(豆腐乳 : 두부 삭힌 것)

두부를 소금에 절여서 발효시킨 것이다. 빛을 띤 라아후나이는 그대로 먹을 수도 있으며, 붉은빛을 띤 것은 주로 고운 채에 걸러서 여러 가지 재료를 넣어 끓이거나, 볶음요리에 쓰이며, 돼지불고기를 양념할 때도 쓰이는 향신료이다.

두우반샹(豆辦醬)

사천요리에서 매운맛의 기초가 되는 것으로, 볶음요리, 푹 끓이는 요리, 식탁용 조미료로 사용되며, 소스류와 함께 폭넓게 쓰이는 조미료이다. 보존할 때는 위에 기름을 한 겹 넣어 냉장고에 넣어둔다. 여름에는 특히 발효되기 쉬우므로 주의를 요한다.

기타 조미료

빠이탕(흰설탕), 홍탕(붉은 설탕), 삥탕(얼음설탕), 푸루(순두부), 황유(버터), 샤유(새우기름), 우판장(고추장), 칭라자오(풋고추), 라유(고추기름), 지마유(참기름), 뉴유(쇠기름), 주유(돼지기름), 라자오(고추), 옌(소금), 셴옌(소금), 추(식초) 등이 있다.

2) 조리방법을 나타내는 용어

차오(炒)

재료를 소량의 기름에 재빨리 섞으면서 볶는 것인데 보기에 예쁘고 불기가 고루 미치도록 크기를 가지런하게 썬다. 단시간에 만드는 것이므로, 시간과 품이 많이 걸리지 않으며, 재료의 맛을 그대로 살리고 영양도 손상되지 않는 이점이 있다.

카오(爐)

불에 직접 굽는 방법이다. 전에는 전용 풍로에서 강한 불꽃의 힘으로 양념한 재료를 S관에 매달아 불로 구웠었는데, 최근에 오븐을 쓰게 되면서 불꽃보다는 그 불의 열기를 잘 이용하여 만들게 되었다.

샤오(燒)

기름에 볶은 후 삶는다. 냄비 속에 여러 재료를 넣고 여러 가지 조미료와 수분을 넣은 다음 약한 불로 천천히 연하게 요리하는 것을 말한다.

바오(爆)

뜨거운 기름이나 물에 단시간에 튀기거나 데친다.

짜(炸)

튀김을 말한다. 많은 기름으로 재료를 튀기는데, 기름의 온도는 그 요리와 재료의 성질에 따라 달라진다. 다 된 것은 봉긋하고 향기가 있으며 아삭아삭 씹히는 것이 좋으며, 응용범위가 넓은 요리법이다.

젠(煎)

약간의 기름에 지져내는 법으로 우리나라의 전과 같은 조리법이다. 재료의 양면이

노릇노릇하고 껍질이 바삭바삭해지게 만든다. 불은 약하게 한다.

탕(湯), 촨(川)

수프 종류. 국처럼 끓이는 법으로 중국요리의 탕은 서양요리의 수프 스톡과 마찬가지로 요리 전체의 맛을 좌우하는 중요한 결정 수단이다. 종류에 따라 마오탕(닭고기 뼈의 수프), 나이탕(마오탕에 돼지 등 기름을 넣어 조린 수프), 칭탕(마오탕에 닭가슴살을 넣고 오래 끓여서 만든 수프), 수탕(야채나 콩 가공품, 건물류에서 우려낸 산뜻한 수프) 등이 있다.

둔(燉)

원래는 냄비 속에 여러 가지 재료와 물을 넣고 약한 불로 오랜 시간 푹 무를 때까지 서서히 끓인 것이었는데, 그 뒤에 개량되어 항아리 같은 용기에 넣어 중탕함으로써 재료의 맛도 손상되지 않고 맛도 농후하며 국물도 흐리지 않게 그대로 완성하게 되었다.

정(蒸)

간단한 조리법으로 재료를 시루나 찜통에 찐다. 뚜껑을 꼭 덮기 때문에 재료가 지닌 맛이 손상되지 않고, 향기와 맛도 그대로 보존되며 수프도 흐려지지 않는다. 재료로는 생선, 닭, 육류, 만두류 등 용도가 다양하다.

류(溜)

기름으로 튀기거나 조리거나 찐 것에 따로 준비한 조미료 소스를 넣은 요리를 말한다. 일반적으로 소스는 물에 푼 녹말가루로서 걸쭉하게 만들어 요리가 잘 식지 않게 하고, 조미료가 재료에 어우러져서 맛도 좋게 한다.

먼(燜)

일단 기름에 튀기거나 볶은 것을, 조미료나 향신료와 함께 재료가 잠길 정도로 물을 붓고 장시간 약한 불로 국물이 졸아들 때까지 조린다.

쉰(燻)

불에 그슬리는 방법으로 이미 맛을 들인 생재료나 완성된 재료를 그슬려서 풍미를 낸다. 재료를 연기로 찌는 일종의 훈제법이다.

반(拌)

무침요리로 '량빤'이라고도 한다. 재료에 여러 가지 조미료와 향신료 등을 섞고 맛이 배었을 때 먹는다. 무침은 술안주나 전채로도 쓸 수 있고 반찬으로도 손쉽게 만들 수 있어 편리하다.

췌이(脆)

얇은 옷을 입혀 바삭바삭하게 될 때까지 튀긴다.

펑(烹)

삶는다.

둥(凍)

응고시켜서 만드는 방법으로, 젤라틴이나 한천을 쓰거나, 돼지 뼈나 닭고기 등을 그 젤라틴으로 조미하는 조미법이다. 맛은 단 것과 매운 것의 두 가지 종류가 있다.

후이(燴)

녹말가루를 연하게 풀어 넣는다.

둔(燉)

주재료에 국물을 부어서 쩌낸다.

웨이(火)

냄비에 재료와 조미료를 넣은 다음 물을 주지 않고 약한 불로 천천히 조린다. 다 된 것은 매우 연하고 맛이 진하며 윤기가 있다. 샤오와 비슷한데, 차이점은 '웨'는 물을 주지 않고 조리하는 반면 '샤오'는 물을 주고 조리하는 데 있다.

치앤차이(前菜 : 전채요리)

치앤차이는 이제부터 시작될 식사에의 기대감을 안겨주는 것이다. 그런 만큼 요리의 아름다움에 유의하면서 담는다. 덜 때는 모양이 망가지지 않도록 유의하며 가에서부터, 또는 밑에서부터 조용히 젓가락으로 던다.

3) 요리의 재료를 나타내는 용어

롱(龍) : 뱀고기

지단(鷄蛋) : 달걀

투도우(土豆) : 감자

후(虎) : 너구리고기

야쯔(鴨子) : 오리

바이차이(白菜) : 배추

니로우(牛肉) : 소고기

톈지(田鷄) : 개구리

칭차이(靑菜) : 푸성귀

주로우(猪肉) : 돼지고기

펑(鳳), 지(鷄) : 닭고기

샤(蝦) : 새우 종류

모위(墨魚) : 오징어

4) 요리 재료 써는 모양에 따른 용어

피옌(片) : 얇게 썰어 만든 모양

딩(丁) : 눈 목(目)자 모양으로 자른 것

모(末) : 아주 잘게 썬 것

쓰(絲) : 결을 따라 가늘게 찢어 놓은 모양

콰이(塊) : 크고 두꺼운 덩어리로 썬 것

두안(段) : 깍둑 모양으로 작게 썬 것

완(丸) : 완자 모양으로 동그랗게 만든 것

취옌(卷) : 두루마리처럼 감은 것

빠오(包) : 얇은 껍질로 소를 싼 것

니(泥) : 강판에 갈아 즙을 낸 것

낭(釀) : 재료의 속을 비우고 그곳에 다른 재료를 넣은 것

5) 재료의 배합형태에 따른 용어

싼시앤(三鮮) : 세 가지 재료를 이용하여 만든 요리

빠바오(八寶) : 여덟 가지 진귀한 재료를 넣어서 만든 요리

우샹(五香) : 다섯 가지 향료를 쓴 요리

스징(十景) : 열 가지 재료를 사용하여 만든 요리

바이징(白景) : 신선로와 비슷한 모양의 휘꿔즈(火鍋子)라는 그릇에 여러 가지 재료
를 넣어 만든 요리

싼딩(三丁) : 세 가지 요리를 정육면체 모양으로 썰어서 만든 요리

6) 중국음식 용어

바이저우(粥)

죽으로 흰죽, 좁쌀죽, 누룽지죽 등 중국 북부지방의 가장 일반적인 아침식사이다.

요우티아오(油)

밀가루를 막대 모양으로 기름에 튀긴 빵의 일종인데 모양은 꼬이지 않은 꽈배기를 연상하면 된다. 맛은 약간 짭짤하고 껍질은 바삭하며 속은 말랑한 빵의 일종이다.

떠우지앙(豆)

달콤하고 따뜻한 두유로 우리나라 베지밀에 설탕을 3스푼쯤 넣은 음식이라고 보면 된다. 떠우지앙은 중국인들에게 무척 인기 있는 식품으로 서안에는 전문음식점이 있을 정도이다.

샤올롱빠오(小包)

우리나라의 왕만두 모양과 맛을 낸다. 보통 한 판에 6~7개의 샤올롱빠오가 나와서 한 사람의 한 끼 식사로 충분하다. 우리나라에서처럼 간장에 찍어 먹기보다는 채소볶음과 함께 먹으면 좋다.

니우로미엔(牛肉面)

우육라면으로 란저우가 원산지나 중국 중북부 어디서나 흔하게 접할 수 있는 대중적인 음식이다. 수타한 면과 육수에 소고기 고명을 올려준다 .

피단(皮蛋)

쑹화단이라고도 부르는데 소금물에 절인 오리알로 껍질이 연한 하늘색을 띠고 있어 달걀과 구별된다.

칭차이(菜)

중국인의 김치라고 해도 되며 청경채(배추의 일종)를 기름에 볶아 중국식 소스를 끼얹어 나온다. 짭짤하고 담백한 맛이다.

미펀(米粉)

계림지방의 대표적인 아침식사로 쌀국수이다. 한국인의 입맛에 너무나 잘 맞는 음식이라고 말할 수 있다.

치엔청빙(千層餅)

호떡모양으로 쌀가루떡을 기름에 튀긴 빵 종류로 산동 이외의 지역에는 별로 없다.

7) 냉채(량채, 凉菜) : 차가운 요리 용어

소총반두부(小蔥拌豆腐 : 샤오충빤또우후)

네모난 생순두부에 참기름과 소금으로 간을 하고 파를 잘게 썰어서 얹은 요리이다. 시원하고 깔끔한 맛으로 한국사람 입맛에 잘 맞는다. 여기서 반(拌 : 빤)은 '비빈다'는 뜻으로 잘게 썬 파와 두부를 비벼 먹으라고 방법을 말해주고 있다.

장우육(醬牛肉 : 짱니우로우)

우리 음식 가운데 장조림과 비슷하다. 다만 얇게 저며 차게 먹는 것이 틀린 점이다. 이 밖에 추천할 만한 량채로는 산랄황과(酸辣黃瓜 : 쑤안라황꽈), 당초황과(糖醋黃瓜) 등이 있다. 둘 다 생오이 절임인데 앞의 것은 시고 매운맛, 뒤의 것은 달고 신맛으로 무난히 먹을 수 있다.

8) 열채(熱菜, 볶음요리) : 뜨거운 요리 용어

어향육사(魚香肉絲 : 위샹로우쓰)
돼지고기를 실처럼 가늘게 썰어 죽순, 목이버섯, 잘게 썬 파, 생강 등 야채와 고추, 식초, 소금, 간장, 설탕 등을 넣고 볶다가 전분과 육수로 걸쭉하게 마무리하는 요리이다. 짭짤하고, 달고, 맵고, 약간의 신맛이 나는 어향(魚香 : 위샹)은 소스의 일종으로 외국인의 입맛에 가장 무난한 맛이라는 평을 듣고 있다.

회과육(回鍋肉 : 후이꾸어로우)
비계가 약간 있는 돼지고기를 마늘종, 마늘, 양파 등을 넣고 간장과 식초로 간을 하여 볶은 요리

매채구육(梅采拘肉 : 메이차이커우로우)
우거지 위에 돼지고기 삼겹살을 얹고 간장 등의 양념을 하여 찐 요리이다. 구육(커우로우)은 가늘게 저며 찐 요리를 말한다. 사천(四川 : 쓰촨)요리이다.

고노육(古老肉)
돼지고기를 밀가루 옷을 입혀 튀긴 후, 소스를 묻혀 살짝 볶은 음식이다. 소스는 탕수육 소스와 비슷한 맛

철판우육(鐵板牛肉 : 티애판니우로우)
소고기와 양파, 파, 마늘 등을 기름, 참기름, 간장, 후추, 조미료 황주(쌀, 차조, 차수수 등 곡식으로 빚은 순도가 낮은 술), 전분 등으로 간을 해 철판에 올려놓고 지글지글 볶은 소고기 요리이다. 뚝배기 효과가 있는 철판에 그대로 요리가 담겨 나오는 것이 특징이다.

마의상수(馬蟻上樹 : 마이쌍쑤)

사천(四川 : 쓰촨)요리로, 이 이름은 요리의 모양에서 따온 것이다. 소고기를 가루를 내어 먼저 볶은 다음 당면과 섞어서 식초로 간을 하여 볶은 요리인데, 잘게 다져진 소고기가 당면에 붙어 있는 모습이 개비(馬蟻 : 마이)가 나무(樹 : 쑤)에 올라가는 (上 : 쌍) 것 같다고 해서 붙여진 이름이다.

당면의 쫄깃하고 매운맛을 느낄 수 있다.

궁보계정(宮保鷄丁 : 꿍빠오지띵)

외국사람이 비교적 좋아하는 중국요리 중의 하나로 역시 사천(四川 : 쓰촨)요리이다. 닭고기와 땅콩, 고추, 오이, 당근, 양파, 생강 등을 조미용 황주, 간장, 설탕, 식초, 화초(花椒 : 화쟈오, 산초나무 열매로 독특한 향을 낸다)로 맛을 내어 볶은 요리이다.

마지막 글자 '丁'은 손톱크기로 썬 모양을 설명하고 있다. 계정(鷄丁 : 지띵)요리(닭고기를 잘게 썰어 볶은 요리)로서 이 밖에도 라자계정(辣子鷄丁 : 라즈지띵) 등이 있다. 이것은 고추와 닭고기를 궁보계정과 같은 소스로 볶은 요리이다.

삼배계(三杯鷄 : 싼베이지)

닭고기를 깍두기 정도 크기로 토막내어 질그릇에(중국은 자토와 모래를 섞어 만든 뚝배기를 쓴다) 간장, 백주, 각종 조미료를 섞은 물을 한 컵씩 같이 넣고 끓이는 대만 요리이다.

삼배(三杯 : 싼뻬이)

세 잔이라는 뜻으로 양념이 각각 한 컵씩 들어갔음을 의미한다.

향고유채(香姑油菜 : 샹꾸어우차이)

향고는 표고버섯이고, 유채는 겉절이 배추와 비슷한 채소이다. 이 두 채소를 기름에 볶은 요리인데 표고버섯의 향과 유채의 부드러운 맛이 잘 어우러져 있다.

호피첨초(虎皮尖椒 : 후피젠쟈오)

푸른 고추를 모양 그대로 센 불에 볶은 요리이다. 고추를 볶았을 때 노르스름한 반점이 생기는데, 이것이 호랑이 가죽과 비슷하다고 해서 호피(虎皮 : 후피)라는 이름이 붙었고, 뒤의 두 글자 첨초(尖椒 : 제쟈오)는 끝이 날카로운 고추의 모양을 설명한 것이다.

마파두부(麻婆豆腐 : 마풔또우후)

역시 사천(四川 : 쓰촨)요리이다. 간장, 고추장, 참기름, 마늘, 파, 생강 등을 기름에 볶다가 깍두기 모양으로 썬 두부를 넣고 마지막에 전분으로 걸쭉하게 하는 요리이다.

팔진두부(八珍豆腐 : 빠쩐또우푸)

질그릇에 새우, 해삼, 표고버섯, 마늘 등과 살짝 튀긴 두부를 넣고 간장으로 간을 하여 끓인 요리이다.

청초하인(淸炒蝦仁 : 칭차오시아런)

청초(淸炒 : 칭차오)는 기름에 깨끗하게 볶는 방법이다. 하인(蝦仁 : 샤런)은 새우 살로 된 요리의 재료를 설명한다. 즉, 이 요리는 새우살을 기름에 볶은 요리이다.

과파(鍋巴 : 꾸어빠)

과파는 우리 음식의 누룽지이다. 누룽지를 살짝 튀겨 삼선 소스를 위에다 부어 먹는 요리로, 누룽지의 고소한 맛과 소스가 잘 어우러져 아주 맛있다.

9) 탕류(湯類) 용어

중국음식에서 주식(밥, 국수, 만두 등)은 요리를 다 먹은 다음 마지막으로 먹게 되며 밥을 먹기 전에 먼저 국이나 수프를 마신다.

계용옥미갱(鷄茸玉米羹 : 찌룽위미껑)

달걀을 부드럽게 푼 옥수수 수프이다. 보통 중국의 탕은 느끼한 경우가 많은데, 이 탕은 전혀 느끼하지 않고 옥수수의 고소한 맛이 국물과 함께 부드러운 맛을 내 우리 입맛에 맞는다. 이것을 마시면 전체 식사를 부드럽게 마무리할 수 있다. 맛있다.

10) 주식(主食)과 디저트용 요리

미분(米粉 : 미펀)

쌀가루로 만든 국수로 국물이 있는 중국 계림지역의 대표적인 쌀국수

발사(拔絲 : 빠쓰)

발사(拔絲 : 빠쓰)는 우리 맛탕과 비슷하다. 바나나로 만들면 발사향초(拔絲香蕉 : 빠스샹쟈오), 사과로 만들었으면 발사평과(拔絲平果 : 빠스핑궈)이다.

참 고 문 헌

김　진 외, 조리용어 사전, 광문각, 2004.
롯데호텔 직무교재, 1990.
박정준 외, 기초서양조리, 기문사, 2002.
신라호텔 직무교재, 1995.
염진철 외, 고급서양요리, 백산출판사, 2004.
염진철, The Professional Cuisine, No. 1, 2007.
염진철, The Professional Cuisine, No. 2, 2007.
오석태 외, 서양조리학개론, 신광출판사, 2002.
이혜정 외, 신조리용어, 신광출판사, 2002.
정청송 외, 조리과학기술사전, C.G.S., 2003.
정청송, 서양요리기술론, 기전연구사, 1990.
정청송, 불어조리용어사전, 기전연구사, 1988.
정혜정, 조리용어사전, 효일, 2003.
진양호 외, 이탈리아요리 용어사전, 현학사, 2006.
진양호, 현대서양요리, 형설출판사, 1990.
최수근, 서양요리, 형설출판사, 2003.
최수근 외, 디저트의 이론과 실제, 형설출판사, 1998.
호텔 인터콘티넨탈 직무교재, 1993.
Paul Bouse, New Professional Chef, CIA, 2002.
Sarah R. Labensky & Alan M. Hause, On Cooking, Prentice Hall, 1995.
Wayne Gisslen, Professional Cooking, Wiley, 2003.

주요 한식명(200개) 로마자 표기 및 번역(영, 중, 일) 표준 시안

순번	대분류	음식메뉴명	로마자 표기	영어 번역	중국어(간체) 번역	일본어 번역
1	상차림	한정식	Han-jeongsik	Korean Table d'hote	韩定食(韩式套餐)	韓定食
2	밥	곤드레나물밥	Gondeure-namul-bap	Seasoned Thistle with Rice	山蓟菜饭	コンドゥレナムルご飯
3	밥	김밥	Gimbap	Gimbap	紫菜卷饭	キンパプ
4	밥	김치볶음밥	Kimchi-bokkeum-bap	Kimchi Fried Rice	泡菜炒饭	キムチチャーハン
5	밥	낙지덮밥	Nakji-deopbap	Spicy Stir-fried Octopus with Rice	章鱼盖饭	テナガダコ丼
6	밥	누룽지	Nurungji	Scorched Rice	锅巴粥	おこげ湯
7	밥	돌솥비빔밥	Dolsot-bibimbap	Hot Stone Pot Bibimbap	石锅拌饭	石焼きビビンバ
8	밥	돼지국밥	Dwaeji-gukbap	Pork and Rice Soup	猪肉汤饭	豚肉クッパ
9	밥	밥	Bap	Rice	米饭	ご飯
10	밥	보리밥	Bori-bap	Barley Rice	大麦饭	麦ご飯
11	밥	불고기덮밥	Bulgogi-deopbap	Bulgogi with Rice	烤牛肉盖饭	プルコギ丼
12	밥	비빔밥	Bibimbap	Bibimbap	拌饭	ビビンバ
13	밥	산채비빔밥	Sanchae-bibimbap	Wild Vegetable Bibimbap	山菜拌饭	山菜ビビンバ
14	밥	새싹비빔밥	Saessak-bibimbap	Sprout Bibimbap	嫩芽拌饭	スプラウトビビンバ
15	밥	소고기국밥	So-gogi-gukbap	Beef and Rice Soup	牛肉汤饭	牛肉クッパ
16	밥	순댓국밥	Sundae-gukbap	Korean Sausage and Rice Soup	血肠汤饭	豚の腸詰めクッパ
17	밥	쌈밥	Ssambap	Leaf Wraps and Rice	蔬菜包饭	野菜包みご飯
18	밥	영양돌솥밥	Yeongyang-dolsot-bap	Nutritious Hot Stone Pot Rice	营养石锅饭	栄養{釜飯
19	밥	오곡밥	Ogok-bap	Five-grain Rice	五谷饭	五穀ご飯
20	밥	오징어덮밥	Ojingeo-deopbap	Spicy Squid with Rice	鱿鱼盖饭	イカ炒め丼

순번	대분류	음식메뉴명	로마자 표기	영어 번역	중국어(간체) 번역	일본어 번역
21	밥	우거지사골국밥	Ugeoji-sagol-gukbap	Napa Cabbage and Rice Soup	干白菜牛骨汤饭	白菜入り牛骨クッパ
22	밥	우렁된장비빔밥	Ureong-doenjang-bibimbap	Freshwater Snail Soybean Paste Bibimbap	田螺大酱拌饭	タニシ入りテンジャンビビンバ
23	밥	육회비빔밥	Yukhoe-bibimbap	Beef Tartare Bibimbap	生牛肉拌饭	ユッケビビンバ
24	밥	잡곡밥	Japgok-bap	Multi-grain Rice	杂粮饭	雑穀ご飯
25	밥	잡채덮밥	Japchae-deopbap	Stir-fried Glass Noodles and Vegetableswith Rice	什锦炒菜盖饭	チャプチェ丼
26	밥	제육덮밥	Jeyuk-deopbap	Spicy Stir-fried Pork with Rice	辣炒猪肉盖饭	豚肉炒め丼
27	밥	제육비빔밥	Jeyuk-bibimbap	Spicy Pork Bibimbap	辣炒猪肉拌饭	豚肉炒めビビンバ
28	밥	주먹밥	Jumeok-bap	Riceballs	饭团	おにぎり
29	밥	콩나물국밥	Kong-namul-gukbap	Bean Sprout and Rice Soup	豆芽汤饭	豆もやしクッパ
30	밥	콩나물밥	Kong-namul-bap	Bean Sprouts with Rice	豆芽饭	豆もやしご飯
31	밥	회덮밥	Hoe-deopbap	Raw Fish Bibimbap	生鱼片盖饭	刺身丼
32	죽	삼계죽	Samgye-juk	Ginseng and Chicken Rice Porridge	参鸡粥	鶏{肉と高麗人蔘のお粥
33	죽	잣죽	Jatjuk	Pine Nut Porridge	松仁粥	松の実粥
34	죽	전복죽	Jeonbok-juk	Abalone Rice Porridge	鲍鱼粥	アワビ粥
35	죽	채소죽	Chaeso-juk	Vegetable Rice Porridge	蔬菜粥	野菜粥
36	죽	팥죽	Patjuk	Red Bean Porridge	红豆粥	小豆粥
37	죽	호박죽	Hobak-juk	Pumpkin Porridge	南瓜粥	カボチャ粥
38	죽	흑임자죽	Heugimja-juk	Black Sesame Porridge	黑芝麻粥	黒ごま粥
39	면	막국수	Makguksu	Spicy Buckwheat Noodles	荞麦凉面	混ぜそば
40	면	만두	Mandu	Dumplings	饺子	餃子

순번	대분류	음식메뉴명	로마자 표기	영어 번역	중국어(간체) 번역	일본어 번역
41	면	물냉면	Mul-naengmyeon	Cold Buckwheat Noodles	冷面	水冷麺
42	면	바지락칼국수	Bajirak-kal-guksu	Noodle Soup with Clams	蛤蜊刀切面	アサリきしめん
43	면	비빔국수	Bibim-guksu	Spicy Noodles	拌面	混ぜ素麺
44	면	비빔냉면	Bibim-naengmyeon	Spicy Buckwheat Noodles	拌冷面	混ぜ冷麺
45	면	수제비	Sujebi	Hand-pulled Dough Soup	面片汤	すいとん
46	면	잔치국수	Janchi-guksu	Banquet Noodles	喜面	にゅうめん
47	면	쟁반국수	Jaengban-guksu	Jumbo Sized Buckwheat Noodles	大盘荞麦面	大皿そば
48	면	칼국수	Kal-guksu	Noodle Soup	刀切面	きしめん
49	면	콩국수	Kong-guksu	Noodles in Cold Soybean Soup	豆汁面	豆乳素麺
50	면	회냉면	Hoe-naengmyeon	Cold Buckwheat Noodles with Raw Fish	辣拌斑鳐冷面	刺身入り冷麺
51	국, 탕	갈비탕	Galbi-tang	Short Rib Soup	牛排骨汤	カルビタン
52	국, 탕	감자탕	Gamja-tang	Pork Back-bone Stew	脊骨土豆汤	カムジャタン
53	국, 탕	곰탕	Gomtang	Beef Bone Soup	精熬牛骨汤	コムタン
54	국, 탕	꽃게탕	Kkotge-tang	Spicy Blue Crab Soup	花蟹汤	ワタリガニ鍋
55	국, 탕	대구맑은탕	Daegu-malgeun-tang	Codfish Soup	鳕鱼清汤	たらスープ
56	국, 탕	대구매운탕	Daegu-maeun-tang	Spicy Codfish Soup	鲜辣鳕鱼汤	たらの辛味スープ
57	국, 탕	도가니탕	Dogani-tang	Ox Knee Soup	牛膝骨汤	牛の膝軟骨スープ
58	국, 탕	된장국	Doenjang-guk	Soybean Paste Soup	大酱清汤	テンジャンクク
59	국, 탕	떡국	Tteokguk	Sliced Rice Cake Soup	年糕汤	トック
60	국, 탕	떡만둣국	Tteok-mandu-guk	Rice Cake and Dumpling Soup	年糕饺子汤	餅と餃子のスープ
61	국, 탕	만둣국	Mandu-guk	Dumpling Soup	饺子汤	餃子スープ

순번	대분류	음식메뉴명	로마자 표기	영어 번역	중국어(간체) 번역	일본어 번역
62	국, 탕	매운탕	Maeun-tang	Spicy Fish Stew	鲜辣鱼汤	魚の辛味スープ
63	국, 탕	미역국	Miyeok-guk	Seaweed Soup	海带汤	ワカメスープ
64	국, 탕	복맑은탕	Bok-malgeun-tang	Puffer Fish Soup	河豚清汤	ふぐ スープ
65	국, 탕	복매운탕	Bok-meaun-tang	Spicy Puffer Fish Stew	鲜辣河豚汤	ふぐの辛味スープ
66	국, 탕	북엇국	Bugeo-guk	Dried Pollack Soup	干明太鱼汤	干しスケトウダラスープ
67	국, 탕	삼계탕	Samgye-tang	Ginseng Chicken Soup	参鸡汤	サムゲタン
68	국, 탕	설렁탕	Seolleongtang	Ox Bone Soup	先农汤	ソルロンタン
69	국, 탕	알탕	Altang	Spicy Fish Roe Soup	鱼子汤	魚卵スープ
70	국, 탕	오이냉국	Oi-naengguk	Chilled Cucumber Soup	黄瓜凉汤	キュウリの冷製スープ
71	국, 탕	우거지갈비탕	Ugeoji-galbi-tang	Cabbage and Short Rib Soup	干白菜排骨汤	白菜カルビタン
72	국, 탕	육개장	Yukgaejang	Spicy Beef Soup	香辣牛肉汤	ユッケジャン
73	국, 탕	추어탕	Chueo-tang	Loach Soup	泥鳅汤	どじょうスープ
74	국, 탕	콩나물국	Kongnamul-guk	Bean Sprout Soup	豆芽汤	豆もやしスープ
75	국, 탕	해물탕	Haemul-tang	Spicy Seafood Stew	海鲜汤	海鮮鍋
76	국, 탕	해장국	Haejang-guk	Hangover Soup	醒酒汤	酔い覚ましスープ
77	국, 탕	홍합탕	Honghap-tang	Mussel Soup	贻贝汤	ムール貝スープ
78	찌개	김치찌개	Kimchi-jjigae	Kimchi Stew	泡菜汤	キムチチゲ
79	찌개	동태찌개	Dongtae-jjigae	Pollack Stew	冻明太鱼汤	スケトウダラチゲ
80	찌개	된장찌개	Doenjang-jjigae	Soybean Paste Stew	大酱汤	テンジャンチゲ
81	찌개	부대찌개	Budae-jjigae	Sausage Stew	火腿肠锅	プデチゲ
82	찌개	순두부찌개	Sundubu-jjigae	Soft Tofu Stew	嫩豆腐锅	スンドゥブチゲ
83	찌개	청국장찌개	Cheonggukjang-jjigae	Rich Soybean Paste Stew	清麴酱锅	チョングクチャンチゲ
84	전골	곱창전골	Gopchang-jeongol	Beef Tripe Hot Pot	肥肠火锅	コプチャンの寄せ鍋

순번	대분류	음식메뉴명	로마자 표기	영어 번역	중국어(간체) 번역	일본어 번역
85	전골	국수전골	Guksu-jeongol	Noodle Hot Pot	面条火锅	麺の寄せ鍋
86	전골	김치전골	Kimchi-jeongol	Kimchi Hot Pot	泡菜火锅	キムチの寄せ鍋
87	전골	두부전골	Dubu-jeongol	Tofu Hot Pot	豆腐火锅	豆腐の寄せ鍋
88	전골	만두전골	Mandu-jeongol	Dumpling Hot Pot	饺子火锅	餃子の寄せ鍋
89	전골	버섯전골	Beoseot-jeongol	Mushroom Hot Pot	蘑菇火锅	きのこの寄せ鍋
90	전골	불낙전골	Bullak-jeongol	Bulgogi and Octopus Hot Pot	烤牛肉章鱼火锅	牛肉とテナガダコの寄せ鍋
91	전골	소고기전골	So-gogi-jeongol	Beef Hot Pot	牛肉火锅	牛肉の寄せ鍋
92	전골	신선로	Sinseollo	Royal Hot Pot	神仙炉	宮中鍋
93	찜	갈비찜	Galbi-jjim	Braised Short Ribs	炖牛排骨	カルビの蒸し物
94	찜	계란찜	Gyeran-jjim	Steamed Eggs	鸡蛋羹	茶碗蒸し
95	찜	닭백숙	Dak-baeksuk	Whole Chicken Soup	清炖鸡	鶏肉の水炊き
96	찜	닭볶음탕	Dak-bokkeum-tang	Braised Spicy Chicken	辣炖鸡块	鶏肉の炒め煮
97	찜	묵은지찜	Mugeunji-jjim	Braised Pork with aged Kimchi	炖酸泡菜	熟成キムチの蒸し物
98	찜	보쌈	Bossam	Napa Wraps with Pork	菜包肉	ポサム
99	찜	수육	Suyuk	Boiled Beef or Pork Slices	白切肉	ゆで肉
100	찜	순대	Sundae	Korean Sausage	血肠	豚の腸詰め
101	찜	아귀찜	Agwi-jjim	Braised Spicy Monkfish	辣炖安康鱼	アンコウの蒸し物
102	찜	족발	Jokbal	Pigs' Feet	酱猪蹄	豚足
103	찜	해물찜	Haemul-jjim	Braised Spicy Seafood	辣炖海鲜	海鮮の蒸し物
104	조림	갈치조림	Galchi-jorim	Braised Cutlassfish	辣炖带鱼	太刀魚の煮付け
105	조림	감자조림	Gamja-jorim	Soy Sauce Braised Potatoes	酱土豆	じゃがいもの煮付け
106	조림	고등어조림	Godeungeo-jorim	Braised Mackerel	炖青花鱼	サバの煮付け

순번	대분류	음식메뉴명	로마자 표기	영어 번역	중국어(간체) 번역	일본어 번역
107	조림	두부조림	Dubu-jorim	Braised Tofu	烧豆腐	豆腐の煮付け
108	조림	은대구조림	Eun-daegu-jorim	Braised Black Cod	炖银鳕鱼	銀だらの煮付け
109	조림	장조림	Jang-jorim	Soy Sauce Braised Beef	酱牛肉	肉の煮付け
110	볶음	궁중떡볶이	Gungjung-tteok-bokki	Royal Stir-fried Rice Cake	宫廷炒年糕	宮中トッポッキ
111	볶음	낙지볶음	Nakji-bokkeum	Stir-fried Octopus	辣炒章鱼	テナガダコ炒め
112	볶음	두부김치	Dubu-kimchi	Tofu with Stir-fried Kimchi	炒泡菜佐豆腐	豆腐キムチ
113	볶음	떡볶이	Tteok-bokki	Stir-fried Rice Cake	辣炒年糕	トッポッキ
114	볶음	오징어볶음	Ojingeo-bokkeum	Stir-Fried Squid	辣炒鱿鱼	イカ炒め
115	볶음	제육볶음	Jeyuk-bokkeum	Stir-Fried Pork	辣炒猪肉	豚肉炒め
116	구이	고등어구이	Godeungeo-gui	Grilled Mackerel	烤青花鱼	サバの塩焼き
117	구이	곱창구이	Gopchang-gui	Grilled Beef Tripe	烤肥肠	コプチャン焼き
118	구이	너비아니	Neobiani	Marinated Grilled Beef Slices	宫廷烤牛肉	宮中焼き肉
119	구이	닭갈비	Dak-galbi	Spicy Stir-fried Chicken	铁板鸡	タッカルビ
120	구이	더덕구이	Deodeok-gui	Grilled Deodeok	烤沙参	蔓人蔘焼き
121	구이	돼지갈비구이	Dwaeji-galbi-gui	Grilled Spareribs	烤猪排	豚カルビ焼き
122	구이	떡갈비	Tteok-galbi	Grilled Short Rib Patties	牛肉饼	粗挽きカルビ焼き
123	구이	뚝배기불고기	Ttukbaegi-bulgogi	Hot Pot Bulgogi	砂锅烤牛肉	土鍋プルコギ
124	구이	불고기	Bulgogi	Bulgogi	烤牛肉	プルゴギ
125	구이	삼겹살	Samgyeop-sal	Grilled Pork Belly	烤五花肉	サムギョプサル
126	구이	새우구이	Saeu-gui	Grilled Shrimp	烤虾	海老の塩焼き
127	구이	생선구이	Saengseon-gui	Grilled Fish	烤鱼	焼き魚
128	구이	소갈비구이	So-galbi-gui	Grilled Beef Ribs	烤牛排	牛カルビ焼き

순번	대분류	음식메뉴명	로마자 표기	영어 번역	중국어(간체) 번역	일본어 번역
129	구이	소고기편채	So-gogi-pyeonchae	Sliced Beef with Vegetables	肉片菜丝	牛ロースの薄切り
130	구이	양념갈비	Yangnyeom-galbi	Marinated Grilled Beef Ribs	调味排骨	味付けカルビ
131	구이	오리구이	Ori-gui	Grilled Duck	烤鸭肉	鴨肉焼き
132	구이	장어구이	Jangeo-gui	Grilled Eel	烤鳗鱼	ウナギ焼き
133	구이	황태구이	Hwangtae-gui	Grilled Dried Pollack	烤干明太鱼	スケトウダラ焼き
134	전, 튀김	감자전	Gamja-jeon	Potato Pancakes	土豆煎饼	じゃがいものチヂミ
135	전, 튀김	계란말이	Gyeran-mari	Rolled Omelet	鸡蛋卷	卵焼き
136	전, 튀김	김치전	Kimchi-jeon	Kimchi Pancake	泡菜煎饼	キムチのチヂミ
137	전, 튀김	녹두전	Nokdu-jeon	Mung Bean Pancake	绿豆煎饼	緑豆のチヂミ
138	전, 튀김	메밀전병	Memil-jeonbyeong	Buckwheat Crepe	荞麦煎饼	そば粉の薄皮巻き
139	전, 튀김	모둠전	Modum-jeon	Assorted Savory Pancakes	煎饼拼盘	チヂミの盛り合わせ
140	전, 튀김	부각	Bugak	Vegetable and Seaweed Chips	干炸片	海草・野菜のパリパリ揚げ
141	전, 튀김	빈대떡	Bindae-tteok	Mung Bean Pancake	绿豆煎饼	ピンデトク
142	전, 튀김	생선전	Saengseon-jeon	Pan-fried Fish Fillet	鲜鱼煎饼	白身魚のチヂミ
143	전, 튀김	송이산적	Songi-sanjeok	Pine Mushroom Skewers	松茸烤串	松茸の串焼き
144	전, 튀김	파전	Pajeon	Green Onion Pancake	葱煎饼	ねぎのチヂミ
145	전, 튀김	해물파전	Haemul-pajeon	Seafood and Green Onion Pancake	海鲜葱煎饼	海鮮とねぎのチヂミ
146	전, 튀김	화양적	Hwayangjeok	Beef and Vegetable Skewers	华阳串	彩り串焼き
147	회	광어회	Gwangeo-hoe	Sliced Raw Flatfish	比目鱼生鱼片	ヒラメの刺身
148	회	모둠회	Modum-hoe	Assorted Sliced Raw Fish	生鱼片拼盘	刺身の盛り合わせ
149	회	생선회	Saengseon-hoe	Sliced Raw Fish	生鱼片	刺身

순번	대분류	음식메뉴명	로마자 표기	영어 번역	중국어(간체) 번역	일본어 번역
150	회	육회	Yukhoe	Beef Tartare	生拌牛肉	ユッケ
151	회	홍어회무침	Hongeo-hoe-muchim	Sliced Raw Skate Salad	生拌斑鰩	ガンギエイの刺身の和え物
152	회	회무침	Hoe-muchim	Spicy Raw Fish Salad	凉拌生鱼片	刺身の和え物
153	김치	겉절이	Geot-jeori	Fresh Kimchi	鲜辣白菜	浅漬けキムチ
154	김치	깍두기	Kkakdugi	Radish Kimchi	萝卜块泡菜	カクトゥギ
155	김치	나박김치	Nabak-kimchi	Water Kimchi	萝卜片水泡菜	大根と白菜の水キムチ
156	김치	동치미	Dongchimi	Radish Water Kimchi	盐水萝卜泡菜	大根の水キムチ
157	김치	무생채	Mu-saengchae	Julienned Korean Radish Salad	凉拌萝卜丝	大根の和え物
158	김치	배추김치	Baechu-kimchi	Kimchi	辣白菜	白菜キムチ
159	김치	백김치	Baek-kimchi	White Kimchi	白泡菜	白キムチ
160	김치	보쌈김치	Bossam-kimchi	Wrapped Kimchi	包卷泡菜	ポッサムキムチ
161	김치	열무김치	Yeolmu-kimchi	Young Summer Radish Kimchi	萝卜缨泡菜	大根若菜キムチ
162	김치	오이소박이	Oi-sobagi	Cucumber Kimchi	黄瓜泡菜	キュウリキムチ
163	김치	총각김치	Chonggak-kimchi	Whole Radish Kimchi	小萝卜泡菜	ミニ大根キムチ
164	장, 장아찌	간장	Ganjang	Soy Sauce	酱油	カンジャン
165	장, 장아찌	간장게장	Ganjang-gejang	Soy Sauce Marinated Crab	酱蟹	カンジャンケジャン
166	장, 장아찌	고추장	Gochu-jang	Red Chili Paste	辣椒酱	コチュジャン
167	장, 장아찌	된장	Doenjang	Soybean Paste	大酱	テンジャン
168	장, 장아찌	양념게장	Yangnyeom-gejang	Spicy Marinated Crab	鲜辣蟹	味付けケジャン

순번	대분류	음식메뉴명	로마자 표기	영어 번역	중국어(간체) 번역	일본어 번역
169	장, 장아찌	장아찌	Jangajji	Pickled Vegetables	酱菜	漬物
170	젓갈	멸치젓	Myeolchi-jeot	Salted Anchovies	鳀鱼酱	カタクチイワシの塩辛
171	젓갈	새우젓	Saeu-jeot	Salted Shrimp	虾酱	アミの塩辛
172	젓갈	젓갈	Jeotgal	Salted Seafood	鱼虾酱	塩辛
173	기타 반찬	골뱅이무침	Golbaengi-muchim	Spicy Sea Snails	辣拌海螺	つぶ貝の和え物
174	기타 반찬	구절판	Gujeolpan	Platter of Nine Delicacies	九折坂	クジョルパン
175	기타 반찬	김	Gim	Laver	海苔	のり
176	기타 반찬	나물	Namul	Seasoned Vegetables	素菜	ナムル
177	기타 반찬	대하냉채	Daeha-naengchae	Chilled Prawn Salad	凉拌大虾	大正海老の冷菜
178	기타 반찬	도토리묵	Dotori-muk	Acorn Jelly Salad	橡子凉粉	どんぐりこんにゃくの和え物
179	기타 반찬	오이선	Oiseon	Stuffed Cucumber	黄瓜膳	飾りキュウリの甘酢がけ
180	기타 반찬	잡채	Japchae	Stir-fried Glass Noodles and Vegetables	什锦炒菜	チャプチェ
181	기타 반찬	죽순채	Juksun-chae	Seasoned Bamboo Shoots	竹笋菜	竹の子の炒め物
182	기타 반찬	콩나물무침	Kong-namul-muchim	Seasoned Bean Sprouts	凉拌豆芽	豆もやしの和え物
183	기타 반찬	탕평채	Tangpyeongchae	Mung Bean Jelly Sallad	荡平菜	ところてんの和え物
184	기타 반찬	해파리냉채	Haepari-naengchae	Chilled Jellyfish Salad	凉拌海蜇	クラゲの冷菜
185	떡	경단	Gyeongdan	Sweet Rice Balls	琼团	団子
186	떡	꿀떡	Kkultteok	Honey-filled Rice Cake	蜜糕	蜂蜜餅
187	떡	백설기	Baekseolgi	Snow White Rice Cake	白米蒸糕	蒸し餅
188	떡	송편	Songpyeon	Half-moon Rice Cake	松饼	松葉餅
189	떡	약식	Yaksik	Sweet Rice with Nuts and Jujubes	韩式八宝饭	おこわ

순번	대분류	음식메뉴명	로마자 표기	영어 번역	중국어(간체) 번역	일본어 번역
190	떡	화전	Hwajeon	Flower Rice Pancake	花煎饼	花びらのチヂミ
191	한과	강정	Gangjeong	Sweet Rice Puffs	江米块	おこし
192	한과	다식	Dasik	Tea Confectionery	茶食	らくがん
193	한과	약과	Yakgwa	Honey Cookie	药果(蜜油饼)	薬菓
194	음청류	녹차	Nokcha	Green Tea	绿茶	緑茶
195	음청류	매실차	Maesil-cha	Green Plum Tea	青梅茶	梅茶
196	음청류	수정과	Sujeonggwa	Cinnamon Punch	水正果(生姜桂皮茶)	スジョングァ
197	음청류	식혜	Sikhye	Sweet Rice Punch	甜米露	シケ
198	음청류	오미자화채	Omija-hwachae	Omija Punch	五味子甜茶	五味子ポンチ
199	음청류	유자차	Yuja-cha	Citrus Tea	柚子茶	柚子茶
200	음청류	인삼차	Insam-cha	Ginseng Tea	人参茶	高麗人蔘茶

자료 : 한국관광공사

염진철

현_배화여자대학교 전통조리과 교수
경희대학교 경영대학원 관광경영학과(경영학 석사)
경기대학교 대학원 외식조리관리학과(관광학 박사)

경력
조리기능장
Italian Culinary Institute for Foreigner 연수
Swiss Rosan School 연수
France Le Cordon Bleu 연수
호주 Northern Sydney Tafe, Burrawang Gourmet Wine
School 연수
뉴질랜드 Auckland University of Technology 연수
Canada International Culinary & Technology 연수
Canada Tourism Training Institute 연수
메리어트 호텔 조리연수
호텔 리츠칼튼 서울 조리과장
기능경기대회 출제위원 및 검토위원
조리기능사 · 조리산업기사 · 조리기능장 심사위원
한국조리학회 부회장, 외식경영학회 이사
식음료경영학회 이사, 기능올림픽대회 요리부문 3위
서울국제요리경진대회 금상 수상
보건복지부 장관 표창, 서울시장 표창
2005, 2006 서울세계음식박람회 추진위원 및 심사위원
2006, 2007 서울국제음식산업박람회 추진위원 및 심사위원
2006, 2007 대한민국 향토음식문화대전 심사위원

저서
서양조리학개론, 신광출판사, 1998
외식산업관리론, 현학사, 2003
전문조리영어, 백산출판사, 2003
고급서양요리, 백산출판사, 2004
호텔 · 외식 식음료서비스, 도서출판 효일, 2005
기초서양조리, 백산출판사, 2006
조리대회 전략과 실제, 신광출판사, 2007
기초조리이론과 조리용어, 백산출판사, 2007
기초조리실습과 서양조리, 백산출판사, 2007
최신 식품위생법규, 백산출판사, 2010
정통 이태리 요리, 백산출판사, 2011

나영선

현_신안산대학교 호텔조리과 교수
경희대학교 대학원 경영학과(경영학 박사)

경력
(사)한국조리학회 회장 역임
(사)한국조리학회중앙회 회장 역임
전국조리과교수협의회 회장 역임
호텔 그랜드 인터컨티넨탈 서울, 조리과장
호텔 그랜드 하얏트리젠시 서울, 조리과장
호텔총지배인자격증(미국호텔업협회)
조리사면허취득(1977), 호텔지배인자격증
WACS(세계조리사연맹) 조리기술 심사위원
대통령표창, 문화관광부장관, 보건복지부장관,
　경기도지사, WACS, 대전광역시장, 인천광역시장 표창

저서
외식사업 창업과 경영(백산출판사), 이태리요리(형설출판사)
　외 다수

김충호

현_영남이공대학교 식음료조리계열 교수

경력
SPC그룹 (주)파리크라상 상무
호원대학교 식품외식조리학부 교수
서울조선호텔 팀장
세종대학교 조리학 박사
조리기능장
기능올림픽 국가대표 선발위원(요리부문)

안형기

현_인천재능대학교 호텔외식조리과 교수
경주대학교 대학원 관광외식산업학과(석사)
경주대학교 대학원 관광학과(관광학 박사)

경력
롯데호텔, 웨스틴 조선호텔, 캐피탈호텔 근무
현대호텔(총주방장 역임)
조리기능사 심사위원
지방기능경기대회(심사장)
전국기능경기대회(심사장, 심사위원)

저서
조리실무론, 메뉴기획 관리론

허 정

현_연성대학교 호텔외식조리과 교수
경기대학교 관광전문대학원 식공간연출 전공
미국 CIA 조리대학 Professional Development 과정 수료

경력
그랜드 인터컨티넨탈 호텔 조리부 차장
Sydney Intercontinental Hotel 연수
한국산업인력공단 전국기능경진대회 및 국가대표선발 평가
대회 검토위원
조리기능장 실기시험 책임관리위원
서울 국제 푸드 앤 테이블웨어박람회 심사위원
Black Box 요리경진대회 대상 수상
싱가포르 국제요리경진대회 국가대표 출전 동상 수상
서울특별시장, 문화관광부장관 표창장
한국식공간학회 이사
조리기능장
푸드코디네이트 지도자

이준열

현_서정대학교 호텔조리과 교수
경희대학교 대학원 박사수료

경력
대한민국 제과기능장
창신대학교 호텔조리과 교수
스위스그랜드 호텔 제과과장/서울교육문화회관 제과장
노보텔 앰배서더 강남 제과과장/리츠칼튼 호텔 제과과장
메리어트 호텔 제과과장
지방기능경기대회 심사장
서울국제요리경연대회(단체 및 개인부문 최우수상 수상)
서울특별시장 표창장/창원시 국회의원 표창장
조리 및 외식관련 저서 다수

손선익

현_동주대학교 보건건강학부 외식조리전공 교수
경성대학교 경영학 학사
경성대학교 호텔관광 전공(경영학 석사)

경력
웨스틴조선비치 호텔 근무
해운대 그랜드 호텔 조리팀 Sous chef
라마다 플라자 청주호텔 조리팀 Sous chef
산업인력관리공단 한식, 양식 감독위원
울산과학대학 겸임교수
청강문화산업대학교/충청대학교/서원대학교/
　경남정보대학교 시간강사
셰프요리학원 원장
한식·양식·일식 자격증 취득
2007 서울국제요리대회 은상, 동상 수상
2007 조리사 중앙회 표창장
울산 소상공인지원센터 외식창업 컨설턴트

저서
호텔식 정통 서양요리, 훈민사, 2007
호텔식 정통 중국요리, 훈민사, 2007
Western Culinary English, 훈민사, 2009
양식 조리기능사, 훈민사, 2009
한식 조리기능사, 훈민사, 2009

양신철

현_경민대학교 호텔외식조리과 조교수
동국대학교 대학원 식품공학과(석사)
경기대학교 대학원 조리외식관리학과(관광경영학 박사)

경력
(주)롯데호텔 조리부(조리장)
신흥대학교 호텔조리과(외래강사)
안양과학대학교 영양조리과(외래강사)
조리교육학회 학술상임이사
한국외식산업학회 상임이사
한국기술대학교 직업능력 심사평가위원
(사)국제기능올림픽선수 요리심사위원
대한민국국제요리대회 심사위원(한국기능장려협회)
코리아푸드 트랜드페어 심사위원((사)한국식생활제과협회)
한식전공자 취업지원사업 사업책임자(농수산식품유통공사)

사진으로 보는 전문 조리용어 해설

2008년 8월 25일 초   판 1쇄 발행
2010년 6월 25일 수 정 판 1쇄 발행
2011년 4월 15일 개 정 판 1쇄 발행
2013년 1월 16일 개 정 판 2쇄 발행
2014년 2월 5일 개 정 판 3쇄 발행
2015년 2월 4일 개 정 판 4쇄 발행
2016년 3월 10일 개정2판 1쇄 발행
2018년 1월 10일 개정2판 2쇄 발행
2019년 8월 30일 개정2판 3쇄 발행
2021년 8월 30일 개정2판 4쇄 발행

지은이 염진철·나영선·김충호·안형기·허정·이준열·손선익·양신철
펴낸이 진욱상
펴낸곳 백산출판사
교   정 편집부
본문디자인 강정자
표지디자인 오정은

등   록 1974년 1월 9일 제406-1974-000001호
주   소 경기도 파주시 회동길 370(백산빌딩 3층)
전   화 02-914-1621(代)
팩   스 031-955-9911
이메일 edit@ibaeksan.kr
홈페이지 www.ibaeksan.kr

ISBN 979-11-5763-150-6 93590
값 30,000원